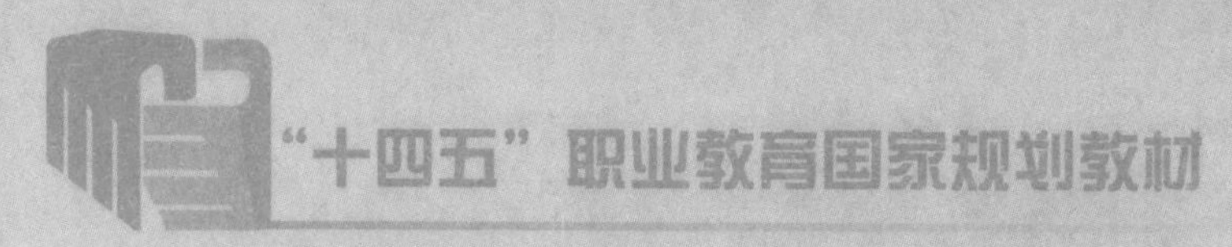

"十三五"职业教育国家规划教材

中高职衔接特色规划教材

微课版

Access数据库应用技术项目化教程（翻转课堂）

曹文梁　张屹峰　石晋阳◎主　编

蔡锐彬　龙琼芳　朱　亮◎副主编

中国铁道出版社有限公司
CHINA RAILWAY PUBLISHING HOUSE CO., LTD.

内 容 简 介

本书采用翻转课堂的教学模式，内容全面，条理清晰，以能力为本位，以技能培养为出发点进行项目化教学，每个项目由浅入深、从易到难、循序渐进，学生在学习中可随时通过扫描二维码获取相关学习资源，提高学习效率。

本书基于学生管理系统，以 Access 2016 作为教学背景，设置 7 个项目，包括认识 Access、创建学生管理系统数据库和表、创建学生管理系统查询、创建学生管理系统窗体、创建学生管理系统报表、创建学生管理系统宏及用 VBA 创建学生管理系统其他功能等，理论知识与实例相结合，方便读者学习。

本书适合作为中、高等职业院校计算机类专业数据库课程的教材，也可作为财经、管理类专业的数据库教材，还可作为从事计算机应用工作的科技人员和工程技术人员及其他相关人员的培训或参考用书。

图书在版编目（CIP）数据

Access 数据库应用技术项目化教程：翻转课堂 / 曹文梁，张屹峰，石晋阳主编 .—北京：中国铁道出版社有限公司，2022.12（2024.1 重印）
“十三五”职业教育国家规划教材
ISBN 978-7-113-28922-5

Ⅰ. ① A… Ⅱ. ①曹… ②张… ③石… Ⅲ. ①关系数据库系统 - 高等职业教育 - 教材 Ⅳ. ① TP311.138

中国版本图书馆 CIP 数据核字（2022）第 034635 号

书　　名： Access 数据库应用技术项目化教程（翻转课堂）
作　　者： 曹文梁　张屹峰　石晋阳

策　　划： 韩从付　　　　**编辑部电话：**（010）51873202
责任编辑： 刘丽丽
封面设计： 穆　丽
封面制作： 刘　颖
责任校对： 安海燕
责任印制： 樊启鹏

出版发行： 中国铁道出版社有限公司（100054，北京市西城区右安门西街 8 号）
网　　址： http://www.tdpress.com/51eds/
印　　刷： 三河市燕山印刷有限公司
版　　次： 2022 年 12 月第 1 版　2024 年 1 月第 2 次印刷
开　　本： 787 mm×1 092 mm　1/16　**印张：** 14.5　**字数：** 337 千
书　　号： ISBN 978-7-113-28922-5
定　　价： 55.00 元

编 委 会

序

《国家中长期教育改革和发展规划纲要（2010—2020年）》提出，要建立中高职协调发展的现代职业教育体系。《教育部关于推进中等和高等职业教育协调发展的指导意见》进一步提出，中高等职业教育应该“实施衔接，系统培养高素质技能型人才”。随着中国经济增长方式的转变、产业结构的调整、社会经济发展对人才需求结构的改变，人才需求趋向高层次已成为事实，经济的发展对职业技术教育提出了新的要求。在大力发展高等职业技术教育的同时，如何做好中、高职之间的衔接已经成为关系到职业教育能否健康发展的重要而迫切的问题。

目前，中高职衔接方面还存在着一些问题，尤以课程衔接问题最为突出，其主要表现在两个方面：一是课程内容重复，目前国家还没有制定统一的不同层次职业教育课程标准，中职学校和高职院校各自构建自己的专业课程体系，确定课程教学内容，中高职院校之间缺少有效的沟通，造成一些专业课程在中高职阶段内容重复。二是技能训练重复，在专业技能培养方面，高职与中职理应体现出层次内涵上的差异，然而在实际情况中，不少高职院校技能训练定位低，中职学生升入高职后，有些实践训练项目与中职相差不多，存在重复训练的现象。

基于以上问题，我们编写了中高职衔接特色规划丛书。本丛书先期包括《Photoshop CC项目化翻转课堂教程》（高职）、《数据库技术及应用翻转课堂》（高职）、《Access数据库应用技术项目化教程（翻转课堂）》（中职）和《Photoshop CC图形图像处理项目化教程（翻转课堂）》（中职）。丛书首先对中高职教材在内容上依据培养定位（目标）、培养模式进行了界定：中职教育强调的是有一技之长，其核心是强调培养实用型、技能型、操作型人才；高职的目标定位应该表现出高层次性，强调培养应用型、管理型和高级技能型人才，要比中职教育有更深、更广的专业理论，更新更高的技术水平，以及广泛的适应性，特别是要有更强的综合素质与创新能力。根据不同阶段的培养目标定位，中职教材重基础，强应用，让学生初步建立职业概念；高职教材重能力，强创新，让学生基本形成职业能力与持续发展观念。按照中高职不同层次，围绕岗位等级由低向高，体现职业能力教育和终身发展递进式的课程内容与职业标准有效衔接的课程体系。

本丛书适合于数据库系统设计与开发和平面设计人员阅读，也可作为职业院校计算机专业及相关专业的教材及教学参考材料，以及对数据库、图像处理或平面设计领域感兴趣的读者阅读。

本丛书在出版过程中不但得到了职教领域很多计算机专家的指导，也得到了企业的支持。本丛书的完成不但依靠全体作者的共同努力，同时也使用了许多企业的真实案例，在此一并致谢。

本丛书如有不足之处，请各位专家、老师和广大读者不吝指正。

编委会

2022 年 10 月

前　言

数据库技术是信息系统核心技术之一，是一种计算机辅助管理数据的方法，它研究如何组织和存储数据，如何高效地获取和处理数据。数据库基础作为计算机专业的一门主干课程一直以来都受到各类院校和师生的重视。其中，Access 数据库管理系统由于小巧简单实用，常常作为数据库技术的入门课程来学习。教育部考试中心也把 Access 数据库程序设计纳入全国计算机等级考试（二级）的范围。掌握 Access 数据库管理系统的相关知识能为学习更为复杂的数据库管理系统（SqlServer、MySql、Oracle 等）打下基础。

本书以 Access 2016 作为教学背景，以具体的项目任务作为课程组织形式，对 Access 2016 中的相关数据库管理技术进行详细的阐述，以便于学习者实战练习，快速掌握。

全书基于学生管理系统，分为 7 个项目。项目一认识 Access，主要讲述数据库的概念、关系型数据库基础、认识 Access 对象、Access 2016 新功能以及数据库未来发展趋势等。项目二创建学生管理系统数据库和表，主要讲述数据库表的创建、编辑和使用等。项目三创建学生管理系统查询，主要讲述各类查询的创建、使用 SQL 语句实现查询等。项目四创建学生管理系统窗体，主要讲述窗体的创建、编辑以及控件的使用等。项目五创建学生管理系统报表，主要讲述报表的创建、编辑、排序分组以及统计等。项目六创建学生管理系统宏，主要讲述各类宏操作以及利用宏实现简单业务功能等。项目七用 VBA 创建学生管理系统其他功能，主要讲述 VBA 的基本语法，利用 VBA 编写简单程序，实现简单应用等。在部分章节还增加了素养园地等内容，以便拓展学习者的知识范围。

本书由曹文梁、张屹峰、石晋阳任主编，由蔡锐彬、龙琼芳、朱亮任副主编。具体编写分工如下：项目一由龙琼芳编写，项目二、三由张屹峰编写，项目四由石晋阳编写，项目五由朱亮编写，项目六由张屹峰、曹文梁编写，项目七由蔡锐彬编写。曹文梁负责全书的规划和最后定稿，张屹峰、石晋阳负责全书的校对和审定工作。

本书在编写过程中得到了同行的大力协助与支持，使编者获益良多，在此表示衷心的感谢。

由于编者水平有限，加之时间仓促，书中难免存在疏漏和不足之处，敬请广大读者与同行专家批评指正。

编　者

2022 年 10 月

目　录

项目一

认识 Access

课前学习工作页

1. 扫描二维码观看视频 1–1，并思考下列问题：

① 为什么每门课的成绩不与学生的基本信息放在同一张工作表中？

② 与 Excel 相比，Access 在保存数据方面有哪些优点？

视频 1–1　从 Excel 到 Access

2. 扫描二维码观看视频 1–2、视频 1–3，并完成下列题目：

① 下列图标中代表 Access 2016 的是________。

A.　　B.　　C.　　D.

② 下列不是 Access 2016 数据库对象的是________。

A. 表　　B. 窗体　　C. 报表　　D. 文件

③ 下列关于 Access 2016 的说法错误的是________。

A. Access 2016 可以方便地存储和管理数据

B. Access 2016 可以实现自定义报表功能

C. Access 2016 可以不必编写代码设计系统交互界面

D. Access 2016 可以管理大型分布式数据库

视频 1–2　安装 Access 2016

视频 1–3　罗斯文贸易数据库

3. 通过网络搜索关键字“数据库”、“数据库系统”和“数据库管理系统”，阅读相关内容，对这 3 个词条进行解释。

数据库：____。

数据库系统：____________________________________。

数据库管理系统：________________________________。

课堂学习任务

数据库技术是计算机应用领域中最重要的技术之一，随着管理信息系统在各行各业的广泛应用，应用和开发管理信息系统已成为计算机相关专业学生必须掌握的技能。

① 了解数据库基础知识，包括数据管理技术的发展过程、数据库系统的组成、数据模型的概念；了解关系模型和关系数据库的概念。

② 设计教学管理系统数据库。

③ 通过观察“学生管理”数据库，熟悉关系数据库系统 Access 2016 的操作界面，认识 Access 中的 6 个对象。

学习目标与重点难点

学习目标	了解数据管理技术的发展阶段 掌握数据库系统的相关概念 了解三种数据模型的特点 了解关系数据库的基本概念 了解关系数据库的设计步骤和方法
重点难点	熟悉 Access 2016 的操作界面（重点） 理解数据库概念（难点）

任务一　了解数据库基础知识

在介绍数据库的基本概念之前，先认识数据库常用的几个术语和基本概念。

信息：对现实世界中各种事物的存在方式、运动状态或事物间联系形式的反映的综合。

数据：指保存在存储介质上能够识别的符号，是信息的具体表现形式。数据不只是数字，还包括文字、图形、图像、声音、物体的运动状态等。数据必须数字化后才可被计算机存储和处理。

数据的“型”和“值”：“型”表示数据的类型，如字符型、日期型、整型等；“值”表示具体的数值，如课程编号“9903”是字符型，出生日期“2017/4/3”是日期型。

数据库可以被形象地理解为数据的仓库，数据库技术是计算机领域对数据进行管理的一种技术。在计算机领域，最初并不是采用数据库技术管理数据的。

一、数据管理技术的发展

数据管理是指对各种数据进行分类、组织、编码、存储、检索和维护。数据管理的水平是和计算机硬件、软件的发展相适应的。随着计算机技术的发展，数据管理技术经历了人工管理、文件系统和数据库系统三个阶段。

1. 人工管理阶段（20 世纪 50 年代中期以前）

人工管理阶段的计算机主要用于科学计算。在硬件方面，计算机的外存只有磁带、卡片、纸带，没有磁盘等直接存取的存储设备，存储量非常小；在软件方面，没有操作系统，没有高级语言，数据处理的方式是批处理，即机器一次处理一批数据，然后才能进行另外一批数据的处理，中间不能被打断。

计算机系统不提供对用户数据的管理功能。用户编制程序时，必须全面考虑好相关的数据，包括数据的定义、存储结构以及存取方法等。程序和数据是一个不可分割的整体。数据脱离了程序就无任何存在的价值，数据不具备独立性。

不同的程序均有各自的数据，数据与程序是一个整体，这些数据对不同的程序而言通常是不同的，不可共享；即使不同的程序使用了相同的一组数据，这些数据也不能共享，程序中仍需要各自加入这组数据。

人工管理阶段的数据特点有：人是数据的管理者；数据专为某一应用程序使用，数据不独立，完全依赖于程序；数据不共享，冗余度极大；数据没有结构化；由应用程序自己控制数据。

2. 文件系统阶段（20 世纪 50 年代后期到 60 年代中期）

文件系统阶段的计算机不仅用于科学计算，还大量用于信息管理。此阶段的计算机，在硬件方面，外存储器有了磁盘等直接存取的存储设备；在软件方面，操作系统中已有了专门的管理数据软件，称为文件系统。从处理方式上讲，不但有了文件批处理，而且能够联机实时处理（联机实时处理是指在需要时，可随时从存储设备中查询、修改或更新）。

在此阶段，由专门的软件即文件系统进行数据管理，文件系统把数据组织成相互独立的数据文件，利用“按文件名访问，按记录进行存取”的管理技术，可以对外存上的文件进行修改、插入和删除等操作。程序与数据之间具有了一定的独立性。不过，文件系统仍然是一个不具有弹性的无结构的数据集合，即文件之间是相互独立、没有关系的，不能反映现实世界事物之间的内在联系。此外，一个（或一组）文件基本上对应于一个应用程序，如果不同的应用程序使用部分相同的数据，仍然必须建立各自的文件，而不能共享相同的数据，因此数据的冗余度大，也使得数据的修改和维护比较困难。

文件系统阶段的数据特点有：文件系统是数据的管理者；数据从程序中独立出来，可单独存取、反复处理，但数据的独立性仍不高，数据之间联系弱，依然存在冗余。

3. 数据库系统阶段（20 世纪 60 年代后期至今）

此时的计算机有了大容量磁盘，计算能力也非常强，同时计算机管理数据的规模日益庞大，应用越来越广泛，实时处理的要求更多，并开始提出和考虑并行处理，数据库系统（Database System，DBS）应运而生，它克服了文件系统的缺陷，提供了对数据更高级、更有效的管理。这个阶段的程序和数据的联系通过数据库管理系统（Database Management System，DBMS）实现，如图 1-1 所示。

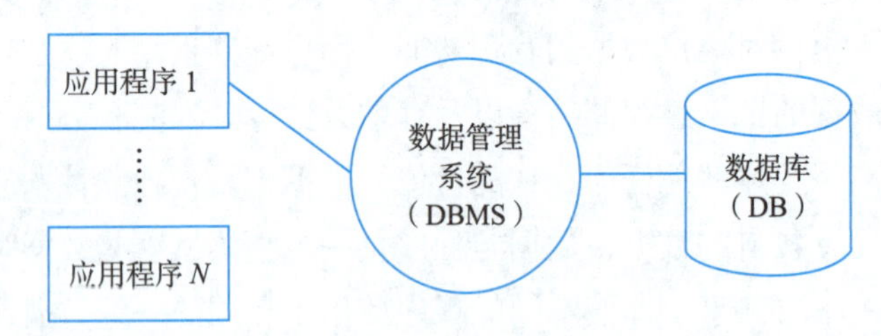

图 1-1　数据库系统阶段程序和数据间的联系

在数据库系统阶段，采用数据模型表示复杂的数据结构，数据模型不但描述数据本身，还描述数据之间的联系。这样，数据不再面向特定的某个或多个应用，从而实现数据共享，也极大地减少了数据冗余。

在数据库系统阶段，数据在数据库中的存储是由数据库管理系统（DBMS）管理的，应用程序只关心数据的逻辑结构，即使数据的物理存储发生改变，应用程序也不必改变。同时，在逻辑结构上，应用程序与数据库也是相互独立的。这样无论是物理上还是逻辑上，数据完全从程序中独立出来，数据由数据库管理系统统一管理和控制。

数据库系统阶段的数据特点是：数据库管理系统是数据的管理者；数据用数据模型描述，整体结构化，具有高度的独立性，共享性高，冗余度小；由数据库管理系统提供数据安全性、完整性、并发控制和恢复能力。

二、数据库系统

数据库系统如图 1-2 所示，通常由数据库、硬件、软件和人员组成，如图 1-3 所示。

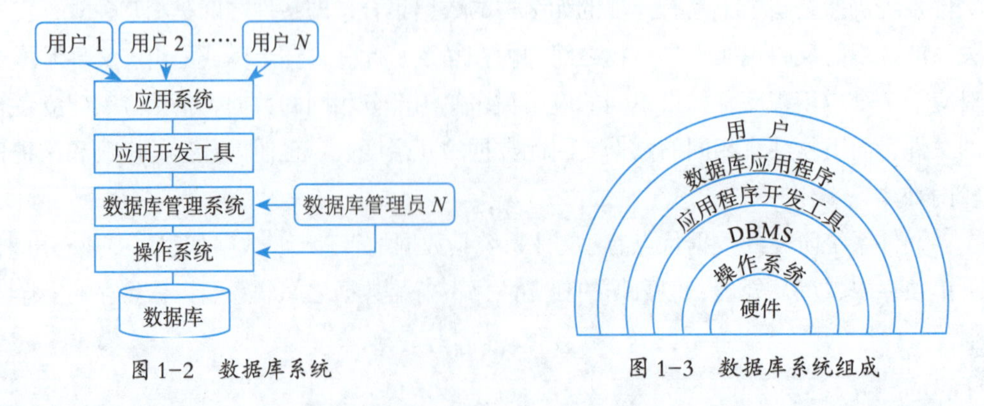

图 1-2　数据库系统

图 1-3　数据库系统组成

① 数据库：指长期存储在计算机内的，有组织，可共享的数据的集合。数据库（Database，DB）中的数据按一定的数学模型组织、描述和存储，具有较小的冗余，较高的数据独立性和易扩展性，能为各种用户共享。

② 硬件：构成计算机系统的各种物理设备，包括存储所需的外围设备。硬件的配置应满足整个数据库系统的需要。

③ 软件：包括操作系统、数据库管理系统及应用程序。数据库管理系统（DBMS）是数据库系统的核心软件，是在操作系统的支持下工作，解决如何科学地组织和存储数据，如何高效地获取和维护数据的系统软件。其主要功能包括数据定义功能、数据操纵功能、数据库的运行管理和数据库的建立与维护。

④ 人员：指开发、管理和使用数据库的人员，主要有数据库管理员、数据库设计人员、应用程序员和最终用户。

三、数据模型

数据模型是把现实世界中的人、物、活动、概念等信息进行抽象、表示和处理的工具。数据模型能够比较真实地模拟现实世界，同时它们又能用某种语言描述，使计算机系统能够实现并行处理。

1. 数据模型的组成

数据模型由数据结构、数据操作、数据约束 3 部分组成。

① 数据结构：描述数据库的组成对象以及对象之间的联系。数据结构是刻画一个数据模型性质最重要的方面，因此在数据库系统中，通常按照数据结构的类型命名数据模型。例如，层次结构、网状结构、关系结构的数据模型分别命名为层次模型、网状模型、关系模型。

② 数据操作：是指对数据库中各种对象（型）的实例（值）允许执行的操作的集合，包括操作及有关的操作规则。数据库的操作主要包括查询和更新两大类。数据模型必须定义这些操作的确切含义、操作符号、操作规则（如优先级）以及实现操作的语言。

③ 数据约束：也称数据的完整性约束，是给定的数据模型中数据以及联系所具有的制约和依存规则，用来限定数据模型的数据库状态以及状态的变化，以保证数据的正确、有效、相容。例如，某学校的数据库中规定学生的学生编号不能重复，课程成绩必须是 0 ~ 100 之间的数值等。

2. 概念模型

概念模型实际上是现实世界到信息世界的一次抽象，是数据库设计人员进行数据库设计的有力工具，也是用户和数据库设计人员之间进行交流的语言。

（1）概念模型中的基本概念

① 实体（Entity）：客观存在并可相互区别的事物。实体可以是具体的人、事、物，也可以是抽象的概念或联系。例如，一个学生、一个部门、一门课程、一次借书、一次订货等都是实体。

② 属性（Attribute）：实体所具有的某一特征。一个实体可以具有若干属性。例如，学生实体可由学生编号、姓名、性别、出生日期、是否团员、电话号码等属性组成；一次借书可由借书证号、书籍编号、借阅时间、归还时间等属性组成。

③ 域（Domain）：属性的取值范围。例如，学生的性别只能取“男”或“女”两个值。

④ 码（Key）：唯一标识实体的属性集。例如，学生的学生编号可以唯一标识一个学生，学生编号就是学生这个实体的码。

⑤ 实体型（Entity Type）：用实体名及其属性名集合来抽象和刻画同类实体。例如，学生（学生编号，姓名，性别，出生日期，团员，电话号码）就是一个实体型。

⑥ 实体集（Entity Set）：同一类型实体的集合。例如，全体学生就是一个实体集。

⑦ 联系（Relationship）：实体之间的关联。联系反映了现实世界中事物内部以及事物之间的关联情况。联系有两种：实体内部的联系通常是组成实体的各属性之间的联系；实体之间的联系通常是指不同实体集之间的联系。

实体之间的联系通常分为以下三种：

一对一联系（1∶1）：如果对于实体集 A 中的每一个实体，实体集 B 中最多有一个（或者没有）实体与之联系，反之亦然，则称实体集 A 与实体集 B 具有一对一联系。例如，学校里面，一个班级只有一个班主任，而一个班主任只带一个班级，则班级与班主任之间具有一对一联系。

一对多联系（$1:n$）：如果对于实体集 A 中的每一个实体，实体集 B 中有 n 个（$n \geqslant 0$）实体与之联系，反之，对于实体集 B 中的每一个实体，实体集 A 中最多有一个实体与之联系，则称实体集 A 与实体集 B 具有一对多联系。例如，学校里面，一个班级中有若干名学生，但一个学生只能在一个班级就读，则班级与学生之间具有一对多联系。

多对多联系（$m:n$）：如果对于实体集 A 中的每一个实体，实体集 B 中有 n 个（$n \geqslant 0$）实体与之联系，反之，对于实体集 B 中的每一个实体，实体集 A 中有 m 个（$m \geqslant 0$）实体与之联系，则称实体集 A 与实体集 B 具有多对多联系。例如，学校里面，一个老师同时教授多个班级，一个班级也同时有多个老师授课，则老师与班级之间具有多对多联系。

（2）概念模型的一种表示方法：实体－联系方法

概念模型的表示方法有很多，其中最著名的是实体－联系方法（Entity-Relationship Approach）。该方法用 E-R 图描述现实世界的概念模型，E-R 方法也称 E-R 模型。

E–R 图提供了表示实体型、属性和联系的方法，如图 1–4 所示。

① 实体型：用矩形框表示，框内写实体名。

② 属性：用椭圆形表示，并用无向边将其与相应的实体型连接起来。

③ 联系：用菱形表示，框内写联系名，并用无向边分别与有关实体连接起来，同时在无向边旁标注联系的类型（1∶1，1∶n，m∶n）。如果一个联系具有属性，则这些属性也用无向边与该联系连接起来。

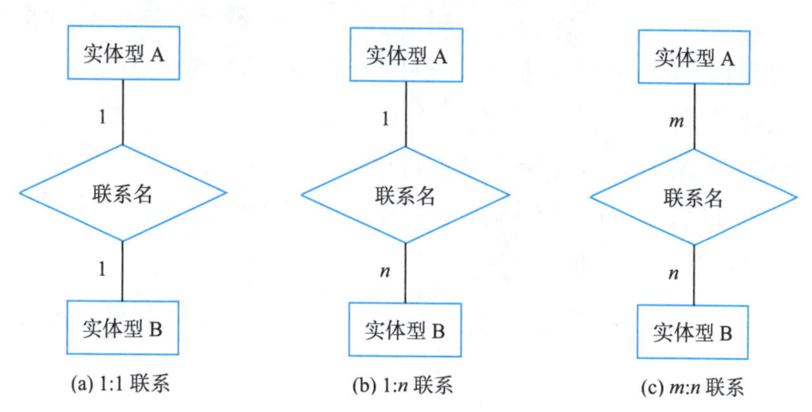

图 1–4　两个实体型之间的 3 种联系

图 1–5 所示是一个简化的学校教学管理 E–R 图。

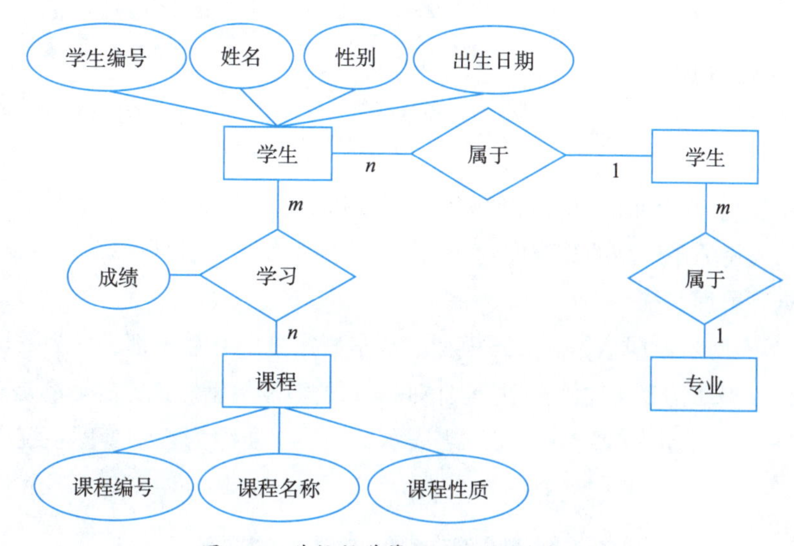

图 1–5　某校教学管理 E–R 图（简化）

3. 常用的数据模型

通常将数据模型分为三类：层次模型、网状模型和关系模型。其中，层次模型和网状模型统称非关系模型。

（1）层次模型

层次模型（见图 1-6）是一种用树形结构描述实体及其之间关系的数据模型。在这种结构中，每一个记录类型都是用结点表示，记录类型之间的联系则用结点之间的有向线段表示。每一个双亲结点可以有多个子结点，但是每一个子结点只能有一个双亲结点。采用层次模型作为数据组织方式的层次数据库系统只能处理一对多的实体联系。

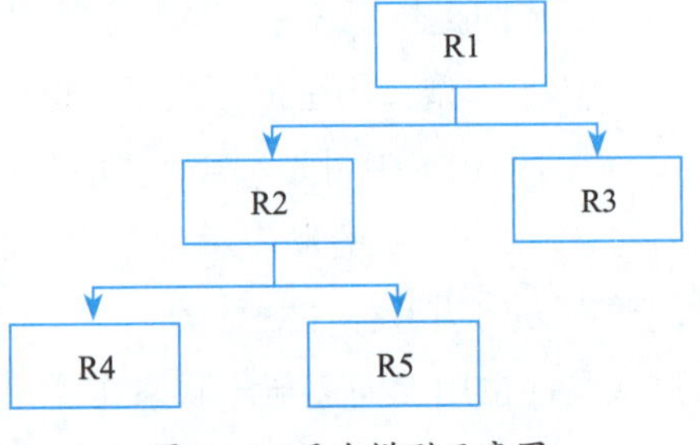

图 1-6　层次模型示意图

（2）网状模型

网状模型（见图 1-7）允许一个结点同时拥有多个双亲结点和子结点。因而，同层次模型相比，网状结构更具有普遍性，能够直接描述现实世界的实体。也可认为层次模型是网状模型的一个特例。

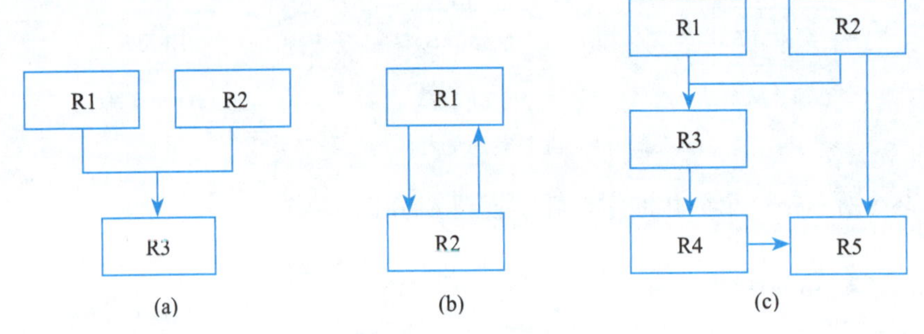

图 1-7　网状模型示意图

（3）关系模型

关系模型是 1970 年由 IBM 的研究院 E.F.Codd 博士首先提出的，已是最流行的数据库模型。支持关系模型的数据库管理系统称为关系数据库管理系统，Access 就是一种关系数据库管理系统。

① 关系模型的数据结构。关系模型的基本假定是所有数据都表示为数学上的关系，采用二维表结构表达实体类型及实体间联系的数据模型。无论实体还是实体之间的联系，在关系模型中都用一张二维表表示。表 1-1 所示为教学管理系统中的课程实体关系。

表 1-1　教学管理系统中的课程实体关系

课程编号	课程名称	课程性质
9901	语文	公共基础课
9902	数学	公共基础课
9904	计算机基础	专业基础课
……	……	……

② 关系模型的基本术语。

关系（Relation）：一个关系对应一张二维表，如表 1-1 所示。

元组（Tuple）：表中的一行即为一个元组。

属性（Attribute）：表中的一列即为一个属性，给每一个属性起一个名即属性名。表 1-1 中有三列，对应三个属性（课程编号、课程名称、课程性质）。

域（Domain）：属性的取值范围，如课程名称的域就是学校所有课程名称的集合。

键（Key）：表中的某个属性组，也称码。如果某一属性组的值能唯一确定一个元组，则称该属性组为候选码（Candidate key）。如表 1-1 中的课程编号，可以唯一确定一门课程，也就称为本关系的候选码。若一个关系有多个候选码，则选定其中一个为主键（Primary Key），也称主关键字。

关系模式（Relation Scheme）：对关系的描述，一般表示为

关系名（属性 1，属性 2，……，属性 n）

例如，表 1-1 的关系可描述为

课程（课程编号，课程名称，课程性质）

分量（Component）：元组中的一个属性值。

③ 关系模型要求关系必须是规范化的，即要求关系必须满足一定的规范条件。这些规范条件中最基本的一条就是，关系的每一个分量必须是一个不可分的数据项。也就是说，不允许表中有表。表 1-2 所示是不符合关系模型要求的表。

表 1-2　不符合关系模型的学生实例（表中有表）

学生编号	姓名	性别	出生日期	成　绩		
				语文	数学	计算机基础
16001	张明	男	2001 年 5 月	80	89	95

④ 关系模型的数据操作是集合操作。与非关系模型中单记录的操作方式不同。关系模型的操作对象和操作结果都是关系，即若干元组的集合，主要包括查询、插入、删除和更新数据。关系模型中数据的存取路径对用户是透明的，用户只要指出“干什么”或“找什么”，不必知道“怎么干”或“怎么找”，极大地提高了数据的独立性。

⑤ 关系模型的数据操作必须满足关系的完整性约束。关系的完整性约束包括 3 类：实体完整性、参照完整性和用户定义完整性。

• 实体完整性。关系中的元组在组成主键的属性上不能有空值。

例如，关系——课程（课程编号，课程名称，课程性质）中，主键“课程编号”不允许为空值。实体完整性保证了实体是可以唯一标识的。

• 参照完整性。在前面的例子中，学生与课程之间的联系可用以下三个关系表示，其中主键用下画线标识：

学生（学生编号，姓名，性别，出生日期）

学习（学生编号，课程编号，成绩）

课程（课程编号，课程名称，课程性质）

学习关系引用了学生关系的主键“学生编号”和课程关系的主键“课程编号”。也就是说，如果学习关系中的“学生编号”有一个值是“16001”，那么这个值必须在学生关系中能被找到；同样，如果学习关系中的“课程编号”有一个值是“9901”，那么这个值要么必须在课程关系中能被找到，要么为空值。否则包含这样数值的元组不能在学习关系中存在。

这种情况下，称学习关系中的“学生编号”和“课程编号”为学生关系的外键（Foreign Key），也称外部关键字。称学习关系为参照关系（Referencing Relation），学生关系和课程关系为被参照关系（Referenced Relation）或者目标关系（Target Relation）。

参照完整性是指外键的值要么参照目标关系的主键取值，要么为空值。

• 用户定义完整性。实体完整性、参照完整性是关系模型必须满足的完整性约束条件，除此之外，不同的关系数据库系统根据其应用环境的不同，往往还需要一些特殊的约束条件。用户定义的完整性就是针对某一具体关系数据库的约束条件。例如，规定学生姓名、课程名称不允许为空，性别是“男”或“女”，成绩的取值范围在 0 ~ 100 之间等。

关系模型提供定义和检验这类完整性的机制，不由应用程序承担检验功能。

⑥ 关系模型的优缺点。

优点：关系模型与非关系模型不同，它是建立在严格的数学概念的基础上的。关系模型的概念单一，无论实体还是实体之间的联系都用关系表示。对数据的检索和更新结果也是关系（即表）。所以其数据结构简单、清晰，用户易懂易用。此外，关系模型具有更高的数据独立性、更好的安全保密性。

缺点：由于存取路径对用户透明，查询效率往往不如非关系数据模型。

素养园地

纵观整个数据库技术的发展史，从开始到成熟，从数据库理论到数据库产品，几乎看不到中国人的身影。直到 2017 年，出现了国产数据库阿里巴巴 Aspara DB、南大通用 GBase 等数据库应用产品。当前，我国数据库技术的发展取得了重大突破，不过我们仍然要认识到，当前数据库市场的绝大部分市场份额仍由国外公司持有，国产数据库的商业化之路任重而道远。

四、关系数据库

1. 关系数据库的定义

关系数据库是建立在关系数据模型基础上的数据库，借助于数学方法处理数据库中的数据。关系数据库就是一些相关的二维表和其他数据库对象的集合。关系数据库中的所有信息都存储在二维表中；一个关系数据库可能包含多个表；除了这种二维表外，关系数据库还包含一些其他对象，如视图等。

2. 关系数据库基本特征

① 有坚实的理论基础。
② 数据结构简单、易于理解。
③ 对用户提供了较全面的操作支持。
④ 得到了众多开发商的支持。

3. 数据库设计过程

（1）需求分析

需求分析也就是分析用户的需求，重点是调查、收集与分析用户在数据管理中的信息要求、处理要求、安全性与完整性要求。

信息要求是指用户需要从数据库中获得的信息的内容与性质，由此导出数据要求，即在数据库中需要存储哪些数据；处理要求是指用户要完成什么处理功能，对处理的响应时间有什么要求；安全性要求是描述数据库应用系统中不同用户操作数据库的情况；完整性要求定义数据间的关联以及数据的取值范围要求。

例如，要开发学校教学管理系统，对某一中职学校的教学工作进行调查，要求教学管理系统能够记录各专业各班级学生、教师、课程、班级、专业的基本情况。教师的授课情况，学生的学习情况等。具体情况如下：

① 某一中职学校有若干专业，每个专业开设若干课程，不同专业可能有相同的课程，如语文、数学、英语等，也有本专业的专业课程，如计算机专业的数据库应用、金融专业的会计基础等。每个专业有若干班级，每个班级有若干学生，每个班级配备一名班主任；每名教师可以讲授多门课程，每门课程又可以被多名教师讲授。

② 教师个人信息的录入、修改、删除和查询。

③ 学生个人信息的录入、修改、删除和查询。

④ 教师可以对所教授课程的学生成绩进行管理，如录入成绩、修改成绩、查看成绩等。

⑤ 课程信息的添加、修改、删除和查询。

⑥ 班级信息的添加、修改、删除和查询。

⑦ 专业信息的添加、修改、删除和查询。

⑧ 教学管理人员可根据学生信息和教师信息以及课程情况等进行录入、修改和删除，对系统中的所有数据均能进行操作。

⑨ 登录系统时要进行密码和身份认证，认证通过后，方可进入系统。

了解用户的需求之后，需要进一步分析和表达用户的需求，产生规格说明书等有关的文档，逐步形成系统需求说明书。这是需求分析的阶段性成果。

（2）概念结构设计

概念结构设计阶段的主要任务是将需求分析阶段所得到的用户需求抽象为概念模型，而描述概念模型的具体工具主要是 E–R 模型。

这一步的工作至少包括以下内容：

① 确定实体。

② 确定实体的属性。

③ 确定实体的码。

④ 确定实体间的联系和联系类型。

⑤ 画出表示概念模型的 E–R 图。

⑥ 确定属性之间的依赖关系。

按照上述方法，可以画出教学管理系统的 E–R 图，如图 1–8 所示，由于篇幅限制，图 1–8 省略了属性的绘制。

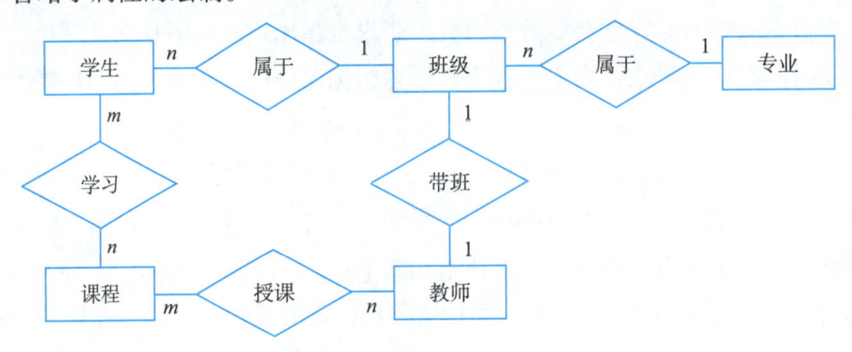

图 1–8　教学管理系统实体集及其联系图

（3）逻辑结构设计

逻辑结构设计阶段的主要任务是把概念结构设计阶段设计的基本 E–R 模型转换为与选用 DBMS 产品所支持的数据模型相符合的逻辑结构。具体来说，就是首先将概念结构转换为一般的关系、网状、层次模型，然后将转换来的模型向特定 DBMS 支持下的数据模型转换，最后对数据模型进行优化。

关系数据库的设计则是将概念结构转化为关系模型，一般有以下六种转化情况：

① 独立实体到关系模型的转化。一个独立实体转化为一个关系模型（即一张关系表），实体码转化为关系表的关键属性，其他属性转化为关系表的属性，注意根据实际对象属性情况确定关系属性的取值域。

例如，对于图 1–9 所示的学生实体，将其转化为关系：

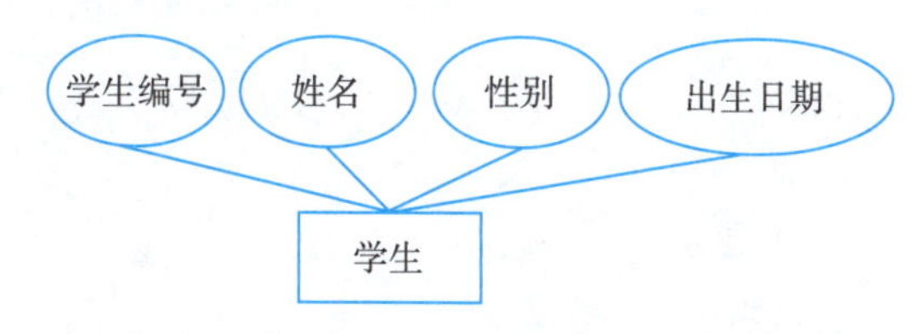

图 1-9　学生实体的 E-R 图

学生（学生编号，姓名，性别，出生日期）

其中下画线标注的属性表示关键字。

② 1∶1 联系到关系模型的转化。例如，对于图 1-10 所示的模型转化为关系模型：

教师（编号，姓名，电话，班别）

班级（班别，专业，班主任编号）

其中编号和班别分别是“教师”和“班级”两个关系模式的关键字，为了表明两者之间的联系，各自增加了对方的关键字作为外部关键字。

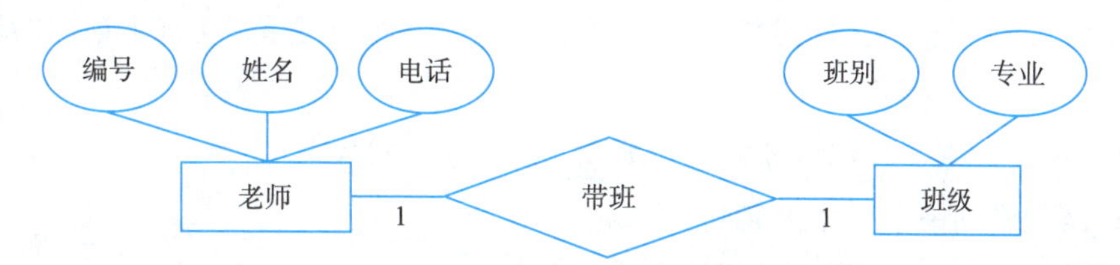

图 1-10　1∶1 联系到关系模型的转化

③ 1∶n 联系到关系模型的转化。要转化 1∶n 联系需要在 n 方（即一对多关系的多方）实体表中增加一个属性，将对方的关键字作为外部关键字处理即可。

例如，对于图 1-11 所示的模型转化为关系模型：

学生（学生编号，姓名，性别，出生日期，班别）

班级（班别，专业）

在学生关系中增加班级关系中的关键字“班别”作为外部关键字。

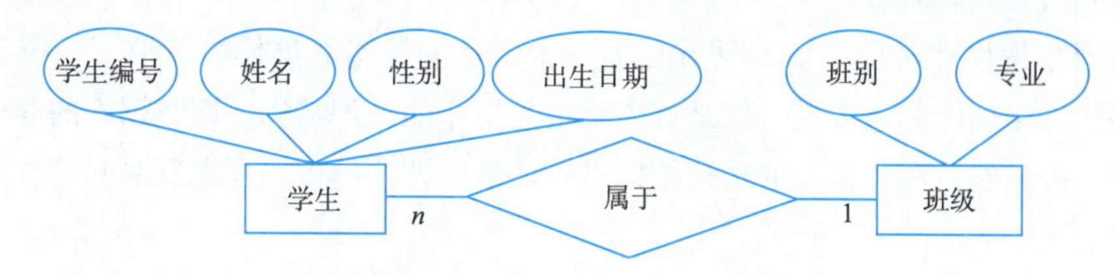

图 1-11　1∶n 联系到关系模型的转化

④ m∶n 联系到关系模型的转化。一个 m∶n 联系要单独建立一个关系模式，分别用两个实体的关键字作为外部关键字。

例如，对于图 1-12 所示的模型转化为关系模型：

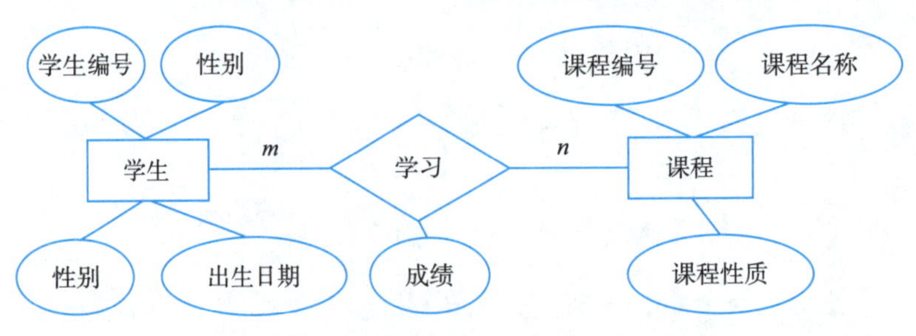

图 1-12　m：n 联系到关系模型的转化

学生（学生编号，姓名，性别，出生日期）

学习（学生编号，课程编号，成绩）

课程（课程编号，课程名称，课程性质）

⑤ 多元联系到关系模型的转化。多元联系是指该联系涉及两个以上的实体。例如，一个课程表，涉及班级、课程、教师、教室四个实体。转化时，应建立一个单独的关系表，将该联系涉及的全部实体的关键字作为该关系表的外部关键字，再加上适当的其他属性，得到如下关系模式：

课程表（班别，课程编号，教师编号，教室号，周次）

⑥ 自联系到关系模型的转化。自联系指同一个实体类中实体间的联系。例如，学生分组时组长带领组员的关系，如图 1-13 所示，将其转化为关系模型：

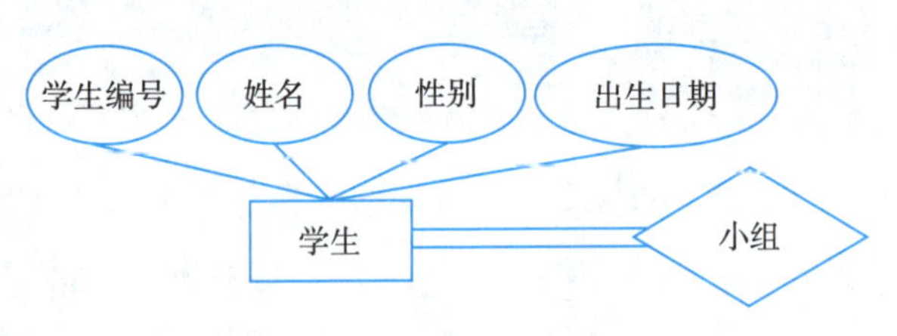

图 1-13　自联系到关系模型的转化

学生（学生编号，姓名，性别，出生日期）

小组（组长学生编号，组员学生编号）

（4）物理结构设计

物理结构设计阶段的主要任务是为一个指定的逻辑数据模型选取一个符合应用要求的物理结构。具体来说，就是首先确定数据库的物理结构，即数据库的存取方法和存储结构；然后对数据库的物理结构进行评估，评估的重点是存取时间的长短和存储空间的大小。

（5）实施与维护

实施阶段的主要任务是用关于管理数据库系统（Relational Database Management System，RDBMS）提供的数据定义语言和其他实用程序将逻辑结构设计和物理结构设计的结果详细描述出来，成为 DBMS 可以接受的源代码；再经过系统调试产生目标模式，最后完成数据的载入工作。

维护阶段的主要任务包括数据库的转储和恢复，数据库完整性和安全性控制，数据库性能改造、分析和监督，数据库的重构造和重组织。

素养园地

数据库的设计过程很好地体现了团结协助的精神。一个良好的数据库设计需要分工明确、多人协作，每个部分的工作都环环相扣，上一个步骤的成果将指导下一个步骤工作的开展；只有互相支持、互相配合，顾全大局，明确工作任务和共同目标，才能最终完成任务。

五、数据库未来发展趋势

数据库是组织、存储、管理、分析数据的系统，在信息系统的软件和硬件之间起到承上启下的作用，是 IT 行业重要的基础软件。展望未来，国内数据库市场的发展将呈“国产化”“上云”“开源”三大趋势。

1. 国产化战略加速数据库本土化进程

数据库市场上，多年来国外厂商都处于绝对的主导地位。但是近年来，国家大力发展国产化战略，从党政到八大关键行业（金融、电信、石油、电力、交通、航空航天、教育、医疗等），加快推动包括数据库在内的信息技术的本土创新，鼓励企业采购国产化生态厂商的产品和服务，大大促进了国产数据库的发展。预计未来随着本土厂商产品能力的成熟及其迁移工具和服务的不断进步，国产数据库将成主流。

2. 数据库加速向公有云迁移

在国家大力发展云计算、鼓励“上云用数赋智”的大背景下，国内企业正在推动数据库向云端迁移和云原生能力的使用，以实现资源弹性和业务敏捷性，同时节约成本。

未来几年，随着阿里、华为、腾讯等企业的不断创新，数据库的云迁移将进入客户的核心业务场景。预计到 2025 年，中国 81.2% 的数据库营收将在云端产生，该比例超过全球（69%）和美国（75.2%）。

3. 开源技术的大力推广带动开源数据库的兴起和快速演进

在政府机构和云服务提供商的共同推动下，高度活跃的开源社区带动了开源数据库产品的兴起和快速演进，促使直接或间接参与开源的本土数据库加快其能力迭代和市场渗透。

任务二　熟悉 Access 2016 工作环境

Access 2016 是美国微软公司开发的一个基于 Windows 操作系统的关系数据库管理系统（RDBMS），是 Microsoft Office 2016 的组件之一，常用于小型数据库的开发。

一、启动 Access

启动 Access 2016 一般有以下三种方法（扫码观看视频 1–4）：

视频 1–4　启动 Access

① 选择“开始”→“所有程序”→“Microsoft Office”→“Access 2016”命令。

② 双击桌面上的“Access 2016”快捷图标。

③ 直接双击 Access 2016 文档（扩展名为 .accdb）的图标，如图 1–14 所示。

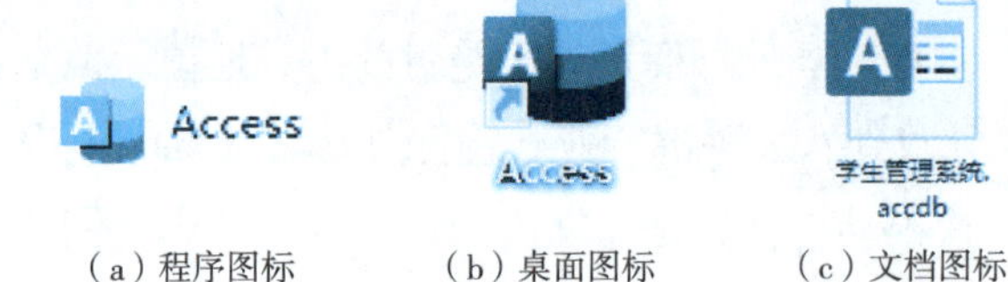

（a）程序图标　（b）桌面图标　（c）文档图标

图 1–14　Access 2016 程序和文档图标

二、认识 Access 界面

与以前的版本相比，Access 2016 的用户界面发生了很大变化。Access 2007 中引入了两个主要的用户界面组件：功能区和导航窗格。而在 Access 2016 中，不仅对功能区进行了多处更改，而且还引入了第三个用户界面组件 Microsoft Office Backstage 视图。

1. Backstage 视图窗口

Backstage 视图是 Access 2016 中的新功能。Access 2016 启动但未打开数据库时，便已进入 Backstage 视图，如图 1–15 所示。Backstage 视图占据功能区上的“文件”选项卡，并包含应用于整个数据库的命令和信息（如“压缩和修复”），以及早期版本“文件”菜单中命令（如“打印”）。

图 1-15　Backstage 视图窗口

在 Backstage 视图中，可以创建新数据库、打开现有数据库、通过 SharePoint Server 将数据库发布到 Web，以及执行很多文件和数据库维护任务。

2. 数据库窗口

创建或打开一个数据库后即进入数据库窗口，如图 1-16 所示。Access 2016 数据库窗口由标题栏、功能区、导航窗格、工作区和状态栏等部分组成。

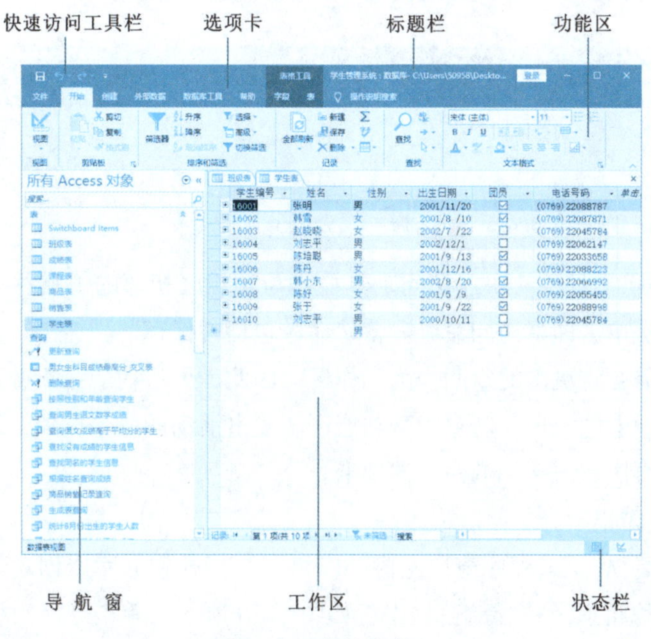

图 1-16　数据库窗口

（1）功能区

功能区是菜单和工具栏的主要替代部分，并提供了 Access 2016 中主要的命令界面。如图 1-17 所示，它主要由多个选项卡组成，这些选项卡上有多个按钮组。

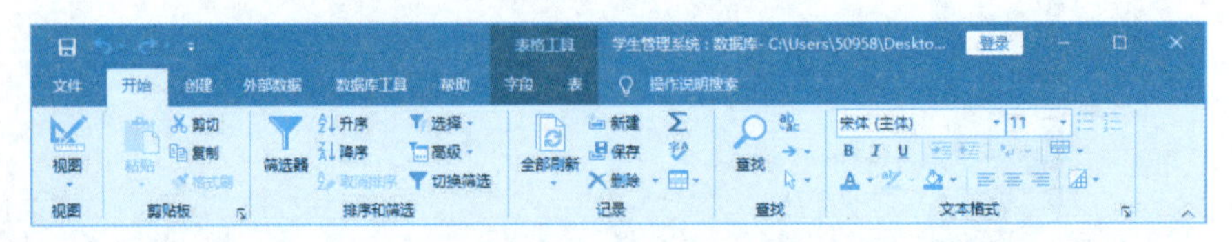

图 1-17　Access 2016 功能区

功能区主要由以下几部分组成：

① 主选项卡。主选项卡将相关常用命令放在一起，主要的命令选项卡包括“文件”、“开始”、“创建”、“外部数据”和“数据库工具”。每个选项卡都包含多组相关命令，这些命令组展现了其他一些新的 UI 元素（例如样式库，它是一种新的控件类型，能以可视方式表示选择）。

② 上下文选项卡。根据上下文（即进行操作的对象以及正在执行的操作）的不同，标准命令选项卡旁边可能会出现一个或多个上下文命令选项卡。上下文命令选项卡包含在特定上下文中需要使用的命令和功能。

例如，如果在设计视图中打开一个表，则在“数据库工具”选项卡旁边将显示名为“表格工具”的上下文命令选项卡。选择“表格工具”选项卡时，功能区将显示仅当对象处于设计视图中时才能使用的命令，如图 1-18 所示。

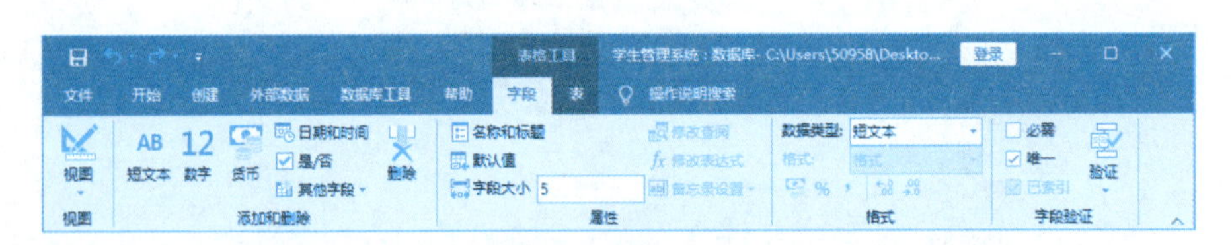

图 1-18　“表格工具”选项卡

③ 快速访问工具栏。快速访问工具栏是与功能区相邻的工具栏，通过快速访问工具栏只需一次单击即可访问命令。默认命令包括“保存”“撤销”“恢复”。

有时可能需要将更多的空间作为工作区。因此，可将功能区折叠，以便只保留一个包含命令选项卡的条形。若要隐藏功能区，双击活动的命令选项卡即可。若要再次显示功能区，再次双击活动的命令选项卡。

（2）导航窗格

导航窗格是 Access 程序窗口左侧的窗格，在打开数据库或创建新数据库时，数据库对象的名称将显示在导航窗格中，如图 1-19 所示。单击导航窗格右上角的按钮 « 或按【F11】键可显示或隐藏导航窗格。

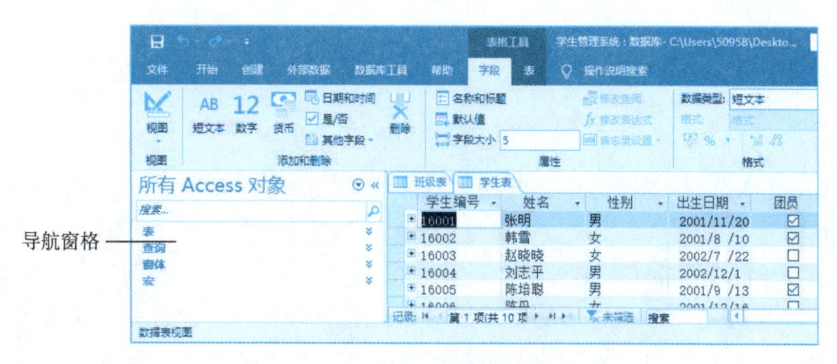

图 1-19　Access 2016 导航窗格

数据库对象包括表、窗体、报表、页、宏和模块。导航窗格将数据库对象划分为多个类别，各个类别中又包含多个组。某些类别是预定义的，还可以在导航窗格中创建自己的自定义组织方案。默认情况下，新数据库使用“对象类型”类别，该类别包含对应于各种数据库对象的组。

（3）工作区

工作区位于功能区的右下方。与早期版本不同的是，Access 2016 在工作区中以选项卡式文档代替重叠窗口显示数据库对象，可以同时打开多个对象，并在工作区顶端显示活动选项卡的内容。如图 1-20 所示，同时打开了三个表对象：成绩表、课程表和学生表，但仅显示活动选项卡“成绩表”的内容。

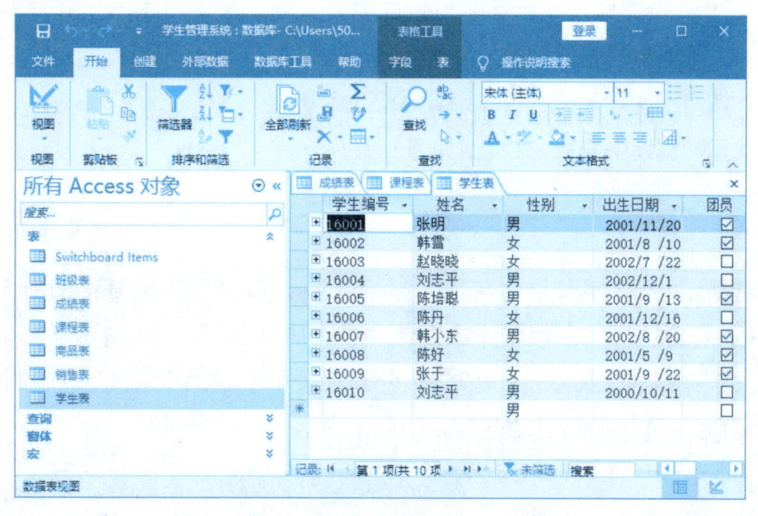

图 1-20　Access 2016 工作区

（4）状态栏

与早期版本 Access 一样，Access 2016 在窗口底部显示状态栏。状态栏显示查找状态消息、属性提示、进度指示等，还包含视图 / 窗口切换按钮。

素养园地

开源思想

Access 从 1.0 版本至如今 2016 版本，历经多次升级迭代和改版，功能越来越强大，操作界面简单方便。尤其是 Access 与 Office 的高度集成，都秉承了开源的思想。这种思想启源于孔子，孔子认为治国之道在于安民，民贫则怨，民富则安。《论语·颜渊》中关于“百姓足，君孰与不足；百姓不足，君孰与足”的论点集中反映了孔丘重视培养财源的理财思想，后期又逐渐引用在软件工程学的思想，特别是互联网时代，对于想要进行自我调整的软件产业来说，闭源就显得力不从心。而开源思想，正是解决这种问题的最佳途径，如当今最典型的开源操作系统，Linux 系列操作系统，它的产生与发展都是得益于开源来完成的。

三、认识 Access 数据库对象

扫描二维码，观看视频 1–5，认识 Access 数据库对象。

视频 1–5　认识 Access 数据库对象

Access 2016 数据库对象包括表、窗体、报表、页、宏和模块六种，利用这些对象可以完成对数据库中数据的管理。打开数据库后，单击导航窗格最上方右端的下拉按钮，从下拉列表中选择“浏览类别”为“对象类型”，“按组筛选”为“所有 Access 对象”，则在导航窗格中显示数据库中的所有对象，如图 1–21 所示。

1. 表

表是数据库用来存储数据的对象，它是 Access 数据库中最基本的对象。每个表存储有关特定主题的信息，数据库通常包含多个表。如图 1–22 所示，学生管理数据库中有三个表：成绩表、课程表、学生表，分别存放学生的课程成绩、课程的相关信息、学生的相关信息（具体操作见项目二）。

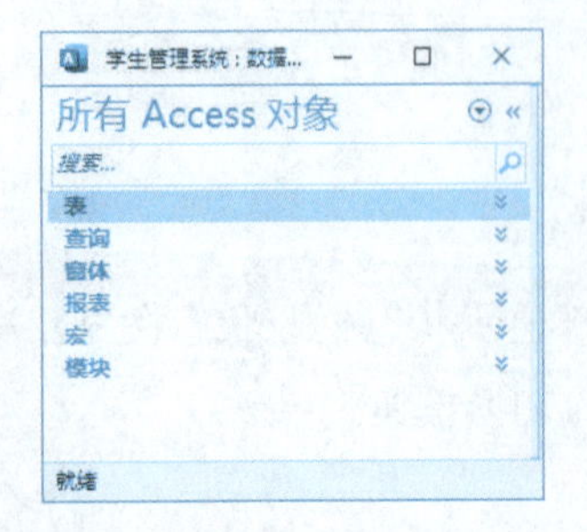

图 1–21　Access 2016 数据库对象

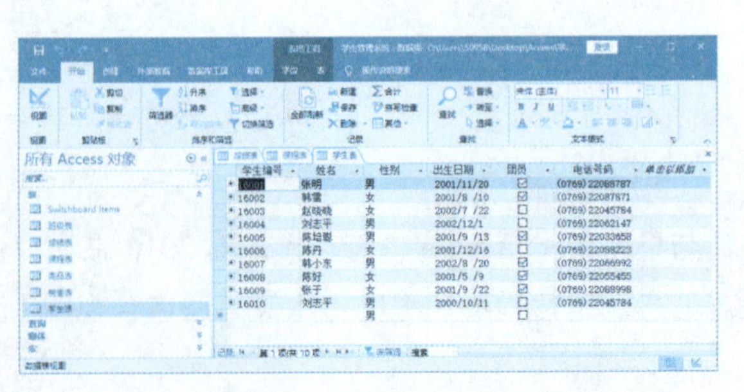

图 1–22　学生管理数据库中的表对象

表中的每行称为一个记录，每列称为一个字段。记录包含特定实体（如学生）的所有特定信息。字段是有关该实体的单项信息。例如，“学生”表中的每行（即每条记录）包含有关每个学生的相关信息。每列（即每个字段）包含该有关学生的某类信息，如“学生编号”或“姓名”。

2. 查询

在设计良好的数据库中，想要通过表单或报表呈现的数据通常位于多个表中。使用查询可提取各个表中的信息并将其汇总以在表单或报表中显示。例如，在学生管理数据库中，字段“学生编号”、“姓名”、“性别”位于“学生表”，字段“课程名称”位于“课程表”，字段“成绩”位于“成绩表”，可通过建立查询将相关信息提取出来（具体操作见项目三），如图 1-23 所示。

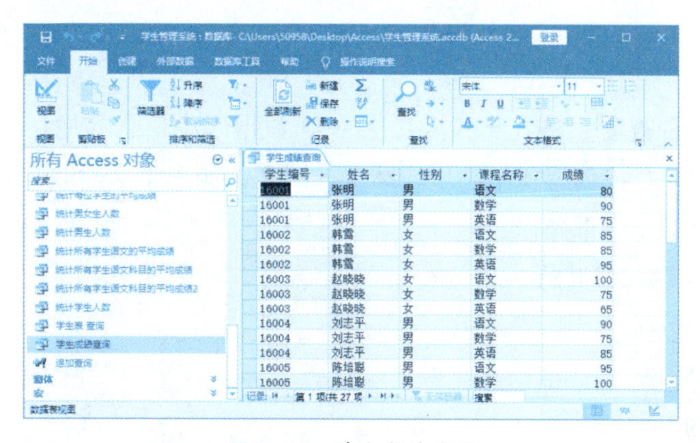

图 1-23　学生成绩查询

查询可以是对数据库中数据结果的请求，也可用于对数据执行操作，还可两者兼顾。使用查询可获取简单问题的答案、用数据执行计算、合并不同表中的数据以及添加、更改或删除数据库中的数据。

查询有多种类型，但两种基本类型为：

① 选择查询：用于从表中检索数据或进行计算。

② 动作查询：添加、更改或删除数据。每项任务具有特定类型的动作查询。动作查询在 Access Web 应用中不可用。

3. 窗体

窗体就像商店里的陈列柜，是用户与数据库之间的人机交互界面。窗体的数据源可以是表也可以是查询。一个设计良好的窗体可使数据以更加友好的方式显示出来，从而方便用户对数据库进行浏览和编辑。如图 1-24 所示，学生成绩窗体以更加自然的方式呈现每个学生的成绩（具体操作见项目四）。

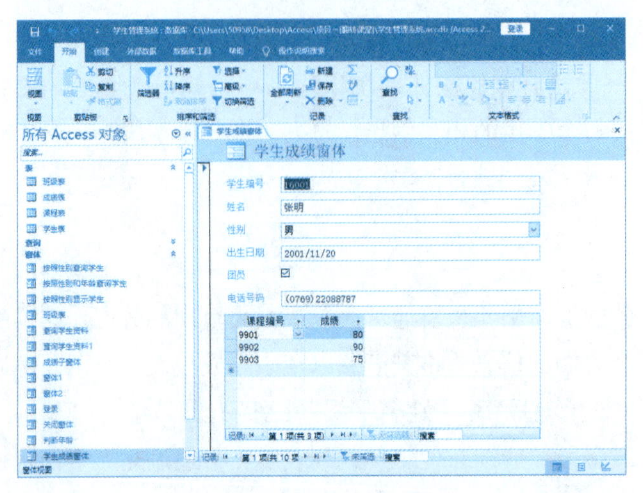

图 1-24　学生成绩窗体

4. 报表

报表提供一种查看、格式化和汇总 Access 数据库中信息的途径。例如，创建报表分组显示学生信息或创建每个学生成绩合计图表，如图 1-25 和图 1-26 所示。

通过报表可实现以下操作：

① 显示或分发数据汇总。

② 存档数据快照。

③ 提供单个记录的详细信息。

④ 创建标签。

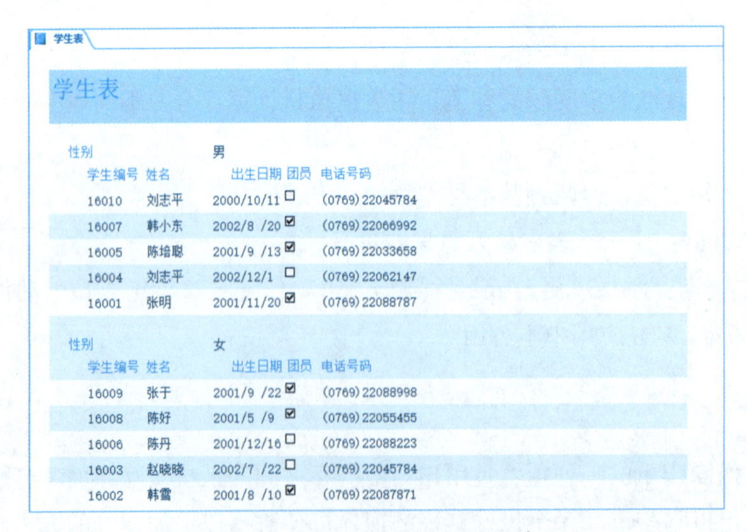

学生表

性别　男

学生编号	姓名	出生日期	团员	电话号码
16010	刘志平	2000/10/11	☐	(0769) 22045784
16007	韩小东	2002/8 /20	☑	(0769) 22066992
16005	陈培聪	2001/9 /13	☑	(0769) 22033658
16004	刘志平	2002/12/1	☐	(0769) 22062147
16001	张明	2001/11/20	☑	(0769) 22088787

性别　女

学生编号	姓名	出生日期	团员	电话号码
16009	张于	2001/9 /22	☑	(0769) 22088998
16008	陈好	2001/5 /9	☑	(0769) 22055455
16006	陈丹	2001/12/16	☐	(0769) 22088223
16003	赵晓晓	2002/7 /22	☐	(0769) 22045784
16002	韩雪	2001/8 /10	☑	(0769) 22087871

图 1-25　分组显示学生信息报表

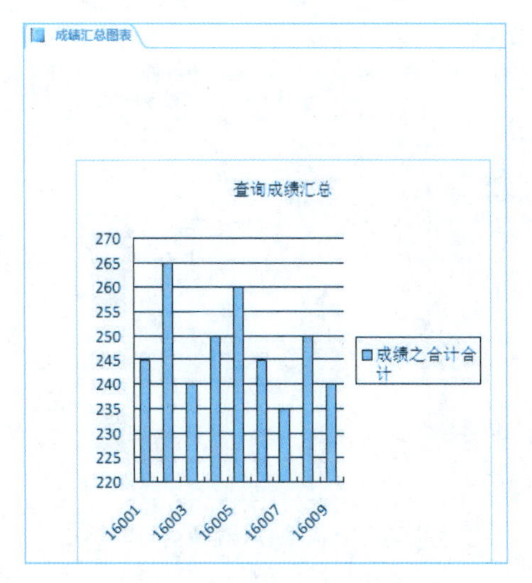

图 1-26　学生成绩合计图表报表

5. 宏

宏是一种可用于自动执行任务及向窗体、报表和控件添加功能的工具。例如，如果向窗体添加命令按钮并将该按钮的 OnClick 事件关联到宏，则它会在每次单击该按钮时执行命令。图 1-27 所示为宏的设计窗口。

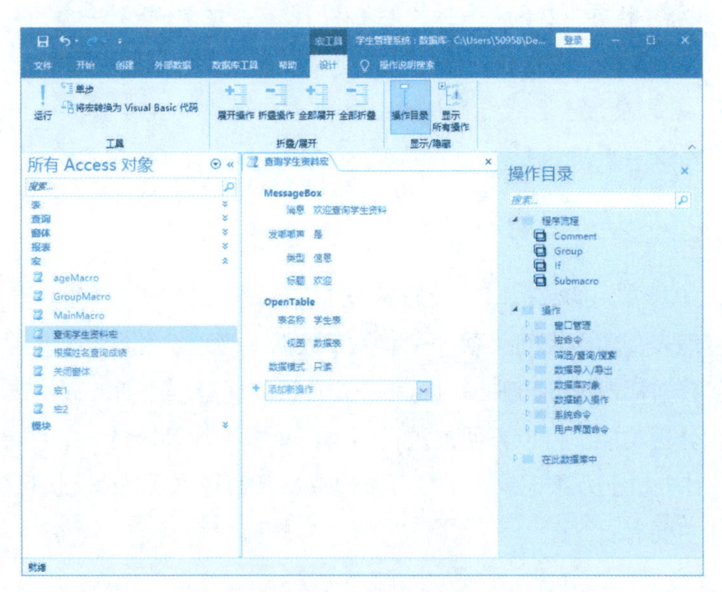

图 1-27　Access 2016 宏的设计窗口

6. 模块

模块是为在应用程序中自动执行任务和执行更高端的函数而编写的 VBA 代码，使用 VBA 编程语言编写模块。模块是作为一个单元存储的声明、语句和过程的集合，模块的编辑界面如图 1-28 所示。

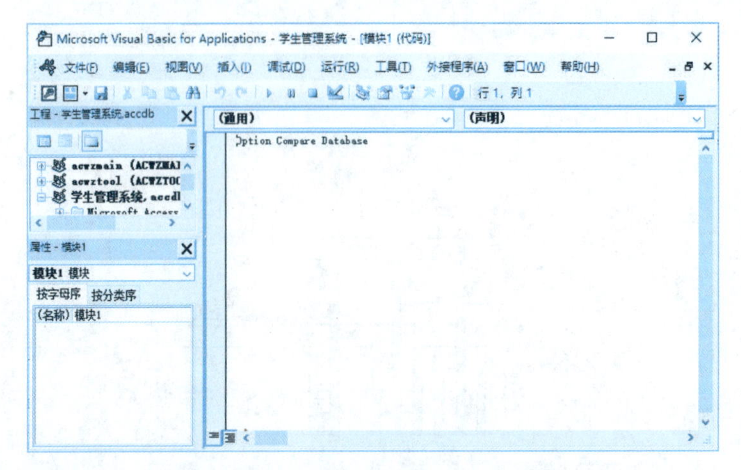

图 1-28　Access 2016 模块的编辑界面

素养园地

提 质 增 效

Access 中一共有 53 种基本宏操作，这些基本操作还可以组合成很多其他的“宏组”操作。在使用中，我们很少单独使用这个或那个基本宏命令，常常是将这些命令排成一组，按照顺序执行，以完成一种特定任务，也可以理解，宏是一系列命令的集合，比如 Excel、Word 中的宏命令，你可以通过宏编程的方式，将一组重复、复杂的操作录制成宏，合理使用宏达到提质增效目的。

四、Access2016 新功能

Access 2016 最常用的数据库模板的五个已重新设计具有更现代的外观，不仅具备建数据库、管理表、建立表间关系等一般关系数据库管理系统所共有的功能，还拥有很多适合现代数据管理任务的独特功能和一些独特的优势。比如 Access 2016 具有极强的数据处理和分析功能，可以方便地进行各类汇总、平均等统计，并可灵活设置统计的条件。在统计分析上万条记录，十几万条记录及以上的数据时速度快且操作方便。

新增功能主要有：

1. Access 控件的新“标签名称”属性使其更易于访问

Access 2016 向控件添加了名为“标签名称”的新属性，以便可以将标签控件与另一个控件关联。以前，必须“剪切”标签控件，然后将其“粘贴”在其他控件上才能关联。现在通过新的“标签名称”属性，可以轻松输入标签控件的名称以将其关联。

2. 编辑新的值列表项将更易于访问

Access 2016 引入新的键盘快捷方式，通过它，使用 Access 表单中的值列表组合框时可以更轻松地打开“编辑列表项”对话框。

如果组合框使用值列表作为其数据源，并且已将“允许值列表编辑”属性设置为“是”，则可以使用此新的键盘快捷方式。在“表单”视图中将焦点置于组合框时，按【Ctrl+E】组合键可打开“编辑列表项”对话框。

3. 大数（Bigint）支持

大数数据类型可存储非货币的数值，并与 ODBC 中的 SQL_BIGINT 数据类型兼容。这种数据类型可高效计算大数。

可将大数作为字段添加到 Access 表中。还可通过相应的数据类型（如 SQL Server Bigint 数据类型）链接到数据库或从数据库导入。

若要使用大数数据类型支持链接到外部源或从外部源导入，首先需要选择“Access 选项”对话框中的一个选项。单击“文件”→“选项”→“当前数据库”。在选项对话框底部，将看到“数据类型支持选项”部分。选择“支持已链接 / 已导入表的 BigInt 数据类型”选项。

自我测评

1. 试述数据、数据库、数据库管理系统、数据库系统的概念。
2. 文件系统与数据库系统管理数据各有哪些优缺点？
3. 试述概念模型的作用。
4. 关系模型中有哪些常见的联系？请各举一个例子。
5. 思考图书馆借书系统中读者、图书两个实体可能具有的属性。
6. 请为“读者借阅图书”行为建立 E–R 模型，绘制 E–R 图。
7. 简述数据库的设计流程。
8. Access 2016 的启动和退出有哪些方法？
9. Access 2016 的数据窗口由哪几部分构成？
10. Access 2016 导航窗格的作用是什么？如果导航窗口未显示，如何将其显示出来？
11. Access 2016 数据库有哪些对象？
12. 窗体对象有什么作用？
13. 报表对象有什么作用？

项目二

创建学生管理系统数据库和表

课前学习工作页

1．复习前一个项目或上网查找有关数据库技术的资料，回答下列问题：

① 什么是关系型数据库？列举几个现在比较流行的关系型数据管理系统。

② 数据库和表有什么关系？表有什么作用？

2．扫描二维码观看视频 2-1，并完成下列题目：

视频 2-1　创建数据库、表和字段

① Access 2016 数据库文件的扩展名是________。

A. ACCESS　　B. MDB

C. accdb　　D. 无扩展名

② Access 2016 数据库文件和表的创建顺序是________。

A. 先建数据库再建表　　B. 先建表再建数据库

C. 建好数据库后会自动生成一张表　　D. 无所谓先后

③ 建好表后可以通过下列________方式添加字段。

A. 只能在设计视图下添加

B. 只能在数据表视图下添加

C. 只能在透视视图下添加

D. 在设计视图和数据表视图下都可添加

课堂学习任务

1. 创建一个名为“学生管理系统”的数据库和三张表（学生表、课程表、成绩表），建立学生管理系统的核心数据。

建立这三张表的主要目的是：

① 用“学生表”存储和管理学生的个人信息，字段有学生编号、姓名、性别、出生日期、团员、电话号码等。

② 用“课程表”存储和管理课程的信息，字段有课程编号、课程名称等。

③ 用“成绩表”存储和管理学生的学科成绩，字段有学生编号、课程编号、成绩等。

2．在三张表间建立参照完整性关系，为相关联的表之间建立相互遵守的规则，这些规则在用户添加、更新或删除记录时生效。

3. 学会对表中的数据进行排序和筛选，以便提高查找数据的效率。

学习目标与重点难点

学习目标	掌握数据库的创建方法 掌握表的创建、修改和编辑的方法 掌握表字段属性的设置方法 掌握在表间建立关系的方法 掌握导入 / 导出数据的方法 掌握记录的排序和筛选
重点难点	设置数据表中各字段类型和属性（重点） 能按照业务需求合理设计数据表结构（难点）

任务一　创建数据库

Access 数据库相当于一个容器，可以组织管理其他 Access 对象，如表、查询、窗体等。如果把 Access 数据库比作一个仓库，那么表就相当于存放在仓库中的一个个集装箱，集装箱中的货物就相当于具体的数据。因此，要想创建一个信息管理系统，首先必须建立数据库。

一、创建空数据库

Access 数据库是一个独立存储的文件，用 Access 2016 创建的数据库文件的扩展名为 .accdb。

例 2.1　在 Access 2016 中创建一个空数据库，并保存。

操作步骤：

① 在“开始”菜单中选择“所有程序”→“Microsoft Office”→“Microsoft Office Access 2016”命令，启动 Access 2016。

② 在打开的 Access 2016 软件界面中，选择“空白桌面数据库”选项。

③ 在弹出的对话中输入数据库的文件名，在此输入要创建的数据库名称“学生管理系统”。文件的扩展名为 .accdb，Access 会自动添加。

④ 单击文本框后面的按钮，弹出“文件新建数据库”对话框。在该对话框中，用户可任意选择想要存储数据库文件的磁盘位置，这里选择 D 盘根目录。

⑤ 单击“确定”按钮，返回 Access 窗口，可看到在文本框的下方已经显示了数

据库文件将要保存的磁盘路径位置，如图 2-1 所示。

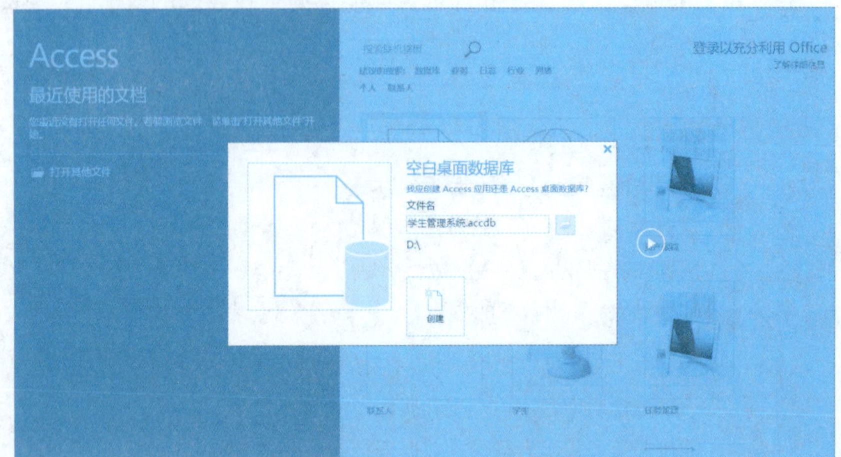

图 2-1　创建“学生管理系统”数据库

⑥ 单击下方的“创建”按钮，此时 Access 已经创建了一个空的数据库，并自动创建了名为“表 1”的数据表，如图 2-2 所示。数据表的相关操作将在任务二中讲述。

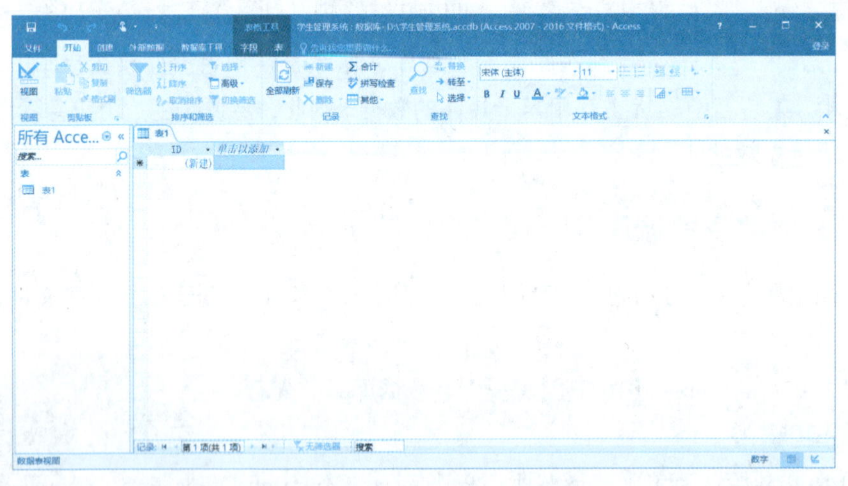

图 2-2　自动创建“表 1”数据表

二、打开和关闭数据库

Access 数据库是存储在磁盘上的独立的文件，在磁盘相应位置找到“学生管理系统 .accdb”数据库文件，双击即可打开数据库。也可先启动 Access 2016，在窗口界面中单击“打开其他文件”，单击 浏览 按钮，弹出“打开”对话框，选择 D 盘，选择“学生管理系统 .accdb”数据库文件，单击“打开”按钮即可。当然，也可以直接在 D 盘找到“学生管理系统 .accdb”数据库文件，双击打开。

要关闭数据库，只需要单击 Access 窗口标题栏 × 按钮。

任务二　创　建　表

表是 Access 数据库的核心，也是基础。它是存储和管理数据的对象，也是数据库其他对象，如查询、窗体、报表等获得数据的来源。只有先创建了表，才能在此基础上创建其他数据库对象，从而逐步完成比较完整的数据库管理系统。

一、表的组成

Access 表由表结构（表框架）和表记录（详细数据）两部分组成。只有先设计好表的结构，才能在表中存入符合表结构的数据。表的结构主要包括字段名称、数据类型和字段属性等。

以图 2-3 为例，表头行部分就是表的字段，其中“学生编号”、“姓名”、“性别”、“出生日期”、“团员”和“电话号码”等是字段的名称。

对于每一个字段，都具有自己的数据类型，如字段“出生日期”，其数据类型是“日期 / 时间”类型。也就是说存储在该字段中的数据必须是日期和时间。

每个字段还具有相应的属性，如字段“学生编号”，其“字段大小”属性设置为 5 个字符时，该字段中存储的字符数据长度就不能超过 5 个字符。

所有学生的资料就是数据区，每一条学生数据行就是一条“记录”。可以看到，每一条记录都是由若干个相同的字段组成的。

学生编号	姓名	性别	出生日期	团员	电话号码
16001	张明	男	2001/11/20	☑	(0769)22088787
16002	韩雪	女	2001/8 /10	☑	(0769)22087871
16003	赵晓晓	女	2002/7 /22	☐	(0769)22045784
16004	刘志平	男	2002/12/1	☐	(0769)22062147
16005	陈培聪	男	2001/9 /13	☑	(0769)22033658
16006	陈丹	女	2001/12/16	☐	(0769)22088223

图 2-3　结构和表记录

1. 字段名称

字段名称就是字段的名字，其命名规则如下：

① 最长不超过 64 个字符。

② 可以包含字母、数字、空格和特殊字符［句号（.）、感叹号（!）、重音符（`）和方括号（[]）除外］的任意组合，但不能以空格开始。

③ 不能包括控制字符（ASCII 值 0 到 31）。

小 贴 士

为避免不必要的命名冲突，尽量不要在字段名称中包含空格或特殊字符，更不允许在同一张表中出现相同的字段名称。

2. 数据类型

Access 数据库的数据类型是一个表中同一列数据所具有的特征，它决定了数据存储和使用的方式。在 Access 2016 中，字段有 12 种数据类型。

① 文本型（Text）：用于存储字符或数字或两者相结合的数据。文本型分长文本和短文本。短文本最长为 255 个字符，默认值是 255；长文本可以存储大于 255 个字节的文本。在 Access 中，每一个汉字和所有特殊字符（包括中文标点符号）都算做一个字符。

② 备注型（Memo）：用于存储较长的字符和数字（大于 255 个字符），最长为 65 535 个字符。备注型字段不能参与排序或索引。

③ 数字型（Number）：用于存储可以进行数值计算的数据，但货币除外。数字型字段按字段大小分为字、整型、长整型、单精度型、双精度型、同步复制 ID 和小数 7 种情形，分别占 1、2、4、4、8、16 和 12 个字节。

④ 日期 / 时间型（Date/Time）：用于存储日期、时间或者日期和时间组合的值，占固定 8 个字节。

⑤ 货币型（Currency）：用于存储货币值，占 8 个字节，在计算中禁止四舍五入。向货币型字段输入数据时，系统会自动添加货币符号、千位分隔符和两位小数。

⑥ 自动编号型（AutoNumber）：用于在添加记录时自动插入的序号（每次递增 1 或随机数），默认是长整型，长度为 4 个字节。也可以改为同步复制 ID。

需要注意的是，自动编号不能更新，不能人为指定或修改值。当删除了一个含有自动编号字段的记录时，不会对表中自动编号的字段值进行重新编号。当添加一条记录时，也不会使用已经删除的那个自动编号值。

⑦ 是 / 否型（Yes/No）：用于存储表示两种不同取值的逻辑值（是 / 否，真 / 假），占 1 个字节。在 Access 中，“-1”表示“真”值，“0”表示“假”值。

⑧ OLE 对象型（OLE Object）：用于使用 OLE 协议在其他程序中创建的 OLE 对象（如 Word 文档、Excel 电子表格、图片、声音等二进制数据），最多存储 1 GB（受磁盘空间限制）。

⑨ 超链接型（Hyper Link）：用于存放超链接地址，以便连接到指定的文件、Web 页、电子邮件地址、本数据库对象、书签或该地址所指向的 Excel 单元格范围。

该类型最多存储 64 000 个字符。

⑩ 附件（Attached）：用于存储所有类型的文档或二进制文件，可以将其他程序中的数据添加到该类型字段中。例如，可以将 Word 文档添加到该字段中。一条记录的某个字段设置为附件类型后，可以同时添加多个不同类型的文档或二进制文件。对于压缩的附件，最多可存储 2 GB；对于非压缩的附件，最多存储 700 KB。

⑪ 计算（Calculate）：用于显示通过引用同一个表中其他字段进行计算的结果。该类型长度为 8 个字节。

⑫ 查阅向导型（Lockup Wizard）：用于让用户通过组合框或列表框查阅来自其他表或某个值列表的值，以便作为字段的内容。实际的字段类型和长度取决于数据的来源。

小贴士

在设计表的结构时，要根据实际需求确定字段的数据类型，合适的数据类型是表的质量保证。有些数据看似是一种数据类型，但实际上是另外一种数据类型。例如，图 2-3 中的“学生编号”字段，从数值上看，似乎是数字型，但实际上是文本型。“学生编号”字段不需要参与数学运算，所以不必设置为数字类型。

3. 字段属性

字段的属性反映了表的组织形式，包含表中字段的个数，以及各字段的大小、格式、输入掩码、有效性规则等。不同的数据类型具有不同的字段属性。字段属性可对输入的数据进行约束或验证，还可控制数据在数据表视图中的显示格式。

例 2.2　在图 2-4 中，“学生表”的“学生编号”字段设置为“文本”类型后，在窗口的下方可设置该字段的一系列属性。

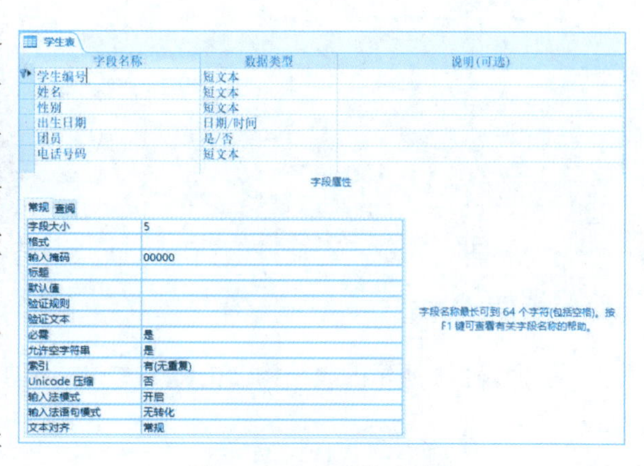

图 2-4　字段属性的设置

二、创建“学生表”

“学生表”用于存储和管理学生的基本信息。根据数据库设计的原则，该表所包含的字段都只能与学生的个人信息相关。例如，在“学生表”中不能出现与课程相关的字段。另外，字段必须是单一属性，不可再分。例如，如果在表中创建一个“班级信息”字段就不合适，原因是“班级信息”字段还可再拆分为“班级编号”和“班级名称”等信息。另外，如果一个字段能够通过另一个字段计算得到，则该字段也不适合添加到表中。因为这一方面增加了数据库的数据量，另一方面非常不利于数据的管理。例如，如果在“学生表”中同时添加“出生日期”和“年龄”两个字段就不合理，因为“年龄”完全可通过“出生日期”计算得到。

为了更好地管理学生信息，需要为“学生表”建立一个主键（即主关键字），以便用它唯一标识一条学生记录，并利用它关联其他相关数据表。对于“学生表”，字段“学生编号”适合唯一确定一条学生记录，因此将该字段设置为主键。

小贴士

在设计表的结构时，应该为每一张表设计一个主键。主键可以是一个字段（单字段主键），也可以是多个字段的组合（多字段主键）。主键不仅是表与表之间相互关联的纽带，更是避免数据冗余、加快查询定位的有效手段。当一个字段定义为主键后，系统为其自动添加索引，以便提升基于此字段上的查询速度。存储于主键字段中的数据不能出现重复值或空值。

根据需求分析，规划“学生表”的表结构如表 2–1 所示。

表 2–1　“学生表”表结构

字段名称	字段类型	字段大小	是否主键
学生编号	文本	5	是
姓名	文本	4	
性别	文本	1	
出生日期	日期 / 时间		
团员	是 / 否		
电话号码	文本	11	

根据表 2–1 所示的表结构，在 Access 2016 中创建“学生表”。

视频 2–2　在数据表视图下创建“学生表”

1. 使用数据表视图创建表

例 2.3　在数据表视图下创建“学生表”。

操作步骤（扫码观看视频 2–2）：

① 打开“学生管理系统”数据库，系统自动生成一个表，

名为“表 1”，如图 2–5 所示。

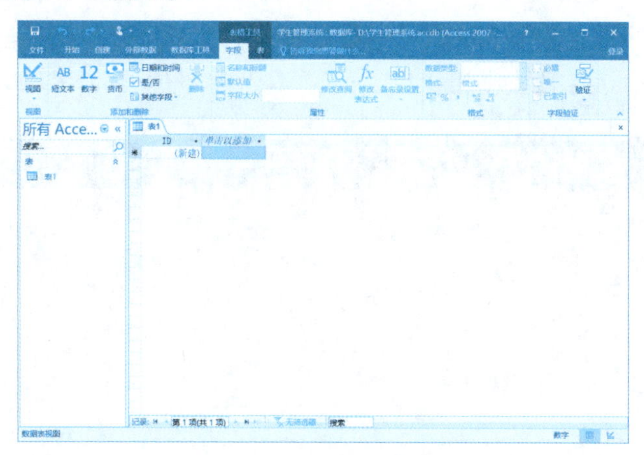

图 2–5　创建“表 1”

② 系统还默认添加了一个名为“ID”的字段，如图 2–6 所示。

③ 需要将“ID”字段名称修改为“学生编号”。一种方法是，在“ID”字段名称上双击，或者右击“ID”字段名称，在弹出的快捷菜单中选择“重命名字段”命令，修改“ID”为“学生编号”。另一种方法是，选中“ID”字段列，在“字段”选项卡的“属性”组中，单击“名称和标题”按钮，弹出“输入字段属性”对话框，在“名称”文本框中输入“学生编号”，如图 2–7 所示，单击“确定”按钮。

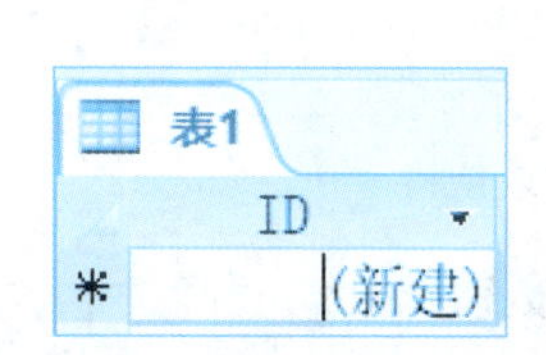

图 2–6　自动创建的“表 1”并添加了字段

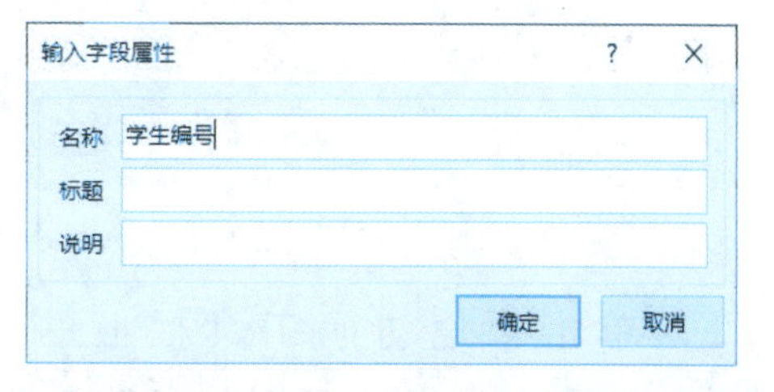

图 2–7　“输入字段属性”对话框

④ 选中“学生编号”字段列，在“字段”选项卡的“格式”组中，单击“数据类型”按钮，从打开的下拉列表中选择“短文本”；在“属性”组的“字段大小”文本框中输入“5”，如图 2–8 所示。

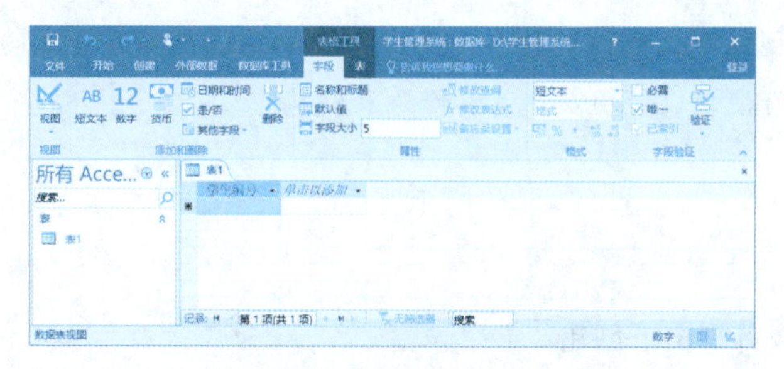

图 2–8　设置字段的数据类型和大小

⑤单击“单击以添加”字段，从弹出的菜单中选择“短文本”命令，创建名称为“字段 1”的新字段，如图 2-9 所示。重命名“字段 1”为“姓名”，并设置其数据类型为“短文本”，字段大小为“4”。

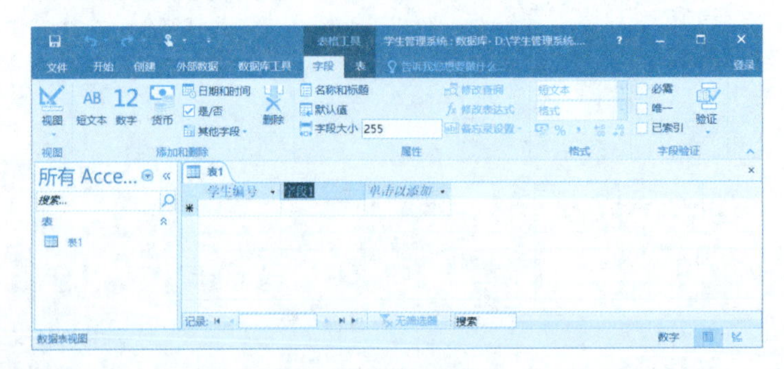

图 2-9　添加新字段

⑥按照“学生表”表结构，继续为表添加其他几个字段，结果如图 2-10 所示。

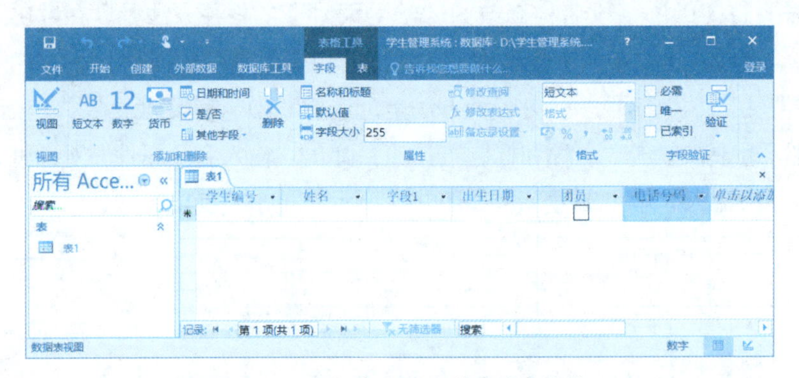

图 2-10　数据表视图下创建的表结构

⑦单击快速访问工具栏上的“保存”按钮 ，在弹出的“另存为”对话框中，修改表名称为“学生表”，如图 2-11 所示。单击“确定”按钮，以新表名保存数据表。

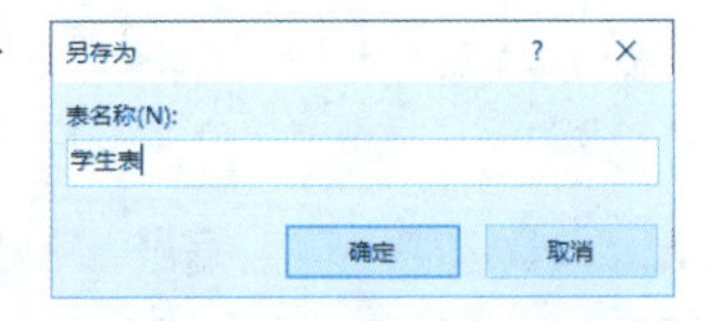

图 2-11　“另存为”对话框

小贴士

用数据表视图建立表结构时，无法对字段属性进行更为详细的设置，对于较复杂的表，最好使用设计视图建立和修改表结构。

2. 使用设计视图创建表

例 2.4　在设计视图下创建“学生表”。

操作步骤（扫码观看视频 2-3）

视频 2-3　在设计视图下创建“学生表”

① 选择“创建”选项卡，单击“表格”组中“表设计”按钮，打开表设计视图，并自动创建名称为“表 1”的数据表，如图 2-12 所示。在表设计视图中，字段输入区域有多个字段输入行，每个字段输入行有三列，分别为“字段名称”“数据类型”和“说明”。其中，“说明”列是对该字段的注释，可以不设置。每个字段输入行最前面都有一个小方块按钮，这是“字段选择器”。将鼠标指针放置在“字段选择器”上，指针变成一个向右的黑色箭头➡，单击可选中当前字段输入行；右击则弹出快捷菜单，可选择相应的编辑功能，如图 2-13 所示。

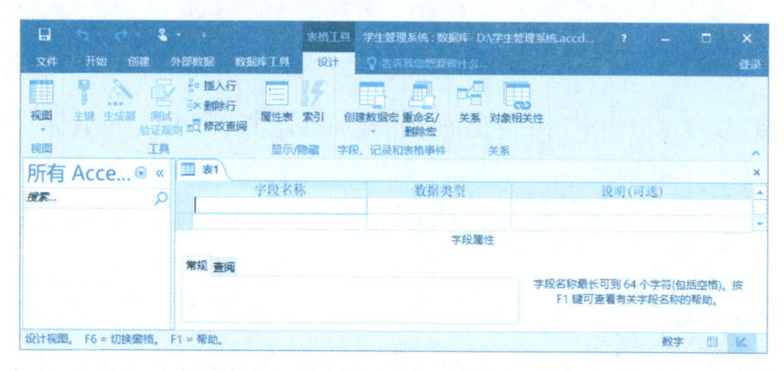

图 2-12　表设计视图下创建的“表”

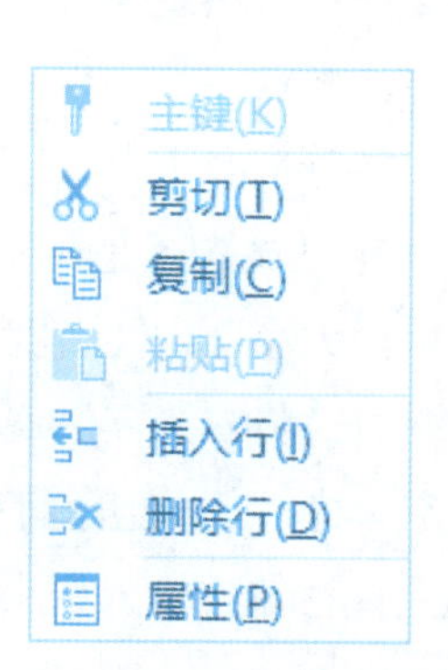

图 2-13　“字段选择器”的右键菜单

② 在“字段名称”列的第一行输入第一个字段名称“学生编号”，当光标离开此输入框在别处单击时，“数据类型”列自动默认为“短文本”。单击“数据类型”列的下拉按钮，在打开的下拉列表中可选择其他数据类型。此处选择默认“短文本”类型。在“说明”列输入“主键”。

③ 将光标移动到“字段名称”列的第二行并单击，输入第二个字段“姓名”，选择数据类型为“短文本”。

④ 用同样的操作完成其他几个字段名称的输入和数据类型的设置。

⑤ 在“学生编号”字段输入行或者该行字段选择器上右击，在弹出的快捷菜单中选择“主键”命令，将字段“学生编号”设置为主键。

⑥ 保存“表 1”，并将其名称修改为“学生表”，结果如图 2-14 所示。

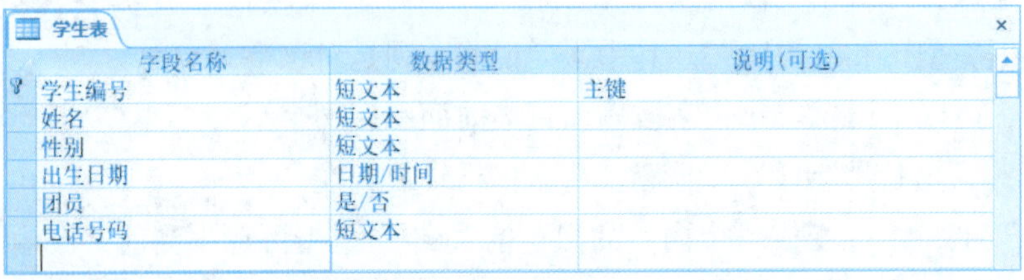

学生表

字段名称	数据类型	说明(可选)
学生编号	短文本	主键
姓名	短文本	
性别	短文本	
出生日期	日期/时间	
团员	是/否	
电话号码	短文本	

图 2-14　设计视图下创建的表结构

3. 设置字段属性

设置字段属性可以让字段中存储的数据更加符合实际需求，如数据的存储、处理和显示方式等。

例 2.5　通过设置“学生表”中各字段的属性，详细说明字段属性的设置方法和作用。

操作步骤：

① 在设计视图中打开“学生表”，选择“学生编号”字段，此时在字段属性区域中即显示该字段的所有属性。考虑到“学生编号”由 5 位数字组成，因此将“字段大小”属性由默认的 255 设置为 5，表示“学生编号”字段中最多只能存储或录入 5 个字符。由于“学生编号”的 5 位字符都必须是数字，所以在“输入掩码”属性中输入“00000”，表示当在该字段中无论是输入还是存储数据，必须为 5 位任意的数字。

② 选择“姓名”字段，将“字段大小”属性由默认的 255 设置为 4，表示“姓名”字段中最多只能存储或输入 4 个字符。将“必需”属性设置为“是”，表示“姓名”字段内容是必须填写的，不能为空。将“允许空字符串”设置为“否”，表示“姓名”字段内容不能为空字符串，如不允许存储或输入两个英文的双引号（""），因为这代表空字符串。

③ 选择“性别”字段，将“字段大小”属性设置为 1。原因是“性别”一般只填写“男”或“女”一个汉字。将“默认值”设置为“男”。当新增一条学生记录时，“性别”字段就默认自动填入“男”，这样可以减少用户的输入量。将“必需”属性设置为“是”；将“允许空字符串”设置为“否”。

④ 选择“出生日期”字段，单击“输入掩码”属性设置行右边的 ... 按钮，弹出图 2-15 所示的“输入掩码向导”对话框，选择“长日期”，单击“完成”按钮关闭该对话框。

此时，在“出生日期”字段中输入数据时，只能按照形如“1996/4/24”的“长日期”格式输入。

⑤ 选择“电话号码”字段，设置其“输入掩码”格式为“（0769）00000000”，表示电话号码必须以“（0769）”开头，后面为 8 位数字。

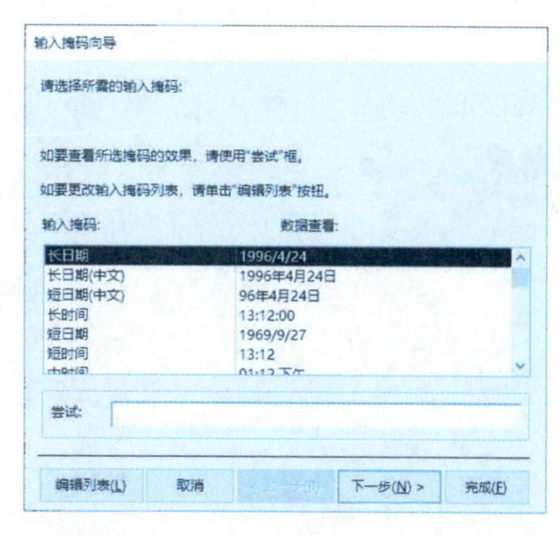

图 2-15　“输入掩码向导”对话框

4. 字段属性

通过设置“学生表”字段属性的操作，对字段属性有了初步的认识，下面对字段属性进行更为全面的讲解。

（1）字段大小

“字段大小”属性是对字段输入和存储数据长度进行限制。例如，在“学生表”中，字段“学生编号”所存储的数据只有 5 位，也就是字段大小为 5 即可。如果采用默认值 255，或者比 5 大的值，虽然可以存储“学生编号”，一方面造成空间的浪费；另一方面，当记录条数庞大，数据量比较多时，不仅空间浪费更为严重，而且造成数据库体积急剧增加，从而影响运行速度。

只有“短文本”、“数字”和“自动编号”类型的字段才需要设置字段大小属性。“短文本”类型字段大小的取值范围是 0 ~ 255，默认值是 255。“数字”类型字段大小属性只能进行设置，不能随意输入值，其取值为字节、整型、长整型、单精度型、双精度型、同步复制 ID、小数等。“自动编号”类型字段大小属性可设置为长整型、同步复制 ID。

（2）格式

“格式”属性只影响数据在数据表视图中的显示格式。例如，在“学生表”中，将“出生日期”字段的格式设置为“长日期”，那么在数据表视图中看到的学生出生日期格式就形如“**** 年 ** 月 ** 日”。不同数据类型的字段格式有所不同，如表 2-2 所示。

表 2-2　不同数据类型的字段格式

文本 / 备注		数字 / 货币		日期 / 时间		是 / 否	
格式	作用	格式	作用	格式	作用	格式	作用
@	要求使用文本字符（包括空格）	常规数字、固定	以输入的方式显示数字	常规日期	允许同时显示日期和时间。形如：2017/3/15 17:35:56	真 / 假	-1 为 True 0 为 False

续表

文本 / 备注		数字 / 货币		日期 / 时间		是 / 否	
格式	作用	格式	作用	格式	作用	格式	作用
&	不要求使用文本字符	货币、欧元	使用千分位分隔符，前面显示货币符号（￥或者￠）	长日期	形如：2017 年 3 月 15 日	是 / 否	-1 为是 0 为否
<	将所有字符以小写格式显示	标准	使用千分位分隔符	中日期	形如：17-03-15	开 / 关	-1 为开 0 为关
>	将所有字符以大写格式显示	百分比	将数值乘以 100 后加一个百分号（%）	短日期	形如：17-3-15		
!	将所有字符由左向右填充	科学计数		长时间	形如：17:35:56		
				中时间	形如：5:35 下午		
				短时间	形如：17:35		

在表 2-2 中，“日期 / 时间”格式还可以由用户自定义格式。比如，对“出生日期”字段设置格式为“m/d/yy”，则显示“出生日期”的格式形如 3/18/09。其中 m 表示“月”，d 表示“日”，y 表示“年”。m、d、y 的个数也决定了显示相应的月、日、年的方式。如 yy 表示用年的最后两位。其他自定义“日期 / 时间”格式如表 2-3 所示。

表 2-3　自定义“日期 / 时间”格式

格式符号	作　　用
d 或 dd	用于将该月份的某一天显示为一位或两位数字。对于一位数字，使用单个占位符；对于两位数字，使用两个占位符
ddd	用于将星期几缩写为三个英文字母。例如，星期一显示为 Mon
dddd	用于拼写出星期几的英文全称
w	用于显示星期几的编号。例如，星期一显示为 2
m 或 mm	用于将月份显示为一位或两位数字
mmm	用于将月份的名称缩写为 3 个英文字母。例如，十月显示为 Oct
mmmm	用于拼写出月份的英文全称

续表

格式符号	作　　用
q	用于显示当前日历季度的编号（1 ~ 4）。例如，对于五月中的日期，将季度值显示为 2
y	用于显示一年中的某一天（1 ~ 366）
yy	用于显示年份中的最后两个数字
yyyy	用于显示介于 0100 和 9999 之间的年份的所有数字
时间分隔符	用于控制在何处放置小时、分钟和秒的分隔符
h 或 hh	用于将小时显示为一位或两位数字
n 或 nn	用于将分钟显示为一位或两位数字
s 或 ss	用于将秒钟显示为一位或两位数字
AM/PM	用于显示具有尾随的 AM 或 PM 的 12 小时制时间值。根据计算机中的系统时钟设置该值
A/P 或 a/p	用于显示具有尾随的 A、P、a 或 p 的 12 小时制时间值。根据计算机中的系统时钟设置该值
AMPM	用于显示 12 小时制的时间值。将使用在 Windows 区域设置中指定的上午和下午指示符

（3）输入掩码

“输入掩码”属性用于在输入数据时，提供相对固定的书写格式，以便提高输入数据的便捷性，防止输入错误的数据格式。例如，在“学生表”中，“电话号码”的输入掩码格式设置就出于这方面的考虑。

需要注意的是，如果某个字段既定义了“输入掩码”属性，又定义了“格式”属性，则“格式”属性在格式显示时优先于“输入掩码”的设置，即此时设置的“输入掩码”将被忽略。

对于“短文本”类型和“日期 / 时间”型，输入掩码还提供了向导，其他类型的字段只能通过使用字符自定义的方式定义“输入掩码”属性。“输入掩码”属性所用的字符及其作用如表 2-4 所示。

表 2-4　自定义“输入掩码”属性字符

字符	说　　明
0	用户必须输入一个数字（0 到 9）
9	用户可以输入一个数字（0 到 9）

续表

字符	说　　明
#	用户可以输入一个数字、空格、加号或减号。如果跳过，会输入一个空格
L	用户必须输入一个字母
?	用户可以输入一个字母
A	用户必须输入一个字母或数字
a	用户可以输入一个字母或数字
&	用户必须输入一个字符或空格
C	用户可以输入字符或空格
. , : ; - /	小数分隔符、千位分隔符、日期分隔符和时间分隔符。用户选择的字符取决于 Microsoft Windows 区域设置
>	其后的所有字符都以大写字母显示
<	其后的所有字符都以小写字母显示
!	导致从左到右（而非从右到左）填充输入掩码
\	逐字显示紧随其后的字符
""	逐字显示双引号中的字符

（4）默认值

“默认值”是为了减少输入量，增加操作的便捷性。比如，将“学生表”中的“性别”字段的默认值设置为“男”。一般来说，对于一个字段，如果其数据内容大多数相同或包含有相同的部分，都可将这些相同的部分设置为默认值。

设置“默认值”除了用普通的数据类型值外，还可以使用表达式。例如，在某个数据类型为“日期/时间”字段的“默认值”设置为表达式“=Date()”后，当一条新的记录被创建时，该字段自动预先填入当前系统的日期。必须注意的是，设置的“默认值”必须与字段的数据类型相匹配。

另外，“默认值”还提供了“表达式生成器”帮助用户生成规则更为复杂的默认值。

例 2.6　使用“表达式生成器”为某字段设置“默认值”为当前系统日期。

操作步骤（扫码观看视频 2-4）：

① 在设计视图下选择该字段。在“字段属性”下方单击“默认值”属性设置栏框右边的…按钮，弹出“表达式生成器”对话框，如图 2-16 所示。

视频 2-4　使用“表达式生成器”

② 在对话框上面的文本框内输入表达式“Date()”，单击“确定”按钮即可。也可双击对话框下方“表达式元素”列表框中的“函数”选项，展开函数列表，选择“内置函数”选项；在中间“表达式类别”列表框中选中“日期/时间”；在“表达式值”列表框中双击“Date”，此时，在上面的文本框中自动填写了表达式“Date()”，单击“确定”按钮，如图2-17所示。

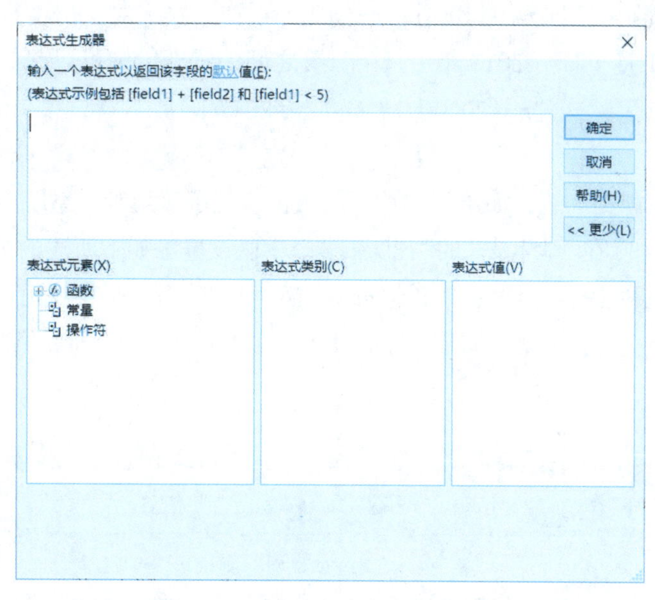

图2-16 “表达式生成器”对话框

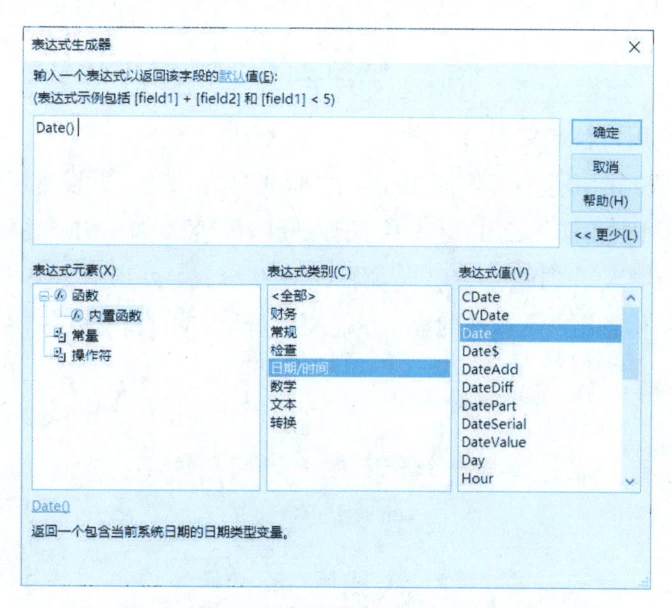

图2-17 使用“表达式生成器”生成默认值

（5）验证规则

“验证规则”属性是当向表中输入数据时，必须遵循的约束条件。该约束不仅对数据表视图有效，在与表绑定的窗体、追加查询以及从其他表中导入数据等添加或编辑数据的情形下也有效。

例如，要求对“年龄”字段必须输入“10 ~ 60”之间的数据，则可以在“验证规则”属性栏中输入规则表达式“>=10 And <=60”。再如，要求对“出生日期”字段必须输入“2000 年 1 月 1 日 ~ 2017 年 1 月 1 日”之间的日期，则可以在“验证规则”属性栏中输入规则表达式“>=#2000/1/1# And <=#2017/1/1#”。注意，日期的两边要使用“#”括起来。

设置“验证规则”后，如果用户输入的数据违反了该规则，系统会自动弹出信息提示对话框。例如，在“学生表”的“出生日期”字段设置了如上所述的“验证规则”后，切换到数据表视图，如果用户在某条记录的“出生日期”字段中输入了“1998/12/12”，确认后，系统就会弹出图 2-18 所示的对话框。

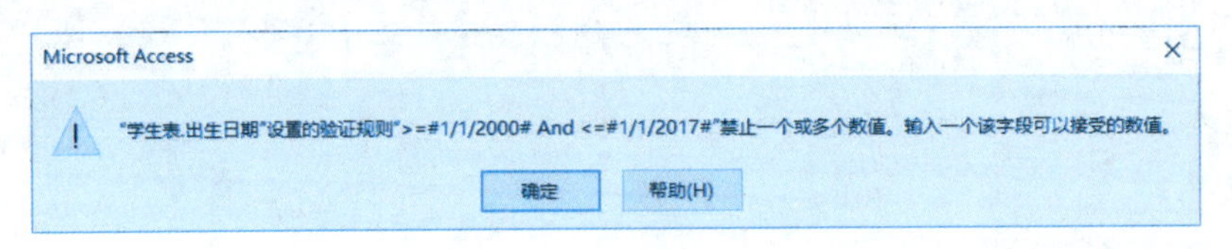

图 2-18 “验证规则”测试

“验证规则”属性也提供了“表达式生成器”，其使用方法与“默认值”属性相同。

（6）验证文本

“验证文本”属性是当输入的数据违反了“验证规则”时，系统显示的提示信息。该提示信息可由用户自定义。

例如，当设置了“出生日期”字段的上述“验证规则”属性，并设置了其“验证文本”属性为“2000 年 1 月 1 日 ~ 2017 年 1 月 1 日之间的日期”，如果用户在某条记录的“出生日期”字段中输入了“1998/12/12”，确认后，系统就会弹出图 2-19 所示的对话框。可以看到，提示信息比系统默认的提示信息更加清晰、明确。

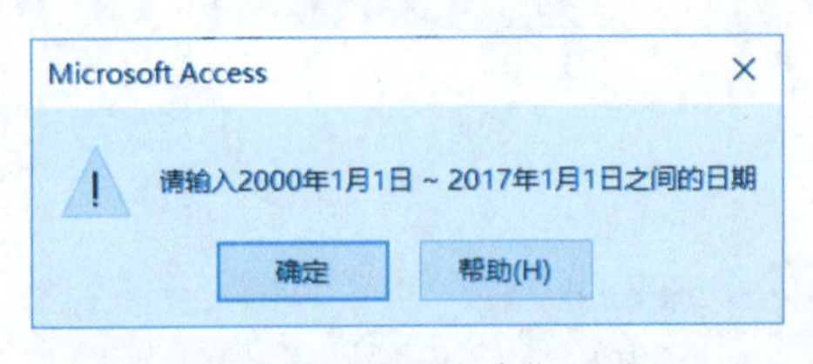

图 2-19 “验证文本”测试

（7）索引

“索引”有助于加快表对数据表中记录的查找或排序的速度。在表中使用索引，就像在书中使用目录一样，要查找某个章节，先查找目录，然后直接翻到该章节页码即可。数据库查找某个数据时，先在索引中找到数据的位置，这样就可以不用扫描数据表中的所有数据记录，能提高系统查询数据的性能。由于索引会增加系统的开销，所以不是所有的情况下索引都能提升查询数据的性能。例如，表中数据量较少，可能体现不出性能的提升，如果要查询的数据量大于总数据量的 1/3，此时使用索引还可能会降低查询效率。

在“索引”字段属性中，可以设置 3 种情形，分别是无、有（有重复）、有（无重复）。其说明如表 2–5 所示。

表 2–5　索引属性值说明

索引属性值	说　　明
无	该字段不建立索引（或删除原有的索引）
有（有重复）	以该字段建立索引，且字段中的内容可以重复
有（无重复）	以该字段建立索引，且字段中的内容不能重复。当字段设置为主键时，会自动建立这种索引

例如，在“学生表”中，为字段“学生编号”设置主键后，其字段索引属性自动变为“有（无重复）”。如果需要为“姓名”字段添加一个索引，可以选择“姓名”字段，在“索引”属性栏中选择“有（有重复）”，这是因为姓名是允许有重名的。

除了在字段属性中设置“索引”外，也可通过“索引”对话框创建或修改索引。

例 2.7　为“姓名”字段添加一个索引。

操作步骤：

① 在设计视图中打开“学生表”，选择“设计”选项卡，单击“显示 / 隐藏”组中的“索引”按钮，弹出“索引”对话框，如图 2–20 所示。第一列“索引名称”表示创建的索引的名字，可以填写也可以不填。如果不填写“索引名称”，则该索引与其上一行所建立的索引具有相同的索引属性。第二列“字段名称”表示表中要创建的字段，该字段必须存在于表中。第三列“排序次序”表示设置了索引后的字段的排列顺序（升序 / 降序）。其中，第一行已经创建好了一个索引。这是由于在创建“学生表”结构时，就已经将“学生编号”字段设置为主键，因此，系统自动为该字段创建了一个索引。

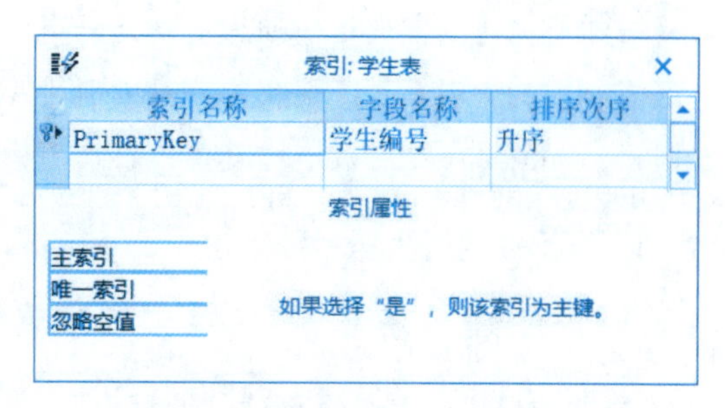

图 2–20　“索引”对话框

② 在对话框的第二行，“索引名称”列输入“姓名”，在“字段名称”列选择字段“姓名”，在“排序次序”列选择“升序”，如图 2–21 所示。

在上述对话框中，下部有“索引属性”选项，分别是：主索引、唯一索引、忽略空值。当字段被设置为“主键”时，则其索引属性中的“主索引”和“唯一索引”被自动设置为“是”。如果将某个字段“主索引”属性设置为“是”，则其“唯一索引”也自动被设置为“是”。此时即为该字段创建了主键。

图 2-21　在“姓名”字段上添加索引

实际上，按照索引功能分，索引可分为 3 种：主索引、唯一索引、普通索引。三者的作用和区别如表 2-6 所示。

表 2-6　3 种不同功能的索引

种　类	字段值	创建个数	创建方法
主索引	不能重复，不能有空值	只能一个	设置主键后自动创建
唯一索引	不能重复，可以有空值	可以多个	手动创建
普通索引	可以重复，可以有空值	可以多个	手动创建

小贴士

如果一个索引的“索引名称”列为空，则表示该字段索引与其上一行字段索引是一组。此时创建的这一组索引就是一个多字段索引。多字段索引中的所有索引都具有相同的索引属性。使用多字段索引排序时，优先使用索引中的第一个字段进行排序。如果第一个字段有重复值，再使用索引中的第二个字段排序，依此类推。

三、创建“课程表”和“成绩表”

根据项目描述，继续创建“课程表”和“成绩表”，创建方法以及字段属性、索引的设置与“学生表”相同。表结构及部分主要字段属性说明如表 2-7 和表 2-8 所示。

表 2-7　“课程表”表结构及字段属性说明

字段名称	字段类型	字段大小	输入掩码	是否主键
课程编号	短文本	4	0000	是
课程名称	短文本	10		

表 2-8 “成绩表”表结构及字段属性说明

字段名称	字段类型	字段大小	输入掩码	有效性规则	有效性文本	是否主键
学生编号	短文本	5	00000			是
课程编号	短文本	4	0000			
成绩	数字	整型		>=0 And <=100	输入的成绩不在合理范围内	

在“成绩表”中，将“学生编号”和“课程编号”同时设置为主键。原因是，对于一条成绩记录，单独的“学生编号”或者“课程编号”都不能唯一确定。因为同一个学生可以有多门课的成绩记录，而同一门课程也可以有多个学生的成绩记录。将多个字段同时设置为主键，称为“复合主键”。

例 2.8 为“成绩表”设置复合主键。

操作步骤：

① 在设计视图中打开“成绩表”，单击“学生编号”字段前面的“字段选择器”按钮 。

② 按住【Shift】键，单击“课程编号”字段前面的“字段选择器”按钮 。

③ 保持【Shift】键为按下状态，在上述两个字段的任意一个“字段选择器”按钮上右击，从弹出的快捷菜单中选择“主键”命令。结果如图 2-22 所示。

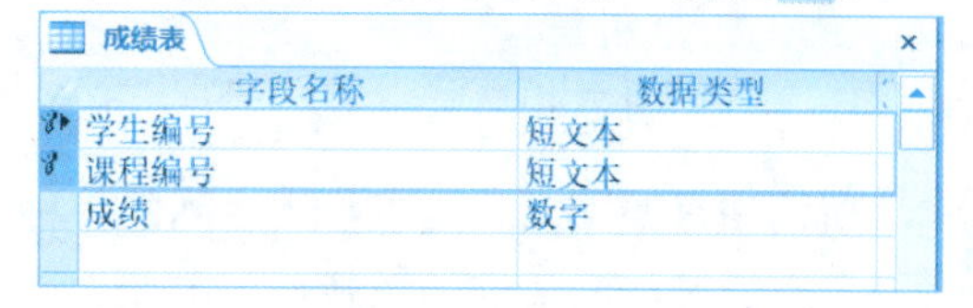

图 2-22 “成绩表”中复合主键的设置

任务三　建立表间关系

在一个信息管理系统中，一般会有多张表用来存储不同实体的信息，如“学生管理系统”中的三张表。而某些表间会存在某种联系和约束，那么此时就需要在这些表之间建立某种关系。

一、表间关系的种类

表间的关系一般分三种，分别为一对一、一对多和多对多。

假设有两张表 A 和 B。如果 A 表中的一条记录只与 B 表中的一条记录匹配，而 B 表中的一条记录也只与 A 表中的一条记录匹配，则 A 与 B 表间就是一对一的关系。此时，一般可将 A 表和 B 表合并为一张表，这样既避免了数据的冗余，也便于数据的查询。

如果 A 表中的一条记录与 B 表中的多条记录匹配，但 B 表中的一条记录只与 A 表中的一条记录匹配，则 A 与 B 表间就是一对多的关系。

例如“学生表”和“成绩表”之间就是一对多的关系。此时，A 表称为“主表”，B 表称为“相关表”。

如果 A 表中的一条记录与 B 表中的多条记录匹配，而 B 表中的一条记录也与 A 表中的多条记录匹配，则 A 与 B 表间就是多对多的关系。此时，可以建立第三张表 C（称为“联接表”），将 A 表和 C 表、B 表和 C 表之间分别建立一对多的关系。

例如，“学生表”和“课程表”之间就是多对多的关系。因为一个学生可以选修多门课程，而一门课程也可以有多个学生选修。因此，建立了第三张表“成绩表”来拆分这种多对多的关系。

要想建立两张表之间的关系，首先必须保证两张表都存在表示相同意义的字段，该字段名称可以不同，但是字段类型要一致。否则两张表之间强行建立关系是没有意义的。一般“主表”中该字段称为“主关键字”或“主键”，而“相关表”中该字段称为“外关键字”或“外键”。

例如，“学生表”中的字段“学生编号”就是“主键”，而与其相关的表“成绩表”中的字段“学生编号”相对于“学生表”来说就是“外键”。

二、参照完整性

所谓“参照”，就是表与表之间的一种约束规则；所谓“完整性”，就是要保证表与表之间关联的数据的一致性。因此，“参照完整性”实际上就是当用户添加、更新或删除记录时，为了维持表之间已经定义的关系而必须遵守的规则。

三、建立三张表之间的关系

建立表间的关系，特别是实施参照完整性时，必须保证所有需要定义关系的表是关闭的。

例 2.9 为“学生表”、“课程表”和“成绩表”之间建立关系。

操作步骤（扫码观看视频 2-5）：

① 选择“数据库工具”选项卡，单击“关系”组中的“关系”按钮，打开“关系”窗口，同时弹出“显示表”对话框，如图 2-23 所示。

视频 2-5　为三张表建立关系

② 选择“显示表”对话框中的“表”选项卡，可以看到，其中已经列出了当前创建的所有表名。选择“学生表”，单击“添加”按钮（也可直接双击“学生表”），将“学生表”添加到“关系”窗口中。用相同的方法将“课程表”和“成绩表”也添加到“关系”窗口中。单击“关闭”按钮，关闭“显示表”对话框。

小贴士

也可同时选择多个表，方法是：按住【Ctrl】键，可选择多个不连续的表；按住【Shift】键，可选择多个连续的表。如果已经关闭了“显示表”对话框，也可单击“设计”选项卡“关系”组中的“显示表”按钮，重新打开该对话框。如果要从“关系”窗口中删去一个表，选择该表后，单击“设计”选项卡“关系”组中的“隐藏表”按钮即可。

③ 在“关系”窗口中，选定“学生表”中的“学生编号”字段，将其拖动到“成绩表”的“学生编号”字段上，释放鼠标，弹出图 2-24 所示的“编辑关系”对话框。

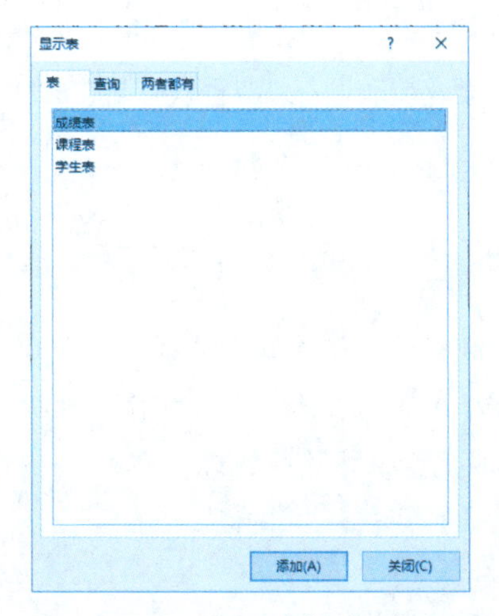

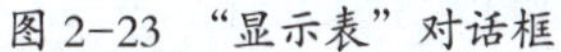
图 2-23　“显示表”对话框

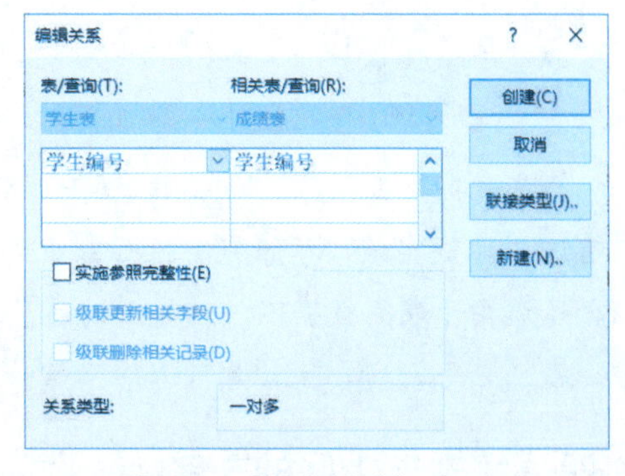

图 2-24　“编辑关系”对话框

其中，“表 / 查询”下拉列表中列出的是主表“学生表”中的“学生编号”字段，“相关表 / 查询”下拉列表中列出的是相关表“成绩表”中的“学生编号”字段。

如果勾选“实施参照完整性”复选框，则“级联更新相关字段”和“级联删除相关记录”两个复选框变为可选状态。勾选“级联更新相关字段”复选框后，如果更改主表“学生表”的主键字段“学生编号”的值，则在相关表“成绩表”中，字段“学生编号”的相应值也自动发生改变；勾选“级联删除相关字段”复选框后，如果删除主表“学生表”的记录，则在相关表“成绩表”中，与主表“学生表”相关的相应记录也被自动删除；如果只勾选“实施参照完整性”复选框，则相关表“成绩表”中的相关记录发生变化时，主表“学生表”中的主键“学生编号”不会相应改变，删除相关表“成绩表”中的记录时，也不会更改主表“学生表”中的记录。

④ 勾选“实施参照完整性”复选框，然后勾选“级联更新相关字段”和“级联删除相关记录”两个复选框，单击“创建”按钮。

⑤ 使用相同的方法创建“课程表”（主表）和“成绩表”（相关表）间的关系，将“课程表”的“课程编号”字段与“成绩表”的“课程编号”字段建立关联，结果如图 2-25 所示。

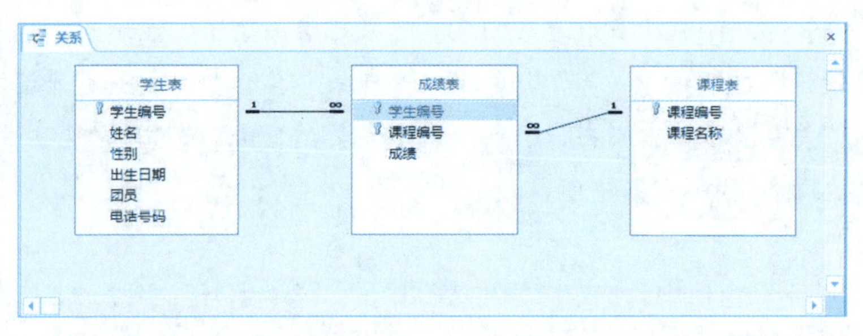

图 2-25 “关系”窗口中 3 张表间关系的设置结果

从图中可以看到，两个表间的关系用一条连线表示，有标识“1”的一端的表和标识“∞”的“一对多”的关系。如“学生表”与“成绩表”、“课程表”与“成绩表”均为“一对多”的关系。

小贴士

两张表间建立关系，相关联的字段名称可以不同，但是数据类型必须一致，只有这样才能实施“参照完整性”。另外，最好在建立表间关系后才输入数据，以免造成由于表间数据不一致导致的违反“参照完整性”规则错误。

四、编辑表之间的关系

编辑表间的关系，必须保证所有要编辑关系的表是关闭的。

若要删除表间的关系，选择表关系连线，按【Delete】键，或者右击关系连线，从弹出的快捷菜单中选择“删除”命令。

若要编辑表间关系，选择表关系连线，选择“设计”选项卡，单击“工具”组中的“编辑关系”按钮，或者右击关系连线，从弹出的快捷菜单中选择“编辑关系”命令。

如果要清除所有的关系，选择“设计”选项卡，单击“工具”组中的“清除布局”按钮即可。

五、查看表关联数据

在数据表视图下打开“学生表”，可看到每条学生记录左边都有一个关联标记⊞，单击该标记，则展开与当前记录相关联的“成绩表”信息，如图 2-26 所示。

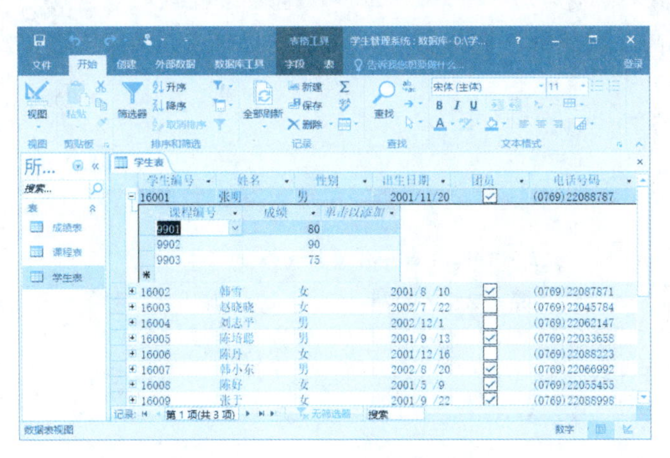

图 2-26　关联查看“成绩表”

如果再单击图中学生编号为“16001”、课程编号为“9901”的下拉列表，还可查看所有课程信息，如图 2-27 所示。

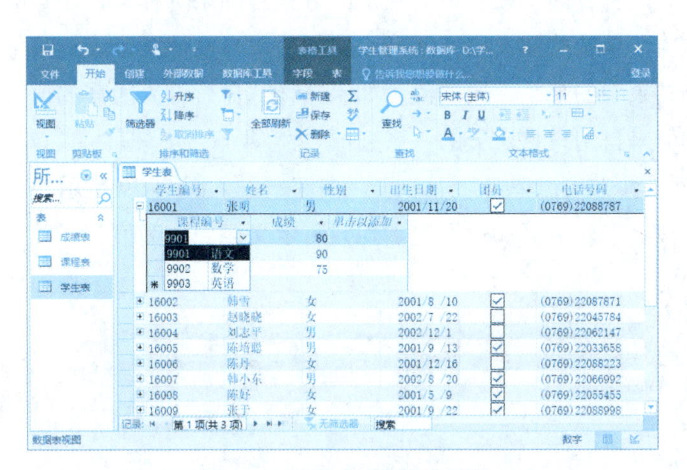

图 2-27　关联查看“课程表”

六、使用查阅列表输入数据

为了方便输入数据，避免数据输入错误或不一致，可以使用下列两种查阅列表的方法帮助输入数据。

1. 使用查阅向导输入数据

例 2.10　使用查阅向导为“学生表”的“性别”字段创建查阅列表，列表中显示“男”

和“女”两个值。

视频 2-6　创建查询列表

操作步骤（扫码观看视频 2-6）：

① 在“设计视图”中打开“学生表”，选择“性别”字段。

② 在“数据类型”列的下拉列表中选择“查阅向导”选项，弹出“查阅向导”对话框，选择字段获取数值的方式，如图 2-28 所示。

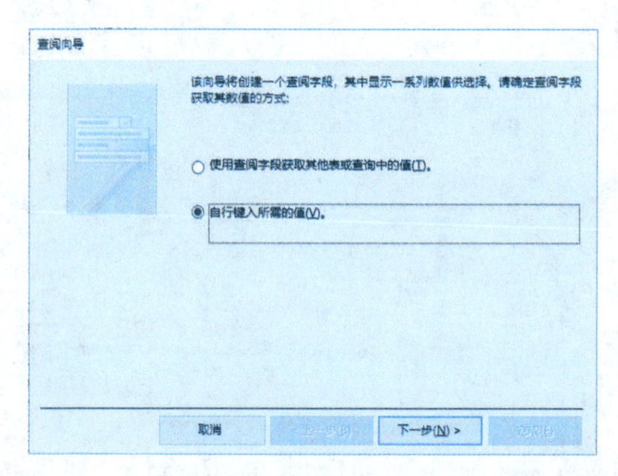

图 2-28　“查阅向导”对话框

对话框中有两种查阅字段获取其数值的方式。如果选择“使用查阅字段获取其他表或查询中的值”单选按钮，则查阅列表中的值来自其他某个表的某个字段值，或者来自某个查询结果中的某个字段的值；如果选择“自行键入所需的值”单选按钮，则查询列表中的值来自用户自定义的一系列值。

③ 选择第二种方式，单击“下一步”按钮，进入图 2-29 所示的对话框，输入查阅值“男”和“女”。也可通过设置“列数”定义多列查阅值。

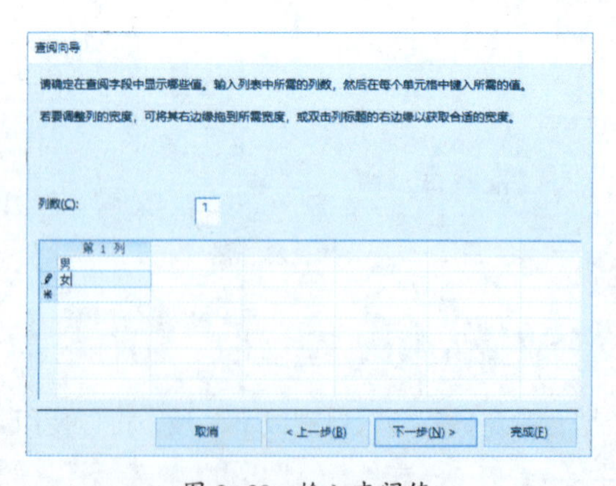

图 2-29　输入查阅值

④ 单击“下一步”按钮，进入“查阅向导”最后一个对话框，要求为查阅字段制定标签，这里使用默认值，单击“完成”按钮。

⑤ 切换到数据表视图，单击任何一条记录中字段“性别”值右侧的下拉按钮，打开下拉列表，列出了“男”和“女”两个值，如图 2–30 所示。

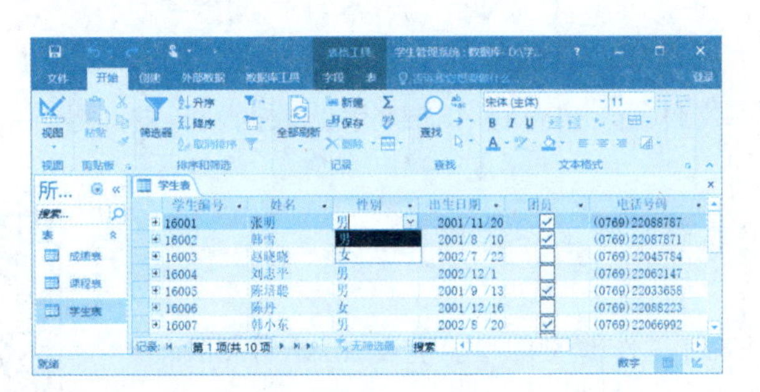

图 2–30　查阅列表字段设置后的效果

2. 使用“查阅”选项卡输入数据

例 2.11　使用“查阅”选项卡实现例 2.10 的需求。

操作步骤：

① 在设计视图中打开“学生表”，选择“性别”字段。

② 选择“字段属性”中的“查阅”选项卡。

③ 单击“显示控件”右侧的下拉按钮，在打开的列表中选择“组合框”选项；单击“行来源类型”右侧的下拉按钮，在打开的列表中选择“值列表”选项；在“行来源”右侧的文本框中输入“" 男 ";" 女 "”，如图 2–31 所示。

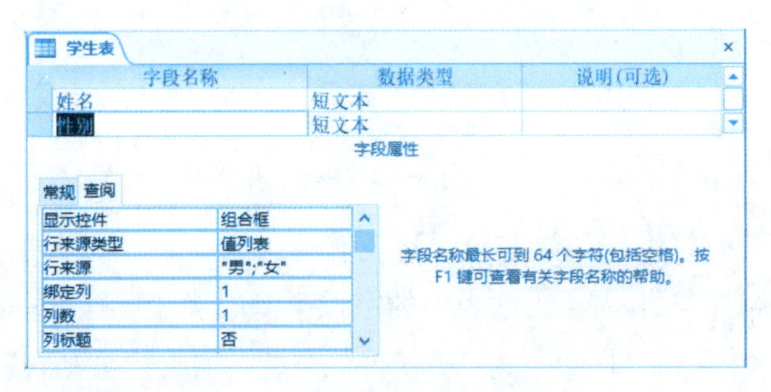

图 2–31　“查阅”选项卡参数设置

素养园地

数据安全

在 Access 中有 12 种数据类型，正是数据扮演的基础性角色，需要以数据作为基本要素开展表格的构建。现实中，大数据技术的支撑下，现有基础数据、资源数据、行为数据、思想数据等类型已经非常之多，如何科学、规范、合法应用数据并发挥其科学价值和社会作用，是我们的责任和担当，做好数据安全和维护是我们的职业素养。

任务四　导入 / 导出数据

在 Access 中，可以导入其他工具生成的数据表，如 Excel 工作表、XML 文件、其他 Access 数据库文件等。也可将 Access 中的数据表、查询等导出到其他工具中生成数据表。

一、向“学生表”导入 Excel 数据

视频 2-7　导入 Excel 数据

例 2.12　将 Excel 工作簿文件“学生表 .xlsx”中 Sheet1 工作表的内容导入 Access 的“学生表”中。

操作步骤（扫码观看视频 2-7）：

① 在 Excel 的 Sheet1 工作表中输入图 2-32 所示的数据。

	A	B	C	D	E	F
1	学生编号	姓名	性别	出生日期	团员	电话号码
2	16001	张明	男	2001/11/20	TRUE	22088787
3	16002	韩雪	女	2001/8/10	TRUE	22087871
4	16003	赵晓晓	女	2002/7/22	FALSE	22045784
5	16004	刘志平	男	2002/12/1	FALSE	22062147
6	16005	陈培聪	男	2001/9/13	TRUE	22033658
7	16006	陈丹	女	2001/12/16	FALSE	22088223
8	16007	韩小东	男	2002/8/20	TRUE	22066992
9	16008	陈好	女	2001/5/9	TRUE	22055455
10	16009	张于	女	2001/9/22	TRUE	22088998
11	16010	刘志平	男	2000/10/11	FALSE	22045784

图 2-32　待导入的 Excel 表数据

需要注意的是，要将外部数据导入到现有的 Access 表中，必须使外部数据中的列数据类型、列顺序与 Access 数据表中的字段类型、字段顺序等一致。例如，由于 Access“学生表”中字段“团员”为“是 / 否”类型，因此，在 Excel 表中，“团员”列不能使用值“男”或者“女”，而只能使用“TRUE”或者“FALSE”。也可以是“1”或者“0”。其中，“1”代表“TRUE”，“0”代表“FALSE”。

② 在 Access 中关闭“学生表”。选择“外部数据”选项卡，在“导入并链接”组中单击“Excel”按钮，弹出“获取外部数据 –Excel 电子表格”对话框。在对话框中单击“浏览”按钮，找到 Excel 文件“学生表 .xlsx”，并选择“向表中追加一份记录的副本”单选按钮，在右侧的下拉列表中选择“学生表”，如图 2-33 所示。

③ 单击“确定”按钮，弹出“导入数据表向导”对话框，选择“显示工作表”单选按钮，选择工作表名 Sheet1，在对话框的下方会显示当前工作表中的示例数据，如图 2-34 所示。

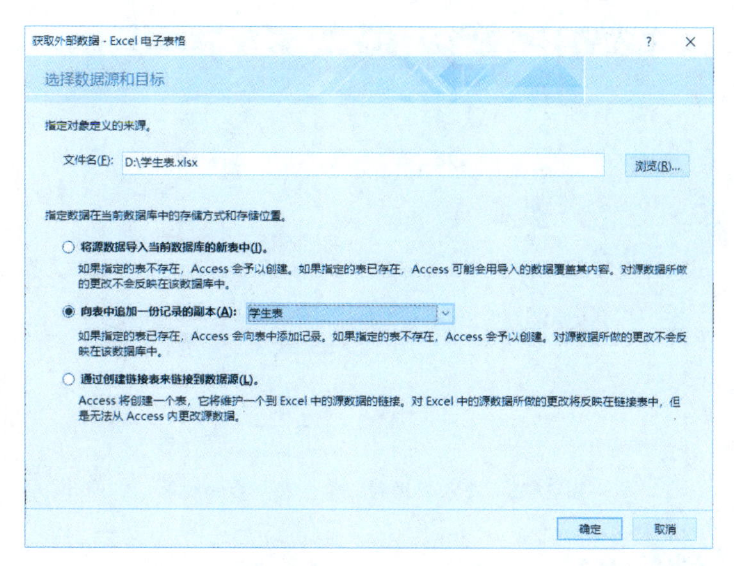

图 2-33　“获取外部数据 -Excel 电子表格”对话框

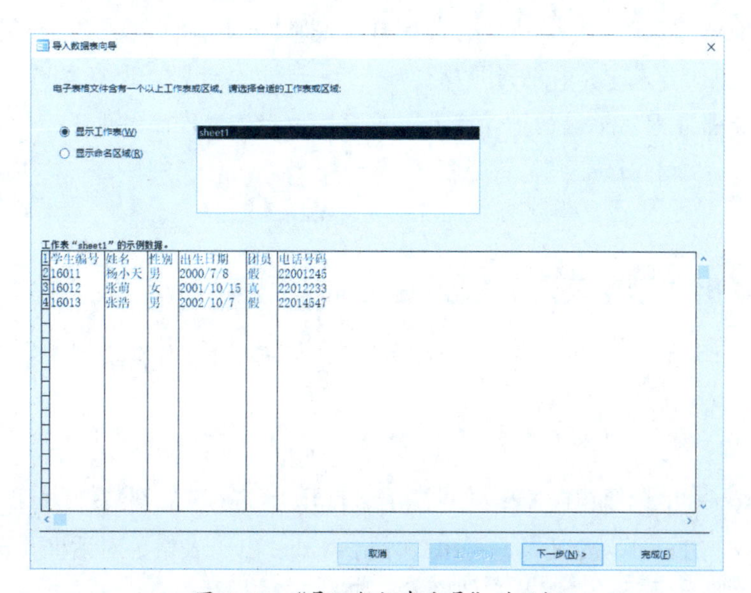

图 2-34　“导入数据表向导”对话框

④ 单击“下一步”按钮，“导入数据表向导”对话框会自动将 Excel 工作表的第一行识别为列标题。

⑤ 单击“下一步”按钮，“导入数据表向导”对话框再次确认将工作表导入“学生表”中。

⑥ 单击“完成”按钮,在弹出的对话框中取消勾选“保存导入步骤”复选框,单击“关闭”按钮，完成数据的导入。

⑦ 在 Access 的数据表视图下打开“学生表”，可以看到数据已被成功导入并插入到原有记录的后面，如图 2-35 所示。

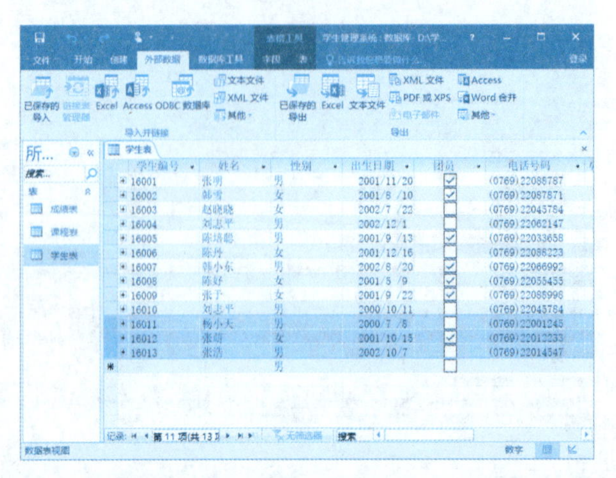

图 2-35　导入数据到“学生表”后的效果

小 贴 士

外部数据导入到 Access 表中时，会自动按照 Access 表中的输入掩码填入。例如，在 Excel 工作表中，“电话号码”列最后一个电话号码并没有写“（0769）”区号，但是当导入 Access 的“学生表”中后，由于该字段已经设置了输入掩码，所以会自动添加前面的区号。

二、导出“学生表”数据到 Excel 工作表

例 2.13　将 Access“学生表”中的数据导出到 Excel 工作簿文件“学生表 .xlsx”的 Sheet1 工作表中。

操作步骤：

① 在 Access 中选择“学生表”（可以不必打开），选择“外部数据”选项卡，在“导出”组中单击“Excel”按钮，弹出“导出 –Excel 电子表格”对话框，选择要导出到的 Excel 文件名及路径，以及文件格式，如图 2–36 所示。

② 单击“确定”按钮，在弹出的对话框中取消勾选“保存导出步骤”复选框，单击“关闭”按钮，完成数据的导出。

小 贴 士

可以选择导出表中的选定记录或者字段。方法是，在图 2–36 所示的对话框中，勾选“导出数据时包含格式和布局”复选框，再勾选“仅导出所选记录”复选框。

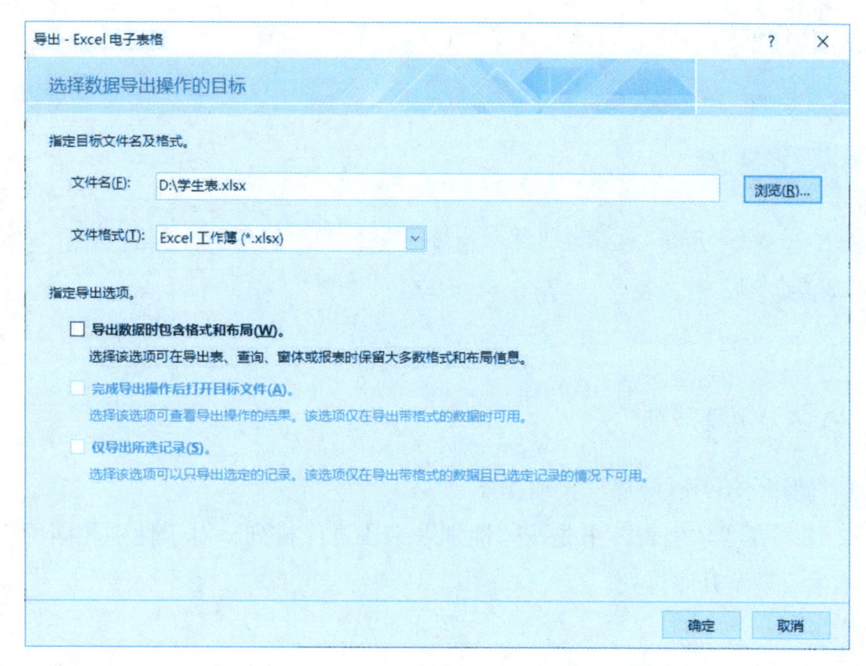

图 2-36 “导出 -Excel 电子表格”对话框

任务五　排序和筛选记录

一、排序记录

在查看数据表记录时，有时希望对某个字段或者多个字段进行排序，以便对数据进行操作。

1. 按一个字段排序

例 2.14　在“学生表”中按“出生日期”字段升序排列查看记录。

（1）使用“升序 / 降序”按钮排序

操作步骤：

① 在数据表视图下打开“学生表”，单击“出生日期”字段所在的列。

② 单击“开始”选项卡“排序和筛选”组中的“升序”按钮。

执行排序后，如果保存了表，则排序结果将被保存，否则不保存排序结果。

（2）使用筛选器排序

操作步骤：

① 在数据表视图下打开“学生表”，单击“出生日期”字段行右侧的下列按钮。

② 在弹出的筛选器中选择“升序”选项，如图 2–37 所示。

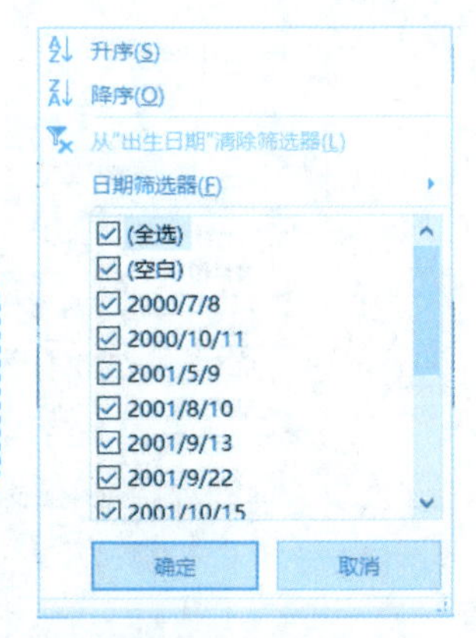

图 2–37　筛选器

小 贴 士

也可以单击“开始”选项卡“排序和筛选”组中的“筛选器”按钮，打开图 2–37 所示的筛选器。

2. 按多个字段排序

（1）使用“升序 / 降序”按钮排序

例 2.15　在“学生表”中先按“性别”字段升序排列，对于性别相同的记录再按照“出生日期”升序排列。

操作步骤：

① 在数据表视图下打开“学生表”，同时选中“性别”和“出生日期”字段。

小 贴 士

在数据表视图中，只能选中连续排列的字段。选择的方法是，可以将鼠标指针放置到字段标题上，当鼠标指针变成黑色的向下箭头时，按下鼠标并向要选择的其他字段拖动即可。也可以按住【Shift】键，一次性选择多个连续排列的字段。

② 选择“开始”选项卡，单击“排序和筛选”组中的“升序”按钮，排序结果如图 2–38 所示。

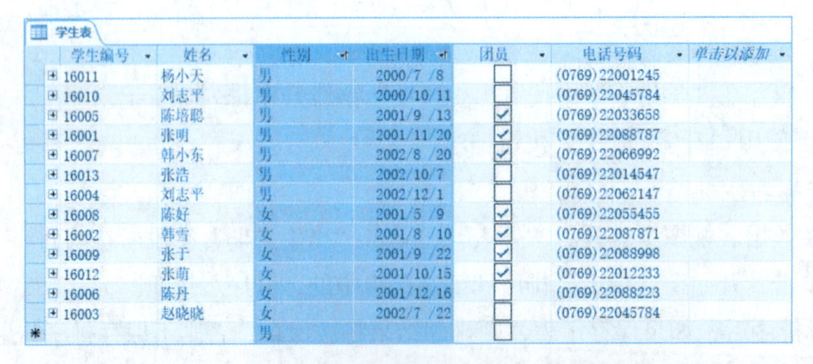

学生表

学生编号	姓名	性别	出生日期	团员	电话号码	单击以添加
16011	杨小天	男	2000/7 /8	☐	(0769) 22001245	
16010	刘志平	男	2000/10/11	☐	(0769) 22045784	
16005	陈培聪	男	2001/9 /13	☑	(0769) 22033658	
16001	张明	男	2001/11/20	☑	(0769) 22088787	
16007	韩小东	男	2002/8 /20	☑	(0769) 22066992	
16013	张浩	男	2002/10/7	☐	(0769) 22014547	
16004	刘志平	男	2002/12/1	☐	(0769) 22062147	
16008	陈好	女	2001/5 /9	☑	(0769) 22055455	
16002	韩雪	女	2001/8 /10	☑	(0769) 22087871	
16009	张子	女	2001/9 /22	☑	(0769) 22088998	
16012	张萌	女	2001/10/15	☑	(0769) 22012233	
16006	陈丹	女	2001/12/16	☐	(0769) 22088223	
16003	赵晓晓	女	2002/7 /22	☐	(0769) 22045784	
*		男		☐		

图 2–38　使用“升序 / 降序”按钮按多字段排序的效果

（2）使用“高级筛选 / 排序”命令

如果要排序的多个字段不是连续排列的，就不能使用上面的方法，除非改变字段的排列顺序。如果多个字段是按照不同的排序规则排序的，也不能使用上面的方法。

例 2.16　在“学生表”中先按“性别”字段升序排列，对于性别相同的记录再按照“出生日期”降序排列。

操作步骤：

① 在数据表视图下打开“学生表”，在“开始”选项卡的“排序和筛选”组中单击“高级”按钮。

② 在弹出的菜单中选择“高级筛选 / 排序”命令，打开“筛选”窗口。该窗口中，上半部分是被选择的表的字段列表；下半部分是设计网格，用来指定排序字段和排序规则等。

③ 单击设计网格第 1 列字段行右侧的下拉按钮，从弹出的下拉列表中选择“性别”字段；用相同的方法在第二列的字段行上选择“出生日期”字段。

小贴士

也可以直接从上半部分的字段列表中选中某个字段，拖放到下半部分设计网格的某一列上。

④ 单击“性别”字段的“排序”单元格，再单击右侧的下拉按钮，从弹出的列表中选择“升序”选项；使用相同的方法为“出生日期”字段选择“降序”选项，如图 2-39 所示。

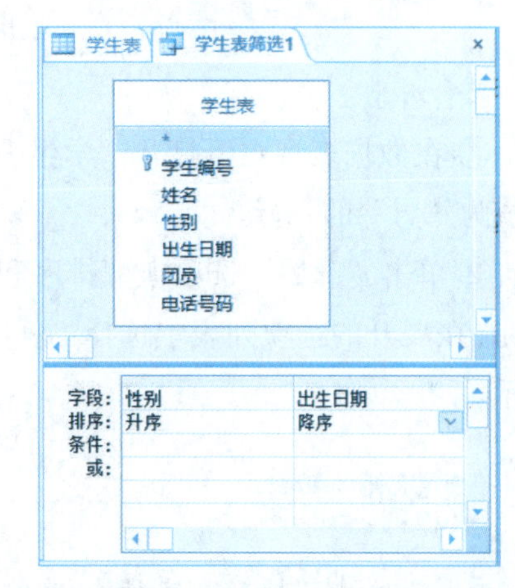

图 2-39　在“筛选”窗口设置排序后的效果

⑤ 在“开始”选项卡“排序和筛选”组中单击“切换筛选”按钮，自动切换到“学生表”的数据表视图下，显示排序的结果，如图 2-40 所示。

学生编号	姓名	性别	出生日期	团员	电话号码
16004	刘志平	男	2002/12/1	☐	(0769) 22062147
16013	张浩	男	2002/10/7	☐	(0769) 22014547
16007	韩小东	男	2002/8 /20	☑	(0769) 22066992
16001	张明	男	2001/11/20	☑	(0769) 22088787
16005	陈培聪	男	2001/9 /13	☑	(0769) 22033658
16010	刘志平	男	2000/10/11	☐	(0769) 22045784
16011	杨小天	男	2000/7 /8	☐	(0769) 22001245
16003	赵晓晓	女	2002/7 /22	☐	(0769) 22045784
16006	陈丹	女	2001/12/16	☐	(0769) 22088223
16012	张萌	女	2001/10/15	☑	(0769) 22012233
16009	张于	女	2001/9 /22	☑	(0769) 22088998
16002	韩雪	女	2001/8 /10	☑	(0769) 22087871
16008	陈好	女	2001/5 /9	☑	(0769) 22055455
		男		☐	

图 2-40　使用“高级筛选 / 排序”命令排序后的效果

小贴士

无论使用何种方法排序，如果要取消排序的结果，都可以在“开始”选项卡“排序和筛选”组中单击“取消排序”按钮。

二、筛选记录

筛选记录是指从给定的数据中挑选出满足条件的记录，将不满足条件的记录隐藏，以便进一步处理。在 Access 2016 中可以使用四种方法实现筛选，分别是按指定内容筛选、使用筛选器筛选、按窗体筛选和高级筛选。

在“学生表”中筛选出所有男生的记录，可使用以下操作：

1. 按指定内容筛选

操作步骤：

① 在数据表视图下打开“学生表”，单击“性别”字段中值为“男”的一行。

② 单击“开始”选项卡“排序和筛选”组中的“选择”按钮，在展开的选项列表中选择“等于 " 男 "”选项，如图 2-41 所示。

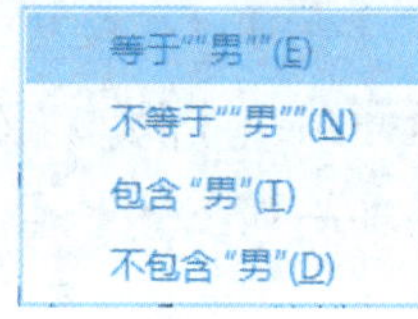

图 2-41　筛选选项列表

小贴士

也可右击“性别”字段中值为“男”的一行，在弹出的快捷菜单中选择“等于 " 男 "”命令。

2. 使用筛选器筛选

操作步骤：

① 在数据表视图下打开“学生表”，用排序记录中介绍的方法打开筛选器。

② 勾选筛选器中的“男”复选框，单击“确定”按钮，如图 2-42 所示。

如果希望设置更多其他的筛选条件，可以将鼠标指针放置到“筛选器”中的“文本筛选器”上，展开筛选条件选项列表，进行条件的设置，如图 2-43 所示。

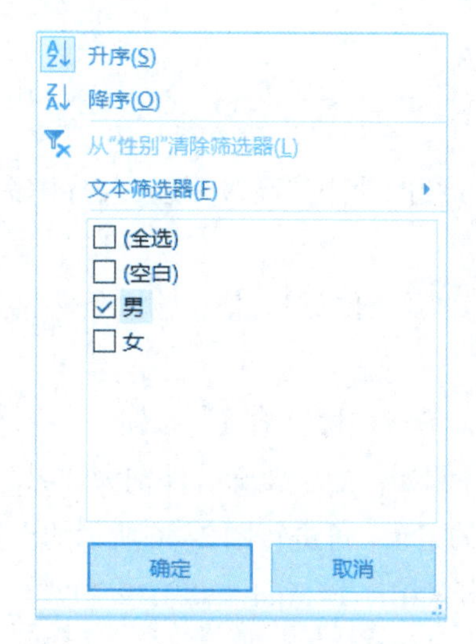

图 2-42　在筛选器中设置筛选条件

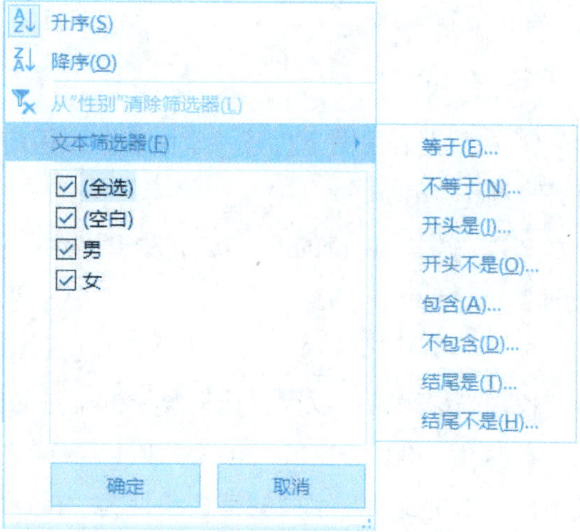

图 2-43　文本筛选器

3. 按窗体筛选

操作步骤：

① 在数据表视图下打开“学生表”，单击“开始”选项卡“排序和筛选”组中的“高级”按钮，从弹出的菜单中选择“按窗体筛选”命令。此时，“学生表”切换到“按窗体筛选”窗口，如图 2-44 所示。

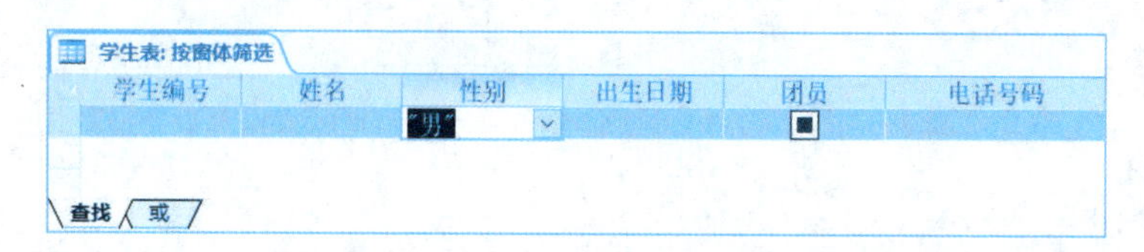

图 2-44　“按窗体筛选”窗口

② 单击“性别”字段右侧的下拉按钮，从下拉列表中选择“男”选项。

③ 在“开始”选项卡的“排序和筛选”组中，单击“切换筛选”按钮。

小 贴 士

使用窗体筛选也可实现同时对多个字段进行的复合筛选。例如，如果继续勾选字段“团员”复选框，则在筛选的结果中就显示性别为“男”，并且是团员的记录。

4. 高级筛选

操作步骤：

① 在数据表视图下打开“学生表”，用前面介绍的使用“高级筛选 / 排序”命令打开“筛选”窗口。

② 在“筛选”窗口的下半部分选择“性别”字段，在“条件”单元格中输入条件“男”，如图 2-45 所示。

③ 在“开始”选项卡的“排序和筛选”组中，单击“切换筛选”按钮。

使用高级筛选可以设置任何复杂的筛选条件。例如，如果要筛选性别为“男”，出生日期在“2001-01-01”至“2001-12-30”之间的记录，可进行图 2-46 所示的设置。其中，“出生日期”字段的筛选条件为“Between #2001/1/1# And #2001/12/30#”，这是一个表达式，相关知识点会在后面的章节讲解。

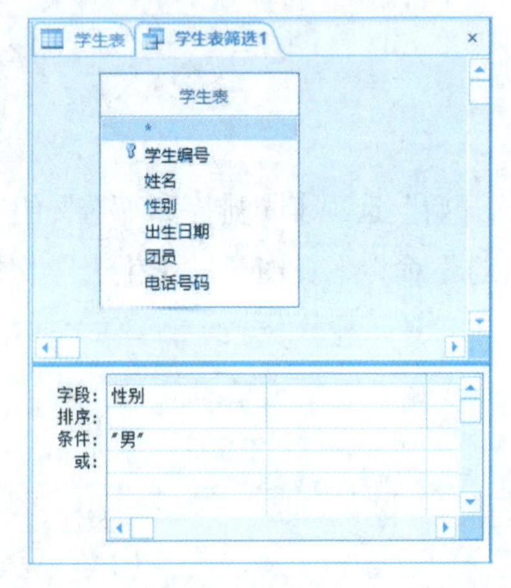

图 2-45 在“筛选”窗口设置筛选条件

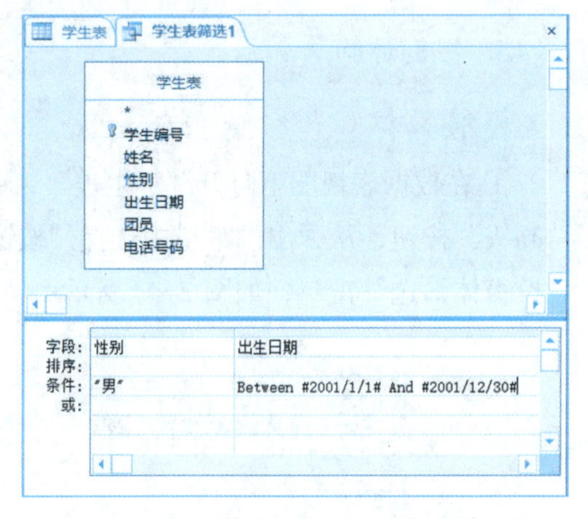

图 2-46 在“筛选”窗口设置复杂筛选条件

小贴士

无论使用何种方法筛选，若要取消筛选结果，都可在“开始”选项卡“排序和筛选”组中单击“高级”按钮，从弹出的菜单中选择“清除所有筛选器”命令。

自我测评

1. 创建一个数据库“商品管理系统”，在该数据库中创建两张表“商品表”和“销售表”，并在商品表中添加不少于 5 条商品信息记录。表结构如表 2-9 和表 2-10 所示。

表 2–9　“商品表”表结构

字段名称	字段类型	字段大小	默认值	输入掩码	是否主键
商品编号	短文本	8		"2017"0000	是
商品名称	短文本	4			
商品价格	货币				
商品规格	短文本	1	件		

注：“商品编号”以“2017”开头，后面跟四位数字；“商品规格”指商品的单位，如“件”“套”等。

表 2–10　“销售表”表结构

字段名称	字段类型	字段大小	输入掩码	是否主键
销售编号	短文本	13	00-00-00-0000	是
商品编号	短文本	8	"2017"0000	
销售数量	数字			
销售时间	日期 / 时间			

注：“销售编号”数据格式为“年 – 月 – 日 – 四位数字”，如“17-04-13-0001”；“销售时间”要包含日期和时间，如“2017/4/13 9:30:10”。

2. 在“商品表”和“销售表”之间建立关系，并建立参照完整性。

3. 在“销售表”中为每种商品都添加至少 1 条销售记录数据。

4. 将“商品表”中的数据导出到 Excel 工作表中。

5. 使用不同的排序方法对“销售表”中的记录先按“销售时间”降序排序，再按“销售数量”升序排列。

6. 使用不同的筛选方法在“销售表”中筛选出销售数量大于 5 的销售记录。

项目三

创建学生管理系统查询

课前学习工作页

1. 复习前一个项目或上网查找有关数据库技术的资料，回答下列问题：

① 在数据表中使用筛选器可以筛选出自己想要的数据，你觉得方便吗？对于较为复杂的筛选需求筛选器能胜任吗？

② 筛选器筛选出的结果能保存吗？能重复使用吗？

2. 扫描二维码观看视频 3–1，并完成下列题目：

视频 3–1　查询简介

① Access 2016 中关于查询说法错误的是________。

A. 只能在一张数据表中查找符合条件的记录

B. 可以在多张有关联的数据表中查找符合条件的记录

C. 可以实现对某张数据表添加若干条记录

D. 可以实现对某张数据表删除符合条件的记录

② 使用查询设计器创建查询时，查询数据源________。

A. 只能是已经创建好的表

B. 只能是已经创建好的查询

C. 既可是已经创建好的表，也可是已经创建好的查询

D. 无法确定

③ 关于 SQL，下列说法错误的是________。

A. 是结构化查询语言

B. 所有在 Access 中利用查询设计器实现的查询都可通过编写 SQL 语句实现

C. 所有数据库管理系统中的 SQL 语法都相同

D. SQL 语言基本上独立于数据库，具有良好的可移植性

课堂学习任务

查询是 Access 的重要对象，也是数据库管理系统的重要功能，几乎所有与数据处理相关的业务都离不开查询。它可以从数据表或者已经建立好的查询中检索所需的数据，这些数据可以被应用到窗体、报表、宏等其他数据空对象中，从而达到查看、统计、分析和使用的目的。

本项目基于“学生管理系统”通过各种途径创建一系列不同功能的查询以满足实际需求。

学习目标与重点难点

学习目标	掌握查询的基本概念和功能 掌握多种创建查询的方法 掌握结构化查询语言 SQL
重点难点	能选择合适的查询类型和方法完成查询需求（重点） 能通过编写 SQL 语句完成各类查询需求（难点）

任务一　创建选择查询

所谓“选择查询”，是指从一个或多个数据源中获取数据的查询。创建选择查询可以使用查询向导或设计视图。

一、使用查询向导创建选择查询

使用查询向导比较简单快捷，但不能在向导中直接设置查询条件。

1. 使用简单查询向导

例 3.1　查找“学生表”中所有的学生记录，并显示“学生编号”、“姓名”和“性别”等字段信息。

操作步骤：

① 选择“创建”选项卡，单击“查询”组中的“查询向导”按钮，弹出“新建查询”对话框，如图 3-1 所示。

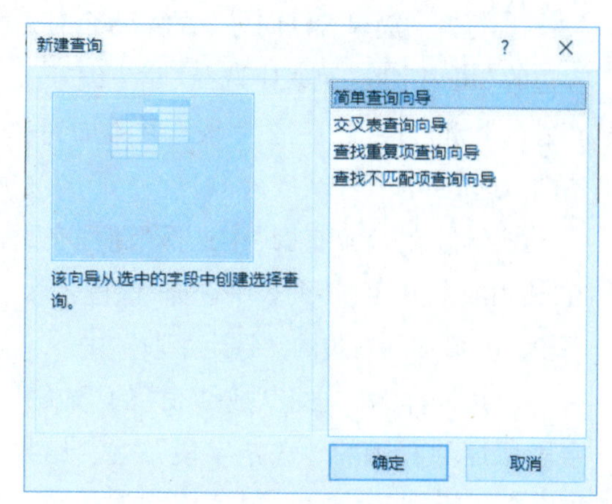

图 3-1　“新建查询”对话框

② 选择“简单查询向导”选项，单击“确定”按钮，弹出“简单查询向导”的第 1 个对话框。在此对话框中设置查询数据源（可以是一张或多张表，也可以是已经建立好的查询）以及要查询的字段。根据要求，在“表/查询”中选择“学

生表”，在左边的“可用字段”列表中选择“学生编号”、“姓名”和“性别”三个字段，并添加到右边的“选定字段”中，如图 3–2 所示。单击“下一步”按钮，进入“简单查询向导”的第二个对话框。

③ 在该对话框中，为将要建立的查询指定一个标题，本例使用默认标题“学生表 查询”。选择“打开查询查看信息”单选按钮，单击“完成”按钮，结果如图 3–3 所示。

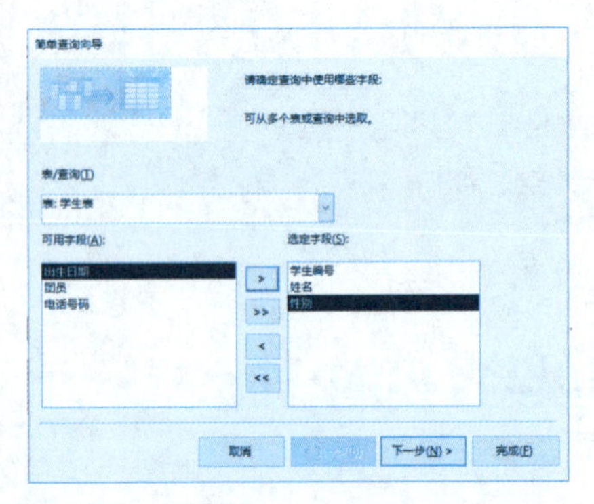

图 3–2　选定查询字段的结果

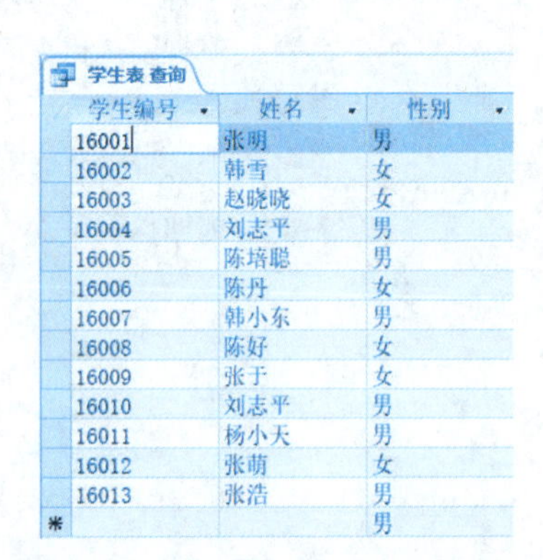
学生表 查询

学生编号	姓名	性别
16001	张明	男
16002	韩雪	女
16003	赵晓晓	女
16004	刘志平	男
16005	陈培聪	男
16006	陈丹	女
16007	韩小东	男
16008	陈好	女
16009	张于	女
16010	刘志平	男
16011	杨小天	男
16012	张萌	女
16013	张浩	男
*		男

图 3–3　“学生表查询”的运行结果

小 贴 士

最后一步如果选择“修改查询设计”单选按钮，则将在设计视图中打开查询，可进一步对查询进行更为复杂的查询条件设置。

例 3.2　查询学生的成绩信息，查询结果包含“学生编号”、“姓名”、“性别”、“课程名称”和“成绩”等字段。

操作步骤：

① 打开“简单查询向导”的第一个对话框。在“表 / 查询”中选择“学生表”，在左边的“可用字段”列表中选择“学生编号”、“姓名”和“性别”三个字段，并添加到右边的“选定字段”中。

② 继续在“表 / 查询”中选择“课程表”，在左边的“可用字段”列表中选择“课程名称”字段，并添加到右边的“选定字段”中。

③ 用同样的方法将“成绩表”的“成绩”字段添加到右边的“选定字段”中，结果如图 3–4 所示。

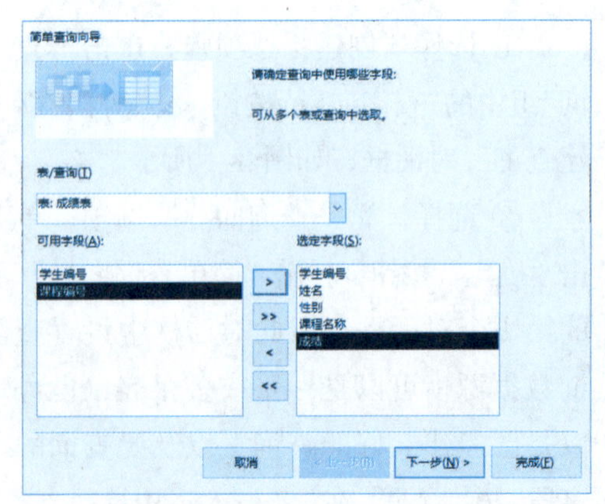

图 3–4　选定查询字段的结果

④ 单击“下一步”按钮，进入“简单查询向导”的第二个对话框。在该对话框中，要确定采用明细查询还是汇总查询，本例选择“明细”查询。

⑤ 单击“下一步”按钮，进入“简单查询向导”的第三个对话框。在该对话框中，为查询指定一个标题“学生成绩查询”。选择“打开查询查看信息”单选按钮，单击“完成”按钮，结果如图 3-5 所示。

学生成绩查询

学生编号	姓名	性别	课程名称	成绩
16001	张明	男	语文	80
16001	张明	男	数学	90
16001	张明	男	英语	75
16002	韩雪	女	语文	85
16002	韩雪	女	数学	85
16002	韩雪	女	英语	95
16003	赵晓晓	女	语文	100
16003	赵晓晓	女	数学	75
16003	赵晓晓	女	英语	65
16004	刘志平	男	语文	90
16004	刘志平	男	数学	75
16004	刘志平	男	英语	85
16005	陈培聪	男	语文	95
16005	陈培聪	男	数学	100
16005	陈培聪	男	英语	65

记录：第 1 项(共 27 项)　无筛选器　搜索

图 3-5　“学生成绩查询”的运行结果

2. 使用查找重复项查询向导

查找重复项是指在数据源中查找记录或者字段是否具有相同值。

例 3.3　在“学生表”中查找有相同姓名的学生信息，查询结果包含所有的字段。

操作步骤：

① 打开“新建查询”对话框，选择“查找重复项查询向导”选项，单击“确定”按钮，弹出“查找重复项查询向导”的第一个对话框。

② 在此对话框中，选择数据源（可以是表，也可以是已经建立好的查询），这里选择“学生表”，如图 3-6 所示。

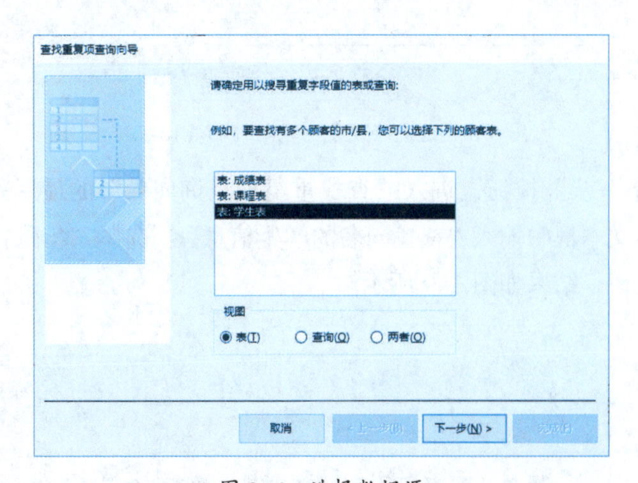

图 3-6　选择数据源

③ 单击“下一步”按钮，进入“查找重复项查询向导”的第二个对话框。在该对话框中，选择可能包含重复信息的字段，这里选择“姓名”字段，如图 3-7 所示。

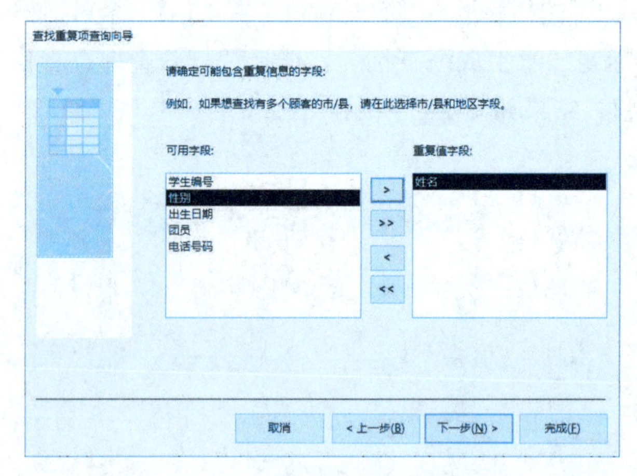

图 3-7　选定重复值字段

④ 单击“下一步”按钮，进入“查找重复项查询向导”的第三个对话框。在该对话框中，要求设定将要显示的除重复值字段外的其他字段，这里选择除“姓名”字段外的所有其他字段，如图 3-8 所示。

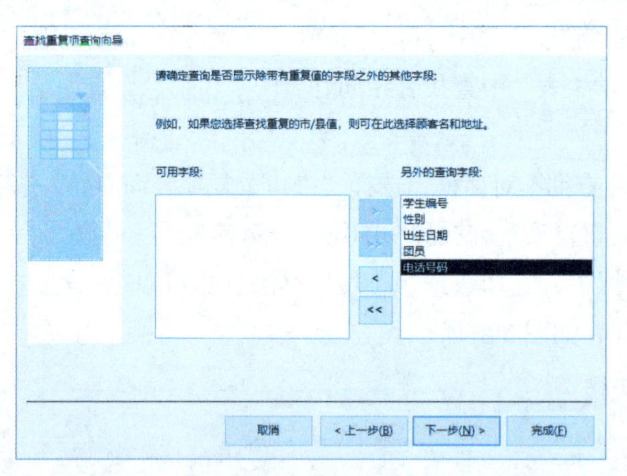

图 3-8　选定除重复字段之外的其他字段

⑤ 单击“下一步”按钮，进入“查找重复项查询向导”的最后一个对话框，在指定查询的名称文本框中输入“查找同名的学生信息”。选择“查看结果”单选按钮，单击“完成”按钮，结果如图 3-9 所示。

查询同名的学生信息

姓名	学生编号	性别	出生日期	团员	电话号码
刘志平	16010	男	2000/10/11	☐	(0769)22045784
刘志平	16004	男	2002/12/1	☐	(0769)22062147
*		男		☐	

图 3-9　“查找同名的学生信息”的查询结果

3. 使用查找不匹配项查询向导

在多表查询中，如果两张表存在一对多的关系，有可能“多”的一方存在与“一方”不匹配的记录，如果要查询这些记录，就可以使用查找不匹配项查询。

例 3.4　查询没有考试成绩的学生记录，查询结果显示学生的“学生编号”、“姓名”和“性别”等字段。

操作步骤：

① 打开“新建查询”对话框，选择“查找不匹配项查询向导”选项，单击“确定”按钮，弹出“查找不匹配项查询向导”的第一个对话框。

② 在该对话框中选择最终查询结果记录所在的表，根据需求，选择“学生表”，如图 3-10 所示。

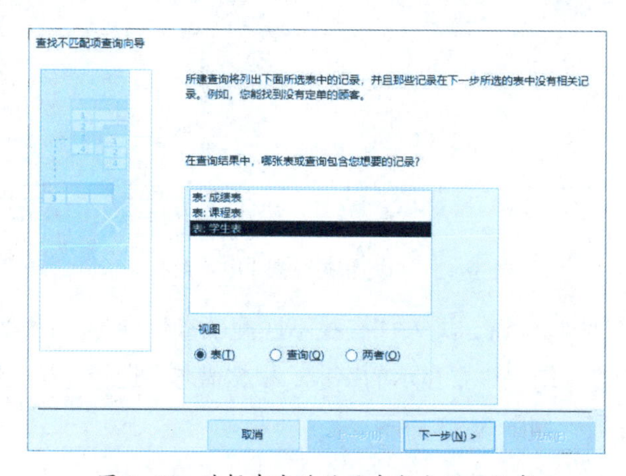

图 3-10　选择在查询结果中包含记录的表

③ 单击“下一步”按钮，进入“查找不匹配项查询向导”的第二个对话框。在该对话框中，选择包含相关记录的表，由于与学生信息相关的成绩信息包含在“成绩表”中，所以这里选择“成绩表”，如图 3-11 所示。

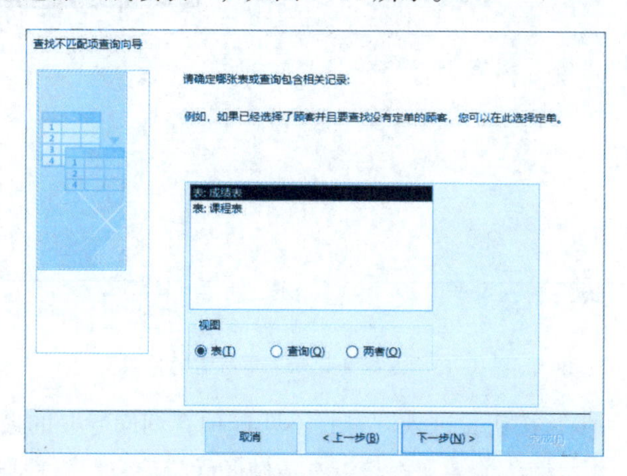

图 3-11　选择包含相关记录的表

④ 单击“下一步”按钮，进入“查找不匹配项查询向导”的第三个对话框。在该对话框中，要确定在两张表中都有的信息，也就是两张表的关联字段，由于“学生表”与“成绩表”是通过字段“学生编号”相关联的，所以，在左边的“学生表”字段和右边“成绩表”字段中都选择“学生编号”，如图 3–12 所示。

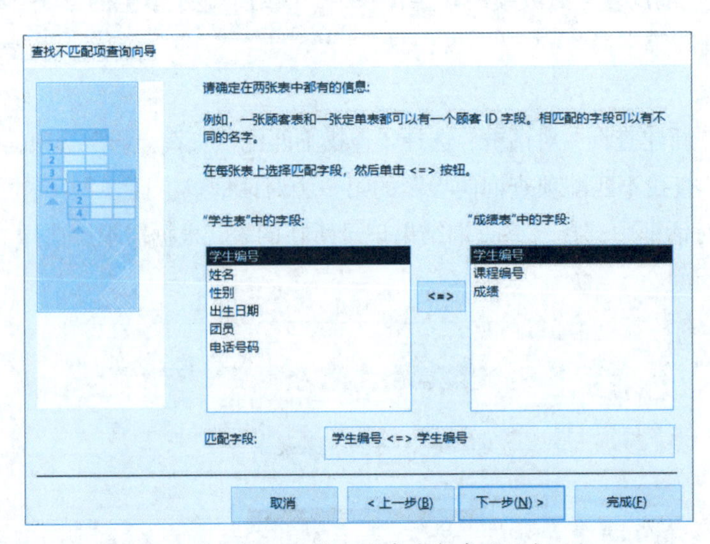

图 3–12　确定在两张表中都有的信息

⑤ 单击“下一步”按钮，进入“查找不匹配项查询向导”的第四个对话框。在该对话框中，选择查询结果中要显示的字段，根据需求，选择“学生编号”、“姓名”和“性别”三个字段，如图 3–13 所示。

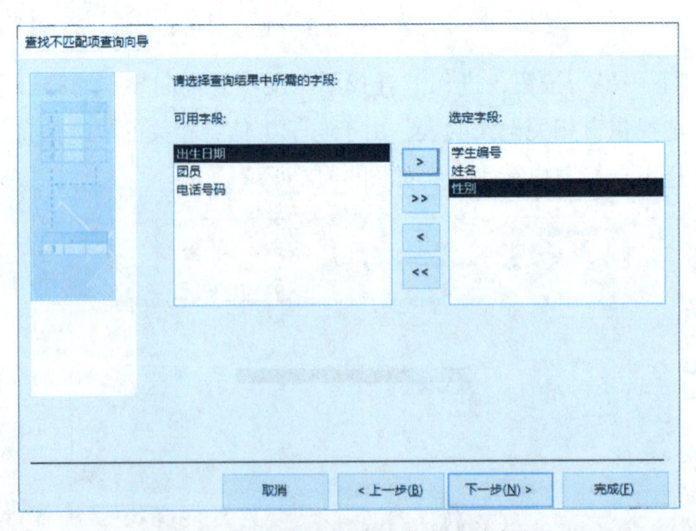

图 3–13　选择查询结果中所需的字段

⑥ 单击“下一步”按钮，进入“查找不匹配项查询向导”的最后一个对话框，在指定查询的名称文本框中输入“查找没有成绩的学生信息”。选择“查看结果”单

选按钮，单击“完成”按钮，结果如图 3-14 所示。

查找没有成绩的学生信息

学生编号	姓名	性别
16010	刘志平	男
16011	杨小天	男
16012	张萌	女
16013	张浩	男
*		

图 3-14 “查找没有成绩的学生信息”的查询结果

二、使用设计视图创建选择查询

如果查询需要条件限制，就必须依靠能设置查询条件的设计视图实现。所有利用查询向导实现的查询都可以在设计视图中完成。

1. 设计带条件的查询

例 3.5 查找所有男生的语文、数学两门课程的成绩记录，查询结果显示“学生编号”、“姓名”、“课程名称”和“成绩”等字段信息，并先按照“课程名称”字段升序排列，再按照“成绩”字段降序排列。

操作步骤（扫码观看视频 3-2）：

视频 3-2　设计带条件的查询

① 选择“创建”选项卡，单击“查询”组中的“查询设计”按钮，打开查询设计视图，并弹出“显示表”对话框，如图 3-15 所示。

② 在此对话框中选择查询的数据源，可以是一张或多张表，也可以是已经建立好的查询，还可以是两者都有。根据需求，这里选择“学生表”、“课程表”和“成绩表”。选择的方法是：一次选择一个表，单击“添加”按钮；按住【Shift】键或者【Ctrl】键的同时选择多个表，单击“添加”按钮；双击表名，直接添加。添加结果如图 3-16 所示。

图 3-15 “显示表”对话框

③ 在查询设计视图窗口的上半部分是数据源的字段列表区，下半部分是条件设计网格区。其中，设计网格区中的“显示”行中，每一列都有一个复选框，勾选复选框表示该列字段将在查询结果中显示，否则不显示。将字段添加到设计网格区的方法有：在字段列表区中选择某个字段，将其拖入设计网格区的字段行上；在字段列表区中双击某个字段，直接添加到设计网格区的字段行中；在设计网格区的字段行中单击某一列的下拉按钮，并从下拉列表中选择所需字段。按照上述方法在设计网格区添加字段“学生编号”、“姓名”、“性别”、“课程名称”和“成绩”。结果如图 3-17 所示。

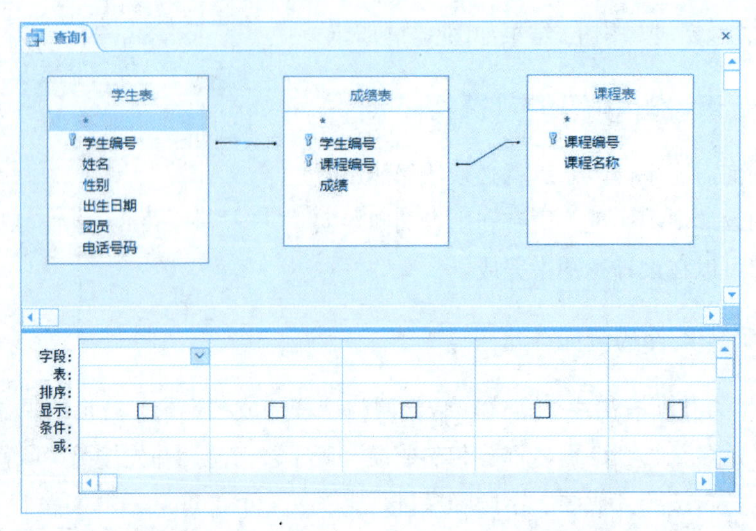

图 3-16 “查询语文、数学成绩”添加查询数据源

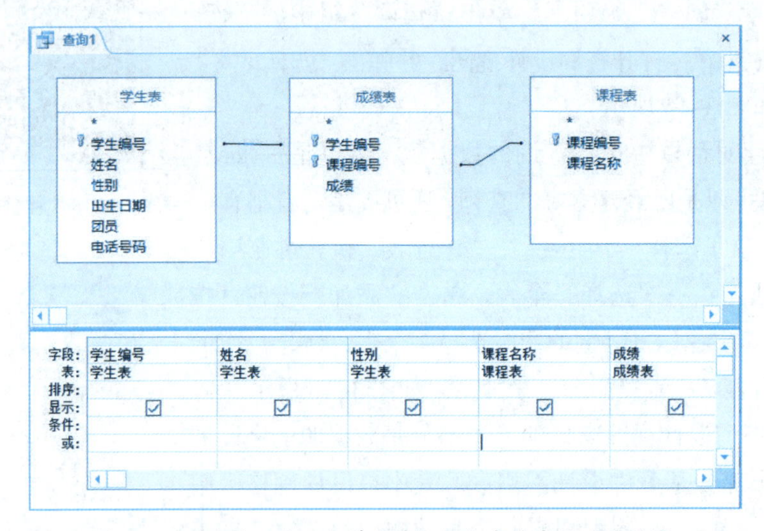

图 3-17 “查询语文、数学成绩”添加查询字段后的效果

④ 在“性别”字段列取消勾选“显示”行的复选框，并在“条件”行输入“男”；在“课程名称”字段列“条件”行中输入“语文”，在“或”行中输入“数学”；在“课程名称”字段列“排序”行的下拉列表中选择“升序”选项；在“成绩”字段列“排序”行的下拉列表中选择“降序”选项。设置结果如图 3-18 所示。

小贴士

由于“课程名称”字段中的“语文”和“数学”值是并存的，所以条件关系为“或”。

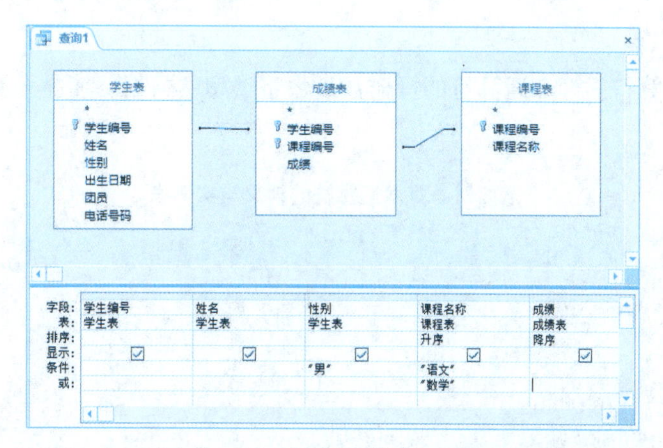

图 3-18　“查询语文、数学成绩”设置查询条件的效果

⑤ 选择“设计”选项卡，单击“结果”组中的“视图”按钮或者“运行”按钮，切换到数据表视图，可以看到查询运行结果，如图 3-19 所示。

查询1

学生编号	姓名	性别	课程名称	成绩
16005	陈培聪	男	数学	100
16001	张明	男	数学	90
16009	张于	女	数学	85
16008	陈好	女	数学	85
16002	韩雪	女	数学	85
16004	刘志平	男	数学	75
16003	赵晓晓	女	数学	75
16007	韩小东	男	数学	65
16006	陈丹	女	数学	65
16007	韩小东	男	语文	95
16005	陈培聪	男	语文	95
16004	刘志平	男	语文	90
16001	张明	男	语文	80
*				

图 3-19　“查询语文、数学成绩”的运行结果

小贴士

如果此时需要继续修改查询条件，可以单击“开始”选项卡“视图”组中的“设计视图”按钮，切换至设计视图。

⑥ 如果要保存修改查询，可以单击快速访问工具栏中的“保存”按钮，弹出“另存为”对话框，输入“查询男生语文数学成绩”，单击“确定”按钮。

2. 查询条件设置

在查询设计视图中设置查询条件时，查询条件可以包含运算符、常量、字段值、函数以及字段名和属性等任意组合。

（1）运算符

① 算术运算符。算术运算符的操作数是数字类型的数据。其含义及实例如表 3–1 所示。

表 3–1 算术运算符的含义与实例表

运算符	含 义	实 例	结 果
+	加	4+2	6
–	减	4–2	2
*	乘	4*2	8
/	除	4/2	2
Mod	模（取余数）	4 Mod 2	0
^	乘方	4^2	16

② 关系运算符。关系运算符用于比较两个操作数间的关系，结果是一个布尔值（True 或 False）。其含义及实例如表 3–2 所示。

表 3–2 关系运算符的含义与实例表

运算符	含 义	实 例	结 果
>	大于	4>2	True
>=	大于或等于	4>=2	True
<	小于	4<2	False
<=	小于或等于	4<=2	False
=	等于	4 = 2	False
<>	不等于	4<>2	True

③ 逻辑运算符。逻辑运算符的操作数是布尔值，结果是一个布尔值（True 或 False）。其含义及实例如表 3–3 所示。

表 3–3 逻辑运算符的含义与实例

运算符	含 义	说 明
AND	逻辑与	两个操作数都为 True，结果为 True； 只要有一个操作数为 False，结果就为 False
OR	逻辑或	两个操作数都为 True（False），结果就为 True（False）； 只要有一个操作数为 True，结果就为 True
NOT	逻辑非	对操作数取反。操作数为 True（False），结果就为 False（True）
XOR	逻辑异或	只有当两个操作数相反时，结果才为 True

④ 特殊运算符。特殊运算符一般用来表示范围。其含义及实例如表 3–4 所示。

表 3–4　特殊运算符的含义与实例

运算符	含　义	实例	结果
Is	用于指定一个字段为空（Null）或者非空（Not Null）	Is Null	空
		Is Not Null	非空
In	用于指定一个字段值的列表，列表中的任意一个值都可以与查询字段相匹配	In(' 语文 ',' 数学 ') 或者 In(" 语文 "," 数学 ")	可以是“语文”或者“数学”中的任意一个值
Like	用于指定查找文本字段的字符模式。一般与通配符搭配使用。例如：用“？”表示该位置可以匹配任意一个字符；用“*”表示该位置可以匹配任意多个字符；用“#”表示该位置可以匹配任意一个数字。也可以用方括号“[]”描述一个可以匹配的范围	Like ' 张 *' 或者 Like " 张 *"	以“张”开头，后面可以有任意多个字符
Between	用于指定一个字段值的范围，指定的范围之间用 And 连接	Between #2016/1/12# And #2017/6/1#	2016 年 1 月 12 日（含）到 2017 年 6 月 1 日（含）之间。注意：日期两边要用“#”括起来

（2）字符

字符有三种，即数字字符、文本字符和日期 / 时间字符。其含义如表 3–5 所示。

表 3–5　字符的含义

字符类型	含　义
数字字符	数字类型的数字。可以用 E 或者 e 表示科学计数法中的数字
文本字符	包括在任何可以打印的字符以及有 Chr() 函数返回的不可打印的字符。文本字符表示时，必须用双引号或者单引号括起来，且双引号和单引号必须在英文状态下输入
日期 / 时间字符	日期 / 时间文字在表示时必须用井号（#）括起来

（3）函数

函数也可作为表达式的一部分，Access 提供了大量的内置标准函数，常用的函数如表 3–6 所示。

表 3-6　常用内置标准函数含义与功能

类　型	函数格式	说　　明
算术函数	Abs(< 数值表达式 >) 例如：Abs(-1) 返回值为 1	返回数值表达式的绝对值
	Int(< 数值表达式 >) 例如：Int(3.14) 返回值为 3	返回数值表达式的整数部分。参数为负数时，返回小于等于参数值的第一个负数
	Round(< 数值表达式 >[,< 表达式 >]) 例如：Round(3.146,2) 返回值为 3.15	按照指定的小数位数进行四舍五入运算，< 表达式 > 是进行四舍五入运算小数点右边保留的位数
	Sqr(< 数值表达式 >) 例如：Sqr(4) 返回值为 2	返回数值表达式值的平方根值
	Exp(< 数值表达式 >) 例如：Exp(2) 表示 e2	计算 e 的 N 次方，返回一个双精度数
文本函数	Left(< 字符表达式 >,< 数值表达式 >) 例如：Left('abcde',2) 返回值为“ab”	返回从字符表达式左侧第 1 个字符开始，截取的若干个字符。< 数值表达式 > 表示要截取的字符个数
	Right(< 字符表达式 >,< 数值表达式 >) 例如：Right('abcde',2) 返回值为“de”	返回从字符表达式右侧第 1 个字符开始，截取的若干个字符。< 数值表达式 > 表示要截取的字符个数
	Mid(< 字符表达式 >,< 数值表达式 1>[,< 数值表达式 2>]) 例如：Mid('abcde',2,3) 返回值为“bcd”	返回从字符表达式左侧某个位置（由 <数值表达式 1>决定）开始，到某个位置（由<数值表达式 2>决定）截止的若干个字符。若省略 < 数值表达式 2>，则表示到字符表达式结尾为止
	Len(< 字符表达式 >) 例如：Len('abcde') 返回值为 5	返回字符表达式的字符个数
日期 / 时间函数	Day(< 日期表达式 >) 例如：Day(#2017/4/18#) 返回值为 18	返回日期表达式日期的整数 (1 ~ 31)
	Month(< 日期表达式 >) 例如：Month(#2017/4/18#) 返回值为 4	返回日期表达式月份的整数 (1 ~ 12)
	Year(< 日期表达式 >) 例如：Year(#2017/4/18#) 返回值为 2017	返回日期表达式年份的整数 (100 ~ 9999)

续表

类　型	函数格式	说　　明
日期 / 时间函数	Weekday(< 日期表达式 >) 例如：Weekday(#2017/4/18#) 返回值为 3（星期二）	返回 1 ~ 7 的整数，表示星期几。1 表示星期日，7 表示星期六
	Hour(< 时间表达式 >) 例如：Hour(#8:20:4#) 返回值为 8	返回时间表达式的小时数 (0 ~ 23)
	Minute(< 时间表达式 >) 例如：Minute(#8:20:4#) 返回值为 20	返回时间表达式的分钟数 (0 ~ 59)
	Second(< 时间表达式 >) 例如：Second(#8:20:4#) 返回值为 4	返回时间表达式的秒钟数 (0 ~ 59)
	Date()	返回当前系统日期
	Time()	返回当前系统时间
	Now()	返回当前系统日期和时间
聚合函数	Sum(< 字符表达式 >) 例如：Sum([成绩]) 表示计算所有成绩字段值的总和	返回字符表达式中值的总和，字符表达式必须是数字数据类型
	Avg(< 字符表达式 >) 例如：Avg([成绩]) 表示计算所有成绩字段值的平均值	返回字符表达式中值的平均值，字符表达式必须是数字数据类型
	Count(< 字符表达式 >) 例如：Count([学生编号]) 表示统计学生表中学生编号的个数	返回字符表达式中值的个数
	Max(< 字符表达式 >) 例如：Max([成绩]) 表示统计所有成绩字段值的最大值	返回字符表达式中值的最大值，字符表达式必须是数字数据类型
	Min(< 字符表达式 >) 例如：Min([成绩]) 表示统计所有成绩字段值的最小值	返回字符表达式中值的最小值，字符表达式必须是数字数据类型
转换函数	Asc(< 字符表达式 >) 例如：Asc('abc') 返回值为 97	返回字符表达式首字符的 ASCII 值
	Chr(< 字符代码 >) 例如：Chr(97) 返回值为“a”	返回与字符代码对应的字符

续表

类　型	函数格式	说　　明
转换函数	Str(< 数值表达式 >) 例如：Str(123) 返回值为字符串“123”	将数值表达式转换为字符串
	Val(< 字符表达式 >) 例如：Val('123') 返回值为数值型 123	将数值字符串转换为数值型数字

注意

如果函数参数中含有数据表的字段名，则表名、字段名都要用中括号“[]”括起来，表名和字段名之间用英文感叹号“!”或者英文句号点“.”连接。如果在当前数据表中使用函数，则表名可以省略。

例如，“Sum([成绩表]![成绩])”或者“Sum([成绩表].[成绩])”均可表示对“成绩表”中的“成绩”字段求总和。

三、在查询中使用计算

如果在查询的同时，需要统计记录的统计结果，就需要使用查询设计视图中的“总计”行。在查询设计视图中，单击“显示 / 隐藏”组中的“汇总”按钮 Σ，即可在设计网格中插入一个“总计”行。“总计”行包含 12 个总计项，其名称及含义如表 3–7 所示。

表 3–7　总计项的名称及含义

总计项	含　　义
合计	求一组记录中某个字段的总和
平均值	求一组记录中某个字段的平均值
最小值	求一组记录中某个字段的最小值
最大值	求一组记录中某个字段的最大值
计数	求一组记录中某个字段的非空值的个数
StDev	求一组记录中某个字段的标准偏差（忽略样本中的逻辑值和文本）
变量	求一组记录中某个字段的样本方差（忽略样本中的逻辑值和文本）
Group By	定义要分组的字段
First	求一组记录中某个字段的第一个值
Last	求一组记录中某个字段的最后一个值
Expression	创建一个由表达式产生的计算字段
Where	指定查询筛选的字段条件

例 3.6　统计学生表中学生的总人数。

操作步骤：

① 打开查询设计视图，添加“学生表”到设计窗口。

② 双击“学生表”中的“学生编号”字段，将其添加到设计网格中。

③ 单击“显示 / 隐藏”组中的“汇总”按钮 Σ，在设计网格中插入“总计”行。单击“总计”行右边的下拉按钮，在下拉列表框中选择“计数”。

④ 保存查询，名称设置为“统计学生人数”。查询设置结果如图 3-20 所示。

⑤ 查看查询运行的结果，如图 3-21 所示。

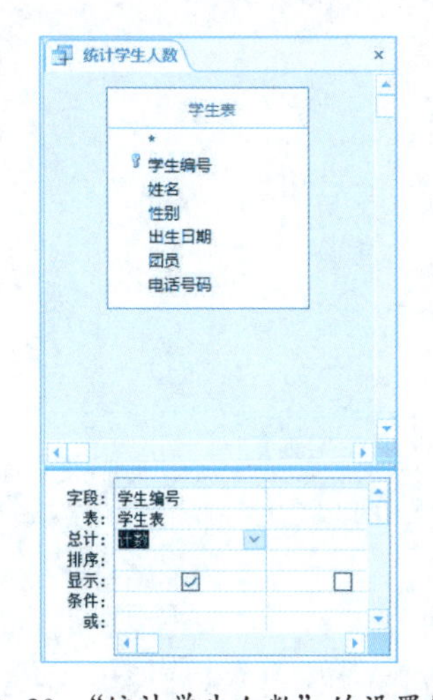

图 3-20　“统计学生人数”的设置结果

图 3-21　“统计学生人数”的运行结果

例 3.7　统计学生表中男生的总人数。

本查询对统计的记录增加了筛选要求，也就是字段“性别”必须为“男”，因此必须使用 where 筛选条件对“性别”字段进行筛选。其设计结果如图 3-22 所示。

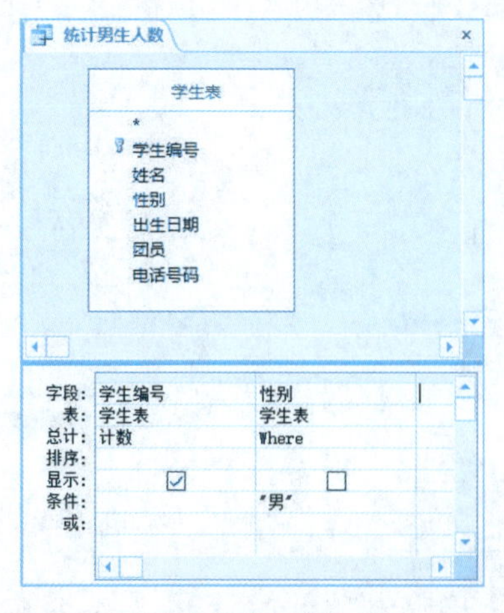

图 3-22　“统计男生人数”的设计结果

注 意

作为 Where 筛选条件中的字段不能显示。例如，本例中，“性别”字段是作为 Where 筛选条件的，所以，不能勾选“显示”行的复选框。

例 3.8　分别统计学生表中男、女生的总人数。

本查询要求对“性别”字段分别进行统计，属于查询中的“分组统计”，其中“性别”是分组字段，需要使用 Group By 对其进行分组。其设计结果如图 3-23 所示，运行结果如图 3-24 所示。

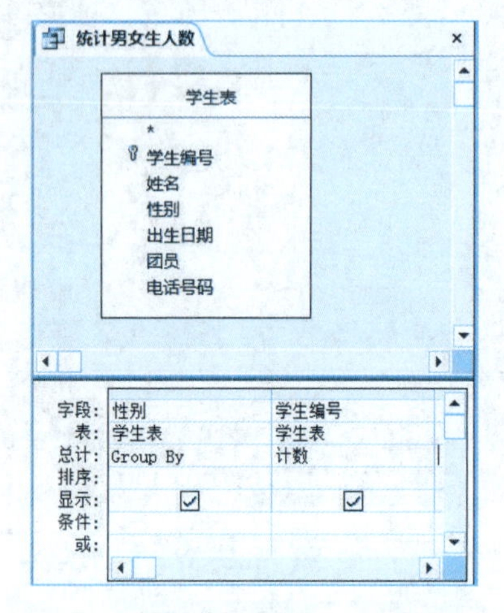

图 3-23　“统计男女生人数”的设计结果

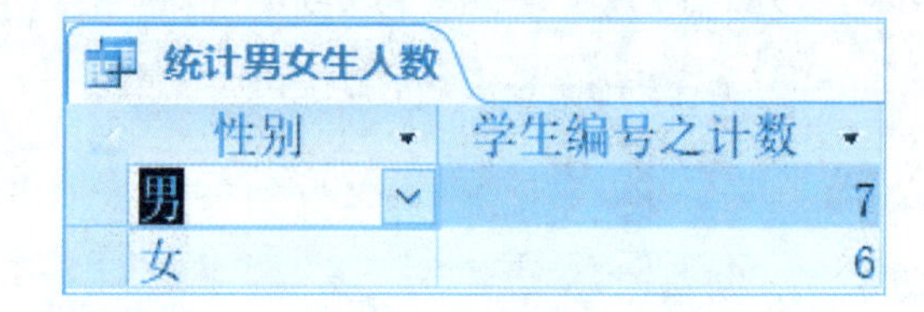

图 3-24　“统计男女生人数”的运行结果

例 3.9　统计学生表中 8 月份出生的学生总人数。

本查询要求对“出生日期”字段中的月份进行筛选，需要利用 Month 函数提取出“出生日期”字段的月份。其设计结果如图 3-25 所示，运行结果如图 3-26 所示。

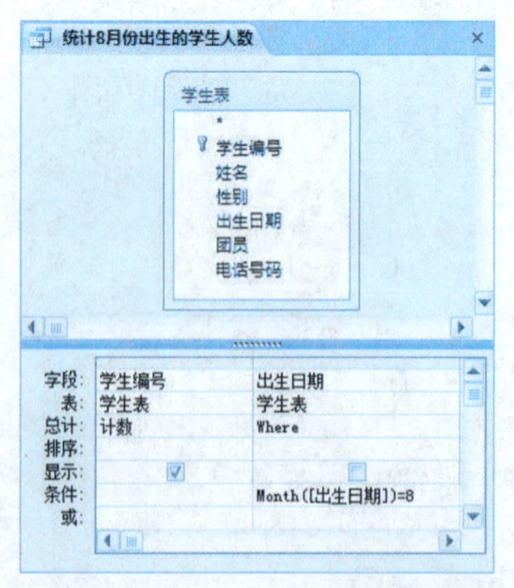

图 3-25　“统计 8 月份出生的学生总人数”的设计结果

图 3-26　“统计 8 月份出生的学生总人数”的运行结果

例 3.10　统计所有学生语文科目的平均成绩。

由于本查询需要对科目名称进行筛选，所以需要添加“课程表”；又由于统计的字段是“成绩”，所以需要添加“成绩表”。这是一个多表联合查询统计，其设计结果如图 3-27 所示，运行结果如图 3-28 所示。

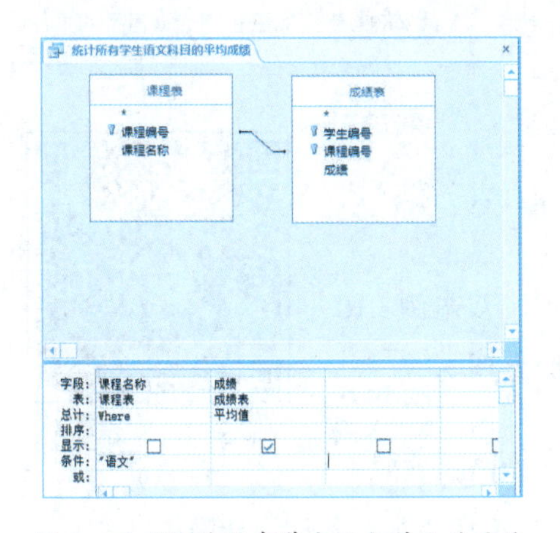

图 3-27　“统计所有学生语文科目的平均成绩”的设计结果

图 3-28　“统计所有学生语文科目的平均成绩”的运行结果

例 3.11　将例 3.9 的统计结果保留 1 位小数。

本例不是仅仅要求对某个字段进行统计，而是要对统计结果再进行处理，因此需要使用总计项中的表达式 Expression 手动创建统计条件。其设计效果如图 3-29 所示，运行结果如图 3-30 所示。

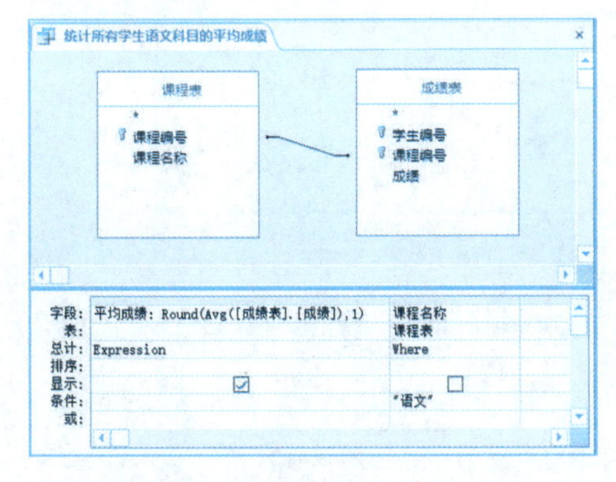

图 3-29　“统计所有学生语文科目的平均数”的设计效果

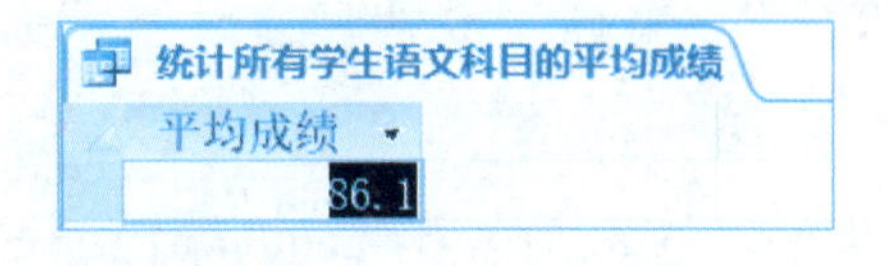

图 3-30　“统计所有学生语文科目的平均数”的运行结果

小贴士

“平均成绩”的表达式中，引用表名和字段名时，字段名和表名之间也可以使用英文感叹号。例如，Round(Avg([成绩表]![成绩]),1)。

例 3.12　统计所有语文成绩高于语文平均成绩的学生，统计结果要求显示“学生编号”、“姓名”和“成绩”。

本例中首先必须统计出语文科目的平均成绩，才能将每位学生的语文成绩与平均成绩进行比较，筛选出符合条件的学生记录。因此，需要首先创建一个统计语文平均成绩的查询，然后将此查询与“学生表”“课程表”“成绩表”一起作为数据源进行联合查询。

操作步骤（扫码观看视频 3-3）：

视频 3-3　例 3.12

① 在查询设计视图中添加“学生表”、“课程表”和“成绩表”。

② 在“显示表”对话框中，选择“查询”选项卡，双击例 3.10 中已经建立好的查询“统计所有学生语文科目的平均成绩”，将其添加到查询设计视图数据源的字段列表区。

③ 将“学生表”的“学生编号”和“姓名”字段与“课程表”的“课程名称”字段及“成绩表”的“成绩”字段添加到条件设计网格区。

④ 将“课程名称”列的“条件”行设置为“语文”，取消勾选“显示”行的复选框。

⑤ 在“成绩”列的“条件”行设置条件为“>[统计所有学生语文科目的平均成绩]![成绩之平均值]”。设计效果如图 3-31 所示，运行结果如图 3-32 所示。

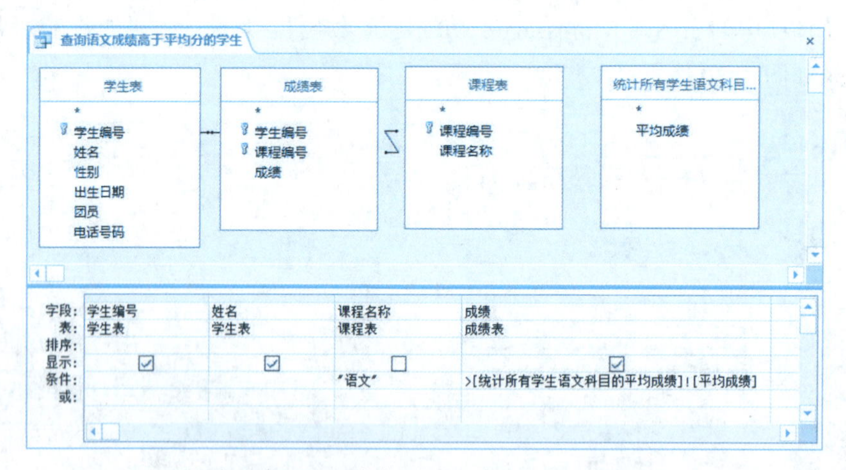

图 3-31　“查询所有语文成绩高于语文平均成绩的学生”的设计效果

查询语文成绩高于平均分的学生

学生编号	姓名	成绩
16003	赵晓晓	100
16004	刘志平	90
16005	陈培聪	95
16006	陈丹	95
16007	韩小东	95

图 3-32　“查询所有语文成绩高于语文平均成绩的学生”的运行结果

任务二　创建交叉表查询

交叉表查询是将来源于某个表中的字段进行分组，一组列在交叉表左侧成为“行”，一组列在交叉表上部成为“列”，并在交叉表行与列交叉处对表中的某个字段进行统计，如求和、平均值、记数、最大值、最小值等。图 3-33 所示是一个交叉表的查询结果，统计的是男女生各门课程的最高分。其中，行标题由“性别”字段值组成，列标题由“课程名称”字段值组成，行列交叉处是对“成绩”字段进行求最大值运算的结果。

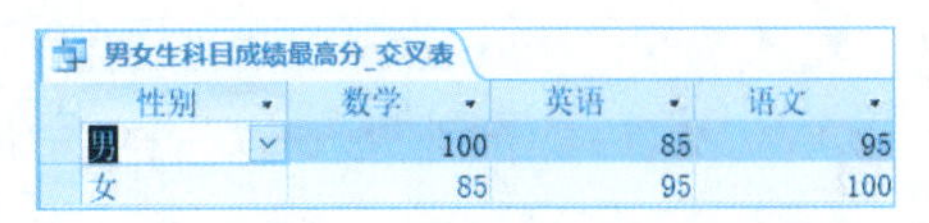

男女生科目成绩最高分_交叉表

性别	数学	英语	语文
男	100	85	95
女	85	95	100

图 3-33　交叉表查询示例

一、使用查询向导创建交叉表查询

例 3.13　使用查询向导创建交叉表查询，完成图 3-33 所示的统计。

操作步骤：

① 选择“创建”选项卡，单击“查询”组中的“查询向导”按钮，弹出“新建查询”对话框，选择“交叉表查询向导”选项。

② 单击“确定”按钮，弹出“交叉表查询向导”的第一个对话框，此处要求选择交叉表查询中需要用到的数据源。由于统计中需要“性别”、“科目名称”和“成绩”字段，这些字段来自“学生表”、“课程表”和“成绩表”，无法从一张表中选择这些字段，因此，必须从已经建立好的查询中选择。该查询能查询所有学生的各科目成绩，包含交叉表查询中所需的字段。这里选择例 3.2 中建立的“学生成绩查询”，如图 3-34 所示。

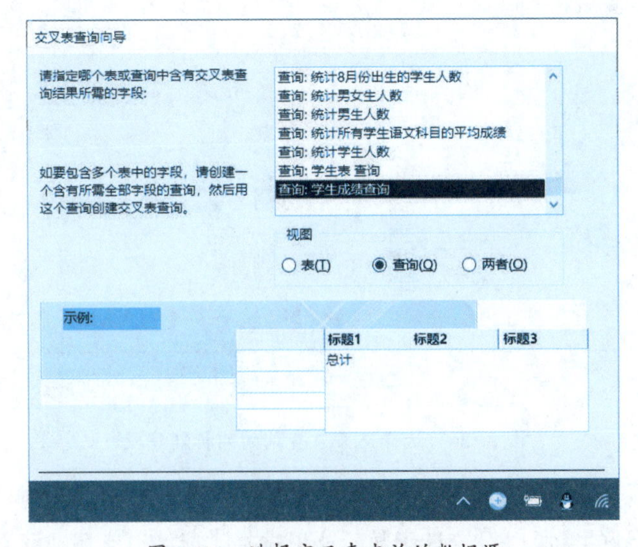

图 3-34　选择交叉表查询的数据源

③ 单击“下一步”按钮，进入“交叉表查询向导”的第二个对话框，选择作为行标题的字段，这里选择“性别”字段，如图 3-35 所示。

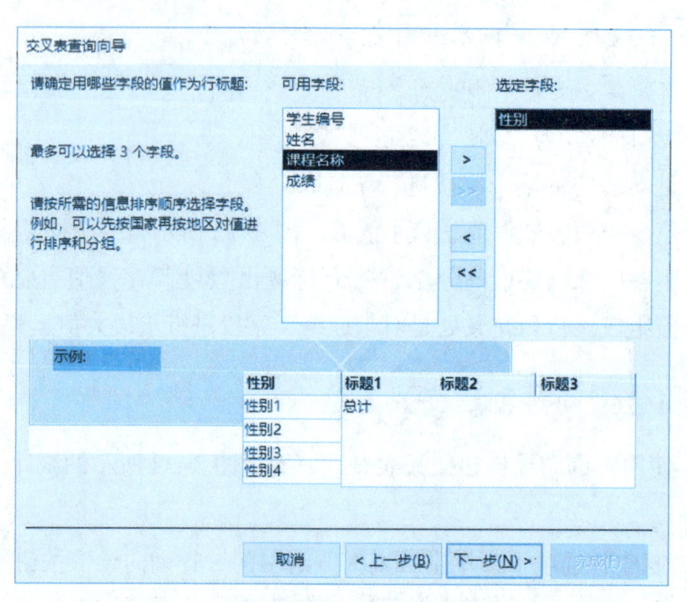

图 3-35　选择交叉表查询的行标题字段

④ 单击“下一步”按钮，进入“交叉表查询向导”的第三个对话框，选择作为列标题的字段，这里选择“科目名称”字段，如图 3-36 所示。

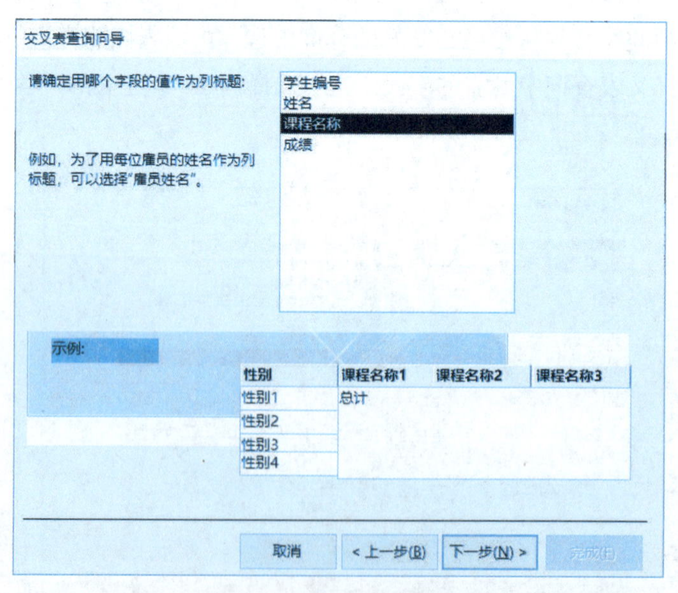

图 3-36　选择交叉表查询的列标题字段

⑤ 单击“下一步”按钮，进入“交叉表查询向导”的第四个对话框，选择作为行列交叉处要统计的字段以及统计函数。这里选择“成绩”字段，函数选择“Max”。

由于不需要为每一行作小计，取消勾选“是，包含各行小计”左边的复选框，如图 3–37 所示。

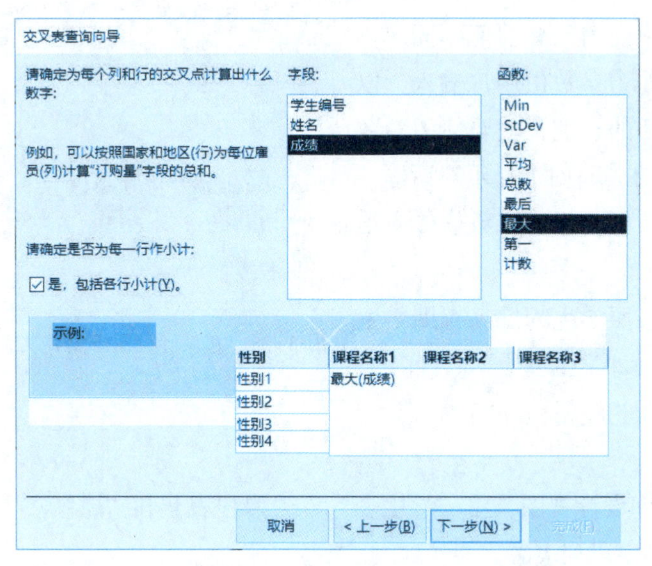

图 3–37　选择交叉表查询的统计字段和统计函数

⑥ 单击“下一步”按钮，进入“交叉表查询向导”的最后一个对话框，在这里指定查询名称为“男女生科目成绩最高分_交叉表”，选择“查看查询”单选按钮，单击“完成”按钮。切换到数据表视图，可以查看图 3–33 所示的查询结果。

二、使用设计视图创建交叉表查询

例 3.14　使用查询设计视图创建交叉表查询，完成图 3–33 所示的统计。

操作步骤（扫码观看视频 3–4）：

① 选择“创建”选项卡，单击“查询”组中的“查询设计”按钮，打开查询设计视图，并弹出“显示表”对话框。

视频 3–4　在设计视图中创建交叉表查询

② 将例 3.2 中建立的查询“学生成绩查询”添加到查询设计视图数据源的字段列表区。

③ 单击“设计”选项卡“查询类型”组中的“交叉表”按钮，此时，条件设计网格区中插入了“总计”和“交叉表”行。

④ 将字段“性别”添加到条件设计网格区，该列的“总计”行自动选择了“Group By”；单击该列的“交叉表”行下拉按钮，选择下拉列表中的“行标题”。用相同的方法添加字段“课程名称”，在该列的“交叉表”行选择“列标题”。继续添加字段“成绩”，在该列“交叉表”行选择“值”，“总计”行选择函数“最大值”。设计结果如图 3–38 所示。

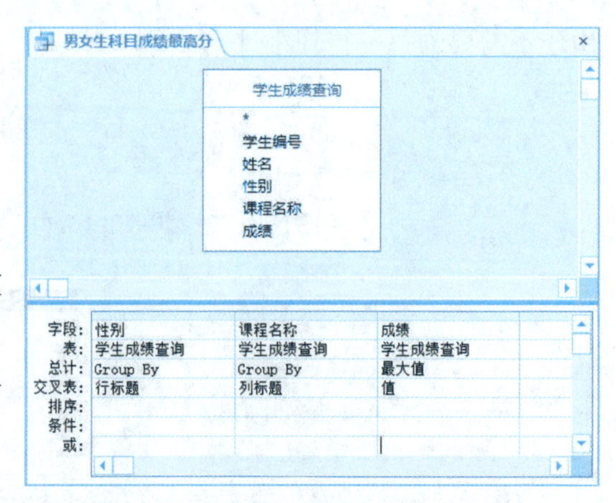

图 3-38　在设计视图下创建交叉表查询设计结果

任务三　创建参数查询

如果查询中查询条件的值不固定，要求查询条件作为参数由用户输入，以便实现更加灵活的查询，就要使用参数查询。参数查询在执行时会显示对话框，提示用户输入信息，作为参数值传递给查询条件。

例 3.15　按照学生的姓名查询学生的成绩，要求显示“学生编号”、“姓名”、“课程名称”和“成绩”。

操作步骤：

① 打开查询设计视图，将“学生表”、“课程表”和“成绩表”添加到查询设计视图数据源的字段列表区。

② 将字段“学生编号”、“姓名”、“课程名称”和“成绩”添加到条件设计网格区。

③ 在“姓名”字段列的“条件”行输入“[请输入学生的姓名:]”。设置效果如图 3-39 所示。

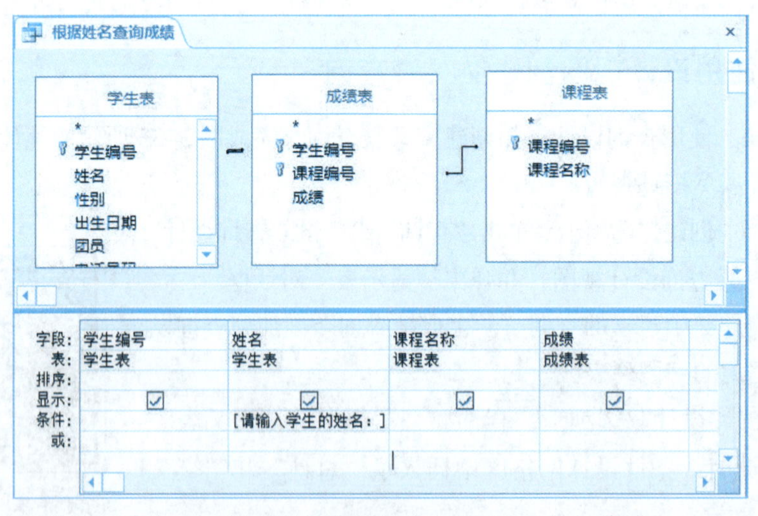

图 3-39　“根据姓名查询成绩”参数查询设置效果

④ 保存查询名为“根据姓名查询成绩”。运行查询，此时会弹出图 3-40 所示的对话框，要求输入要查询成绩的学生的姓名。例如，输入“学生表”中存在的学生姓名“赵晓晓”，单击“确定”按钮，可以看到图 3-41 所示的查询结果。

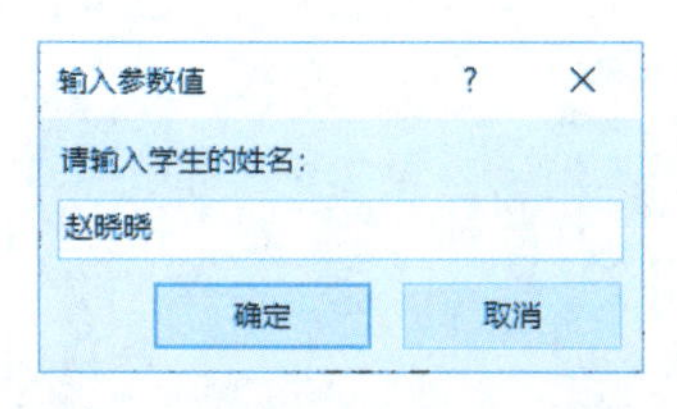

图 3-40 “输入参数值”对话框

根据姓名查询成绩

学生编号	姓名	课程名称	成绩
16003	赵晓晓	语文	100
16003	赵晓晓	数学	75
16003	赵晓晓	英语	65
*			

图 3-41 “根据姓名查询成绩”参数查询运行结果

例 3.16 按照学生的性别和年龄查询学生的资料，要求显示“学生编号”、“姓名”、“性别”和“出生日期”。

操作步骤：

① 打开查询设计视图，将“学生表”添加到查询设计视图数据源的字段列表区。

② 将字段“学生编号”、“姓名”、“出生日期”和“性别”添加到条件设计网格区。

③ 在“性别”字段列的“条件”行输入“[请输入性别（男 / 女）：]”。

④ 在条件设计网格区的一个空白列“字段”行输入表达式“Year(Date())-Year([出生日期])”；在“条件”行输入“[请输入年龄：]”；取消勾选“显示”行的复选框。设置结果如图 3-42 所示。

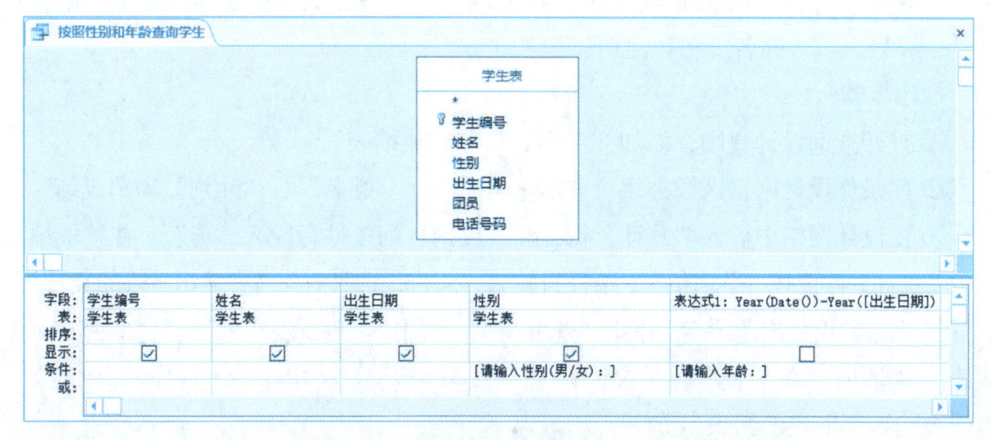

图 3-42 “按照性别和年龄查询学生”参数查询设置结果

⑤ 保存查询名为“按照性别和年龄查询学生”。运行查询，此时会弹出对话框，要求输入性别。如图 3-43 所示，输入“男”，单击“确定”按钮，弹出第二个对话框，要求输入年龄。如图 3-44 所示，输入“16”，单击“确定”按钮，可以看到图 3-45 所示的查询结果。

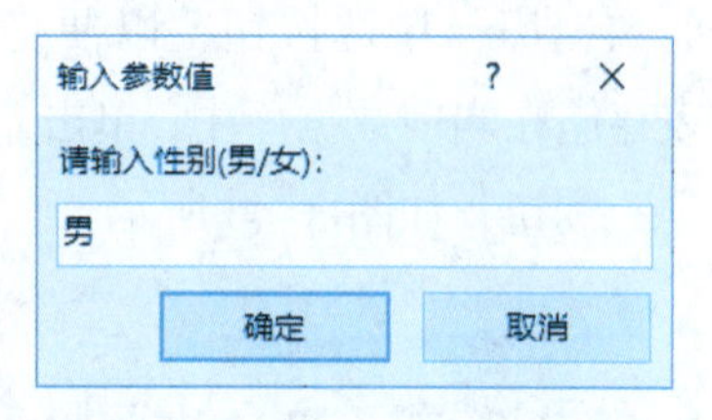

图 3-43 输入性别的对话框

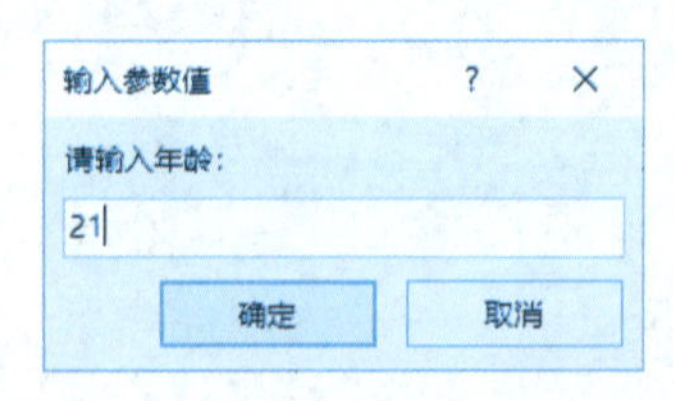

图 3-44 输入年龄的对话框

按照性别和年龄查询学生

学生编号	姓名	出生日期	性别
16001	张明	2001/11/20	男
16004	刘志平	2001/12/1	男
16005	陈培聪	2001/9 /13	男
16013	张浩	2001/10/7	男
*			男

图 3-45 “按照性别和年龄查询学生”参数查询运行结果

任务四 创建操作查询

操作查询是仅在一个操作中更改或移动许多记录的查询，操作查询共有 4 种类型：生成表查询、追加查询、更新查询和删除查询。

一、生成表查询

生成表查询可以创建一个新的数据表，并通过查询从一个或多个表中复制数据在新表中添加记录。

例 3.17 将各科成绩平均分高于 85 分的男生资料存储到一个新表中，字段包括“学生编号”、“姓名”和“性别”。

操作步骤：

① 打开查询设计视图，添加“学生表”和“成绩表”。

② 在条件设计网格区添加字段“学生编号”、“姓名”、“性别”和“成绩”。

③ 在设计网格中插入“总计”行，在“性别”列条件行输入“男”；在“成绩”列的“总计”行选择“平均值”，条件行输入“>=85”，取消勾选“显示”行的复选框。

④ 选择“设计”选项卡，单击“查询类型”组中的“生成表”按钮 ，弹出“生成表”对话框。在“表名称”文本框中输入要创建的新表名称“平均分 85 分以上的男生”。选择“当前数据库”单选按钮，以便将新表存储在当前数据库中，单击“确定”按钮，如图 3-46 所示。

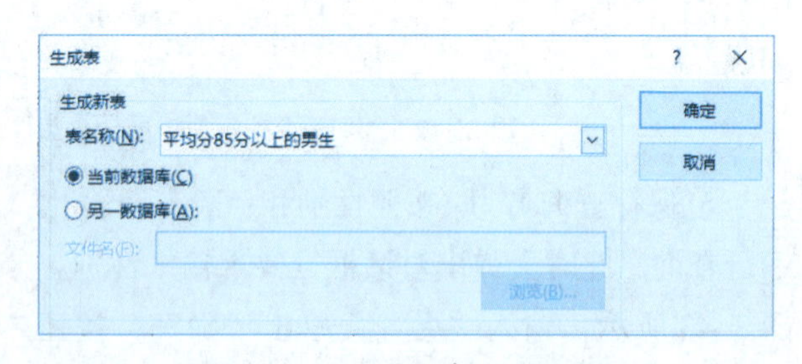

图 3-46 “生成表”对话框

小贴士

如果在“表名称”下拉列表中选择一个已经存在的表，则该表将被删除后重新建立。

⑤ 单击“设计”选项卡中的“运行”按钮，弹出图 3–47 所示的对话框，单击“是”按钮，创建一张新的数据表。可以在左侧导航窗格中看到名为“平均分 85 分以上的男生”的新表。

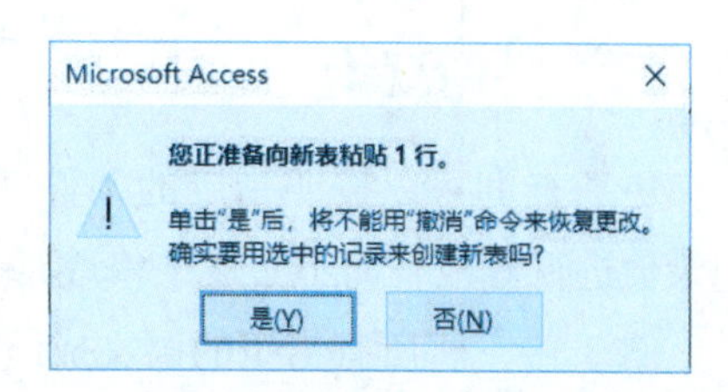

图 3–47　生成新表确认对话框

小贴士

可以在运行生成表查询创建新表前，切换至数据表视图查看结果，如果不满意可以继续修改查询条件，直到符合要求为止。

需要注意的是，生成表查询创建的新表继承了源表字段的数据类型，但不继承字段的属性和主键设置。

二、追加查询

追加查询能够将一个或多个表的数据追加到另一个表的尾部。

例 3.18　将各科成绩平均分高于 85 分的女生资料添加到例 3.17 所创建的“平均分 85 以上的男生”表中。

操作步骤：

① 按照例 3.17 的步骤①～③完成条件设置（“性别”字段列条件设置为“女”）。

② 选择“设计”选项卡，单击“查询类型”组中的“追加”按钮，弹出“追加”对话框。在“表名称”文本框中选择表“平均分 85 分以上的男生”。选择“当前数据库”单选按钮，单击“确定”按钮，此时查询设计视图的设计网格区显示“追加到”行，如图 3–48 所示。

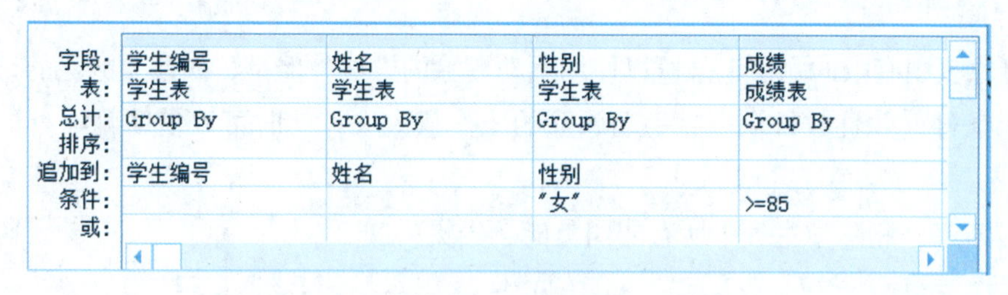

字段:	学生编号	姓名	性别	成绩
表:	学生表	学生表	学生表	成绩表
总计:	Group By	Group By	Group By	Group By
排序:				
追加到:	学生编号	姓名	性别	
条件:			"女"	>=85
或:				

图 3–48　追加查询条件设置结果

③ 单击“设计”选项卡中的“运行”按钮，弹出图 3–49 所示的对话框。单击“是”按钮，将符合条件的记录追加到指定表中。

三、更新查询

更新查询可以按照指定的条件对表中的一组记录值进行修改，而不必逐个修改每条记录。

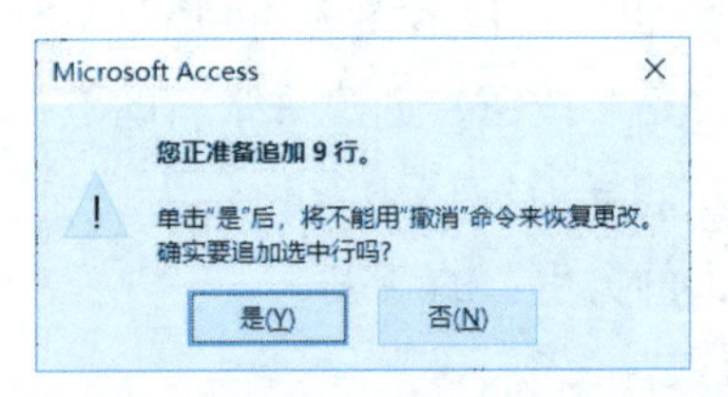

图 3-49　追加查询确认对话框

例 3.19　将所有男生的语文成绩加 5 分。

操作步骤：

① 在查询设计视图中添加“学生表”、“课程表”和“成绩表”。

② 在条件设计网格区添加字段“性别”、“课程名称”和“成绩”。在“性别”列的“条件”行输入“男”，在“课程名称”列的“条件”行输入“语文”。

③ 选择“设计”选项卡，单击“查询类型”组中的“更新”按钮 ，此时条件设计网格区显示“更新到”行。在“成绩”字段列的“更新到”行输入“[成绩]+5”，如图 3-50 所示。

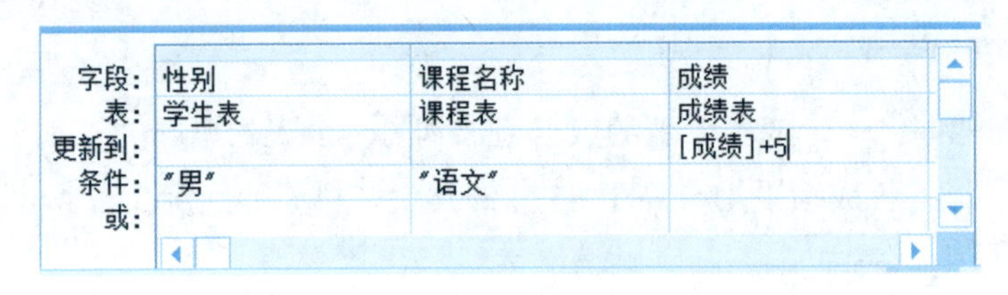

字段：	性别	课程名称	成绩
表：	学生表	课程表	成绩表
更新到：			[成绩]+5
条件：	"男"	"语文"	
或：			

图 3-50　更新查询条件设置结果

④ 单击“设计”选项卡中的“运行”按钮 ，弹出图 3-51 所示的对话框。单击“是”按钮，将按照条件在“成绩表”中将所有男生的语文成绩加 5 分。

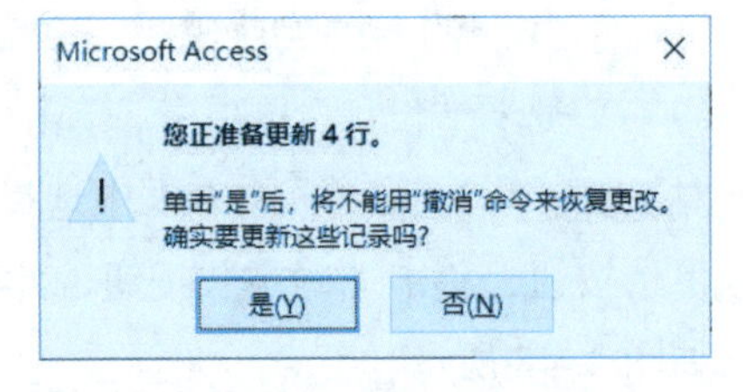

图 3-51　更新查询确认对话框

四、删除查询

删除表中有限的几条记录可以使用手动删除的方法，但是，如果要删除的记录符合某个条件，并且数目众多，手动删除的工作量太大，此时可以借助删除查询提高效率。

例 3.20　删除学生表中所有非团员的学生资料。

操作步骤：

① 在查询设计视图中添加“学生表”。

② 在条件设计网格区添加字段“团员”，在“团员”列的“条件”行输入“False”（字段“团员”数据类型是“是 / 否”类型）。

③ 选择“设计”选项卡，单击“查询类型”组中的“删除”按钮 ，此时条件设计网格区显示一个“删除”行。单击“团员”字段列的“删除”行的下拉按钮，在

下拉列表中选择“Where”，如图 3-52 所示。

④ 单击“设计”选项卡中的“运行”按钮 ！，弹出图 3-53 所示的对话框，单击“是”按钮，将按照条件在“学生表”中将所有非团员的男生资料删除。

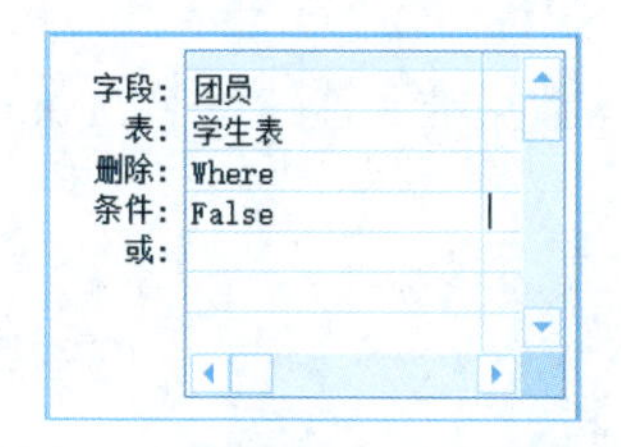

图 3-52　删除查询条件设置结果

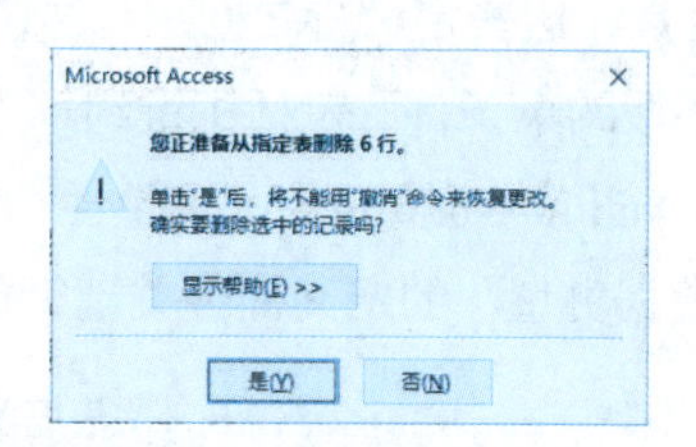

图 3-53　删除查询确认对话框

小 贴 士

由于操作查询将对表中的数据进行修改，而且运行后不能通过“撤销”命令恢复，所以为了避免误操作，最好在运行操作查询前将相关表进行备份。

任务五　创建 SQL 查询

SQL 查询是直接利用 SQL 语言编写查询语句完成查询任务的一种查询。

SQL 是结构化查询语言（Structured Query Language）的简称，是一种数据库查询和程序设计语言，用于存取数据以及查询、更新和管理关系数据库系统。很多数据库应用开发工具都将 SQL 语言直接融入自身的语言中，但各种通行的数据库系统在其实践过程中都对 SQL 规范做了某些修改和扩充。所以，实际上不同数据库系统之间的 SQL 不能完全相互通用。本书介绍的 SQL 语言仅限于 Access 规范。

SQL 语言的核心功能有 4 类，分别是数据定义、数据操纵、数据查询和数据控制。由于在 Access 中不能直接运行数据控制语句，所以，本书只介绍前 3 种功能的基本语句。

一、数据定义

1. 创建表

创建基本表的 SQL 语句格式为：

```
CREATE TABLE < 表名 >(
                    < 字段名 > < 数据类型 > [ 字段约束条件 ]
                    [,…]
);
```

其中，有以下几点说明：

① <> 括起的部分为必选项，[] 括起的部分为可选项。

② “字段名”、“数据类型”和“字段约束条件”直接用空格隔开。如果有多个字段要定义，这些定义行之间用逗号隔开。

③ “字段约束条件”包括主键约束（Primary Key）、数据唯一性约束（Unique）、空值约束（Null 或 Not Null）和完整性约束（Check）等。

④ “数据类型”的定义部分关键字如表 3-8 所示。

表 3-8　“数据类型”定义部分关键字

字段类型		字段类型
文本		Char 或者 Text
备注		Memo
数字	整型	SmallInt
	长整型	Int
	单精度型	Real
	双精度型	Float
日期 / 时间		DateTime
货币		Money
自动编号		Autoincrement(m,n) m 是种子，n 是步长
是 / 否		Bit
OLE 对象		Image

例 3.21　创建一张“班级表”，表结构如表 3-9 所示。

表 3-9　“班级表”表结构

字段名称	字段类型	字段大小	约束条件
班级编号	文本	4	主键
班级名称	文本	10	唯一，不为空
班主任编号	文本	4	唯一，不为空
备注	备注		

SQL 语句为：

```
CREATE TABLE 班级表 (
                    班级编号 Char(4) Primary Key,
```

班级名称 Char(10) Not Null Unique,

班主任编号 Char(4) Not Null Unique,

备注 Memo

);

要运行该段 SQL，操作步骤为：

① 打开查询设计视图，关闭“显示表”对话框，单击“结果”组中的“视图”下拉按钮，从下拉菜单中选择“SQL 视图”命令。

② 在打开的“SQL 视图”中输入上述语句，如图 3-54 所示。

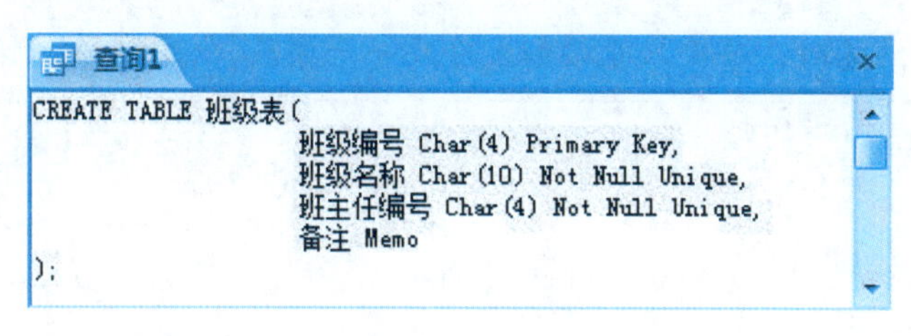

图 3-54　创建表的 SQL 语句

③ 保存查询，并命名为“创建班级表”。单击“设计”选项卡中的“运行”按钮 ，此时在导航窗格的“表”组中可以看到创建的新表“班级表”。可在设计视图中打开该表，查看或继续修改表结构。

2. 修改表

修改表语句可以修改已有的表的结构，SQL 语句格式为：

ALTER TABLE < 表名 >

[ADD < 新字段名 >< 数据类型 > [字段约束条件]]

[DROP < 字段名 1>[, 字段 2]…[, 字段 n]]

[ALTER < 字段名 >< 数据类型 >];

命令说明如下：

① < 表名 >：指要修改表结构的表的名字。

② ADD：子句用于添加新的字段及其完整性约束。

③ DROP：子句用于删除指定的字段及其完整性约束。

④ ALTER：子句用于修改指定字段的属性。

例 3.22　在例 3.21 中创建的“班级表”中添加一个字段“教室编号”，文本类型，长度 4，不允许空值；删除“备注”字段；修改“班级名称”字段大小为 8。

① 添加字段“教室编号”，SQL 语句为：

ALTER TABLE　班级表

ADD 教室编号 Char(4) Not Null;

② 删除字段“备注”，SQL 语句为：

ALTER TABLE　　班级表

　　　　　　　　DROP 备注；

③ 修改字段“班级名称”，SQL 语句为：

ALTER TABLE　　班级表

　　　　　　　　ALTER 班级名称 CHAR(8);

小贴士

在修改表结构时，每次只能添加或修改一个字段，但可一次删除多个字段。要修改的表必须为关闭状态。

3. 删除表

删除基本表的 SQL 语句格式为：

DROP TABLE < 表名 >;

需要注意的是，表一旦被删除就无法被恢复，所以该命令要慎用。

例 3.23　删除在例 3.21 中创建的“班级表”。

SQL 语句为：

DROP TABLE 班级表；

二、数据操纵

1. 插入记录

插入记录语句可以将一条记录插入到指定的表中。SQL 语句格式为：

INSERT INTO < 表名 > [< 字段名 1>[,< 字段 2>…]]

VALUES(< 字段值 1>[,< 字段值 2>…]);

命令说明如下：

① < 表名 >：指要插入记录的表的名字。

② < 字段名 1>[,< 字段 2>…]：是要插入记录的表的字段列表，可以省略。

③ < 字段值 1>[,< 字段值 2>…]：是插入的记录的字段值列表。字段值的数量与 INTO 后的字段列表个数相同，并且顺序类型也必须一致。

例 3.24　在“学生表”中插入一个新的学生记录，字段对应的值如表 3-10 所示。

表 3-10　要插入的学生记录值表

学生编号	姓　名	性　别	出生日期	团　员	电话号码
16011	李斌	男	2001/7/8	是	(0769)22047478

SQL 语句为：

```
INSERT INTO 学生表 VALUES('16012', '李斌', '男', #2001/7/8#, 1, '(0769)22047478');
```

注　意

语句中省略了学生表的字段列表。值列表中，“文本”型数据要用单引号或者双引号括起来；“是／否”型数据可以用数字 1 代表“是”或“真”，数字 0 代表“否”或“假”；“日期／时间”型数据要用“#”括起来。

2. 更新记录

更新记录语句可以对满足条件的指定记录进行更新操作。SQL 语句格式为：

```
UPDATE < 表名 >
SET < 字段名 1>=< 表达式 1>[,< 字段名 2>=< 表达式 2>]…
[WHERE < 条件 >];
```

命令说明如下：

① < 表名 >：指要更新记录的表的名字。

② < 字段名 >=< 表达式 >：指将表达式的值赋予字段，从而更新字段值。

③ WHERE < 条件 >：指定被更新的记录所满足的条件，如果省略此子句，则对指定表中所有的记录的相关字段值进行更新。

例 3.25　将“学生表”中“学生编号”为 16008 的学生性别修改为“女”，“出生日期”修改为“2001/5/9”。

SQL 语句为：

```
UPDATE 学生表
SET 性别 =' 女 ', 出生日期 =#2001/5/9#
WHERE 学生编号 ='16008';
```

3. 删除记录

删除记录语句可以将满足条件的指定记录删除。SQL 语句格式为：

```
DELETE FROM < 表名 >
[WHERE < 条件 >];
```

命令说明如下：

① < 表名 >：指要删除记录的表的名字。

② WHERE < 条件 >：指定被删除的记录所满足的条件，如果省略此子句，则将指定表中所有的记录全部删除。

例 3.26　将“学生表”中“学生编号”为 16010 的学生删除。

SQL 语句为：

```
DELETE FROM 学生表
WHERE 学生编号 ='16010';
```

三、数据查询

查询语句是最重要的 SQL 语句，因为大多数情况下都需要通过查询语句检索要操作的记录数据。

1. SELECT 语句

SELECT 语句能够实现数据选择、投影和连接运算，并能完成筛选字段重命名、分类汇总、排序和多数据源数据组合等操作。SQL 语句格式为：

```
SELECT [ALL|DISTINCT|TOP n] * |< 字段列表 >[,< 表达式 > AS < 标识符 >]
FROM < 表名 1> [,< 表名 2>]…
[WHERE < 条件表达式 >]
[GROUP BY < 字段名 > [HAVING < 条件表达式 >]]
[ORDER BY < 字段名 > [ASC|DESC]];
```

命令说明如下：

① ALL：指查询结果是满足条件的所有记录，默认情况下是 ALL。

② DISTINCT：指查询结果是满足条件的不包含重复行的所有记录。

③ TOP n：指查询结果是满足条件的前 n 条记录，n 为整数。

④ *：指查询结果包含的列是所有的字段。

⑤ < 字段列表 >：指查询结果包含的列，如果有多列，则用“,”分隔开。这些列可以是字段名称、常数或系统内部函数。

⑥ < 表达式 > AS < 标识符 >：指查询结果包含的列。< 表达式 > 可以是字段名，也可以是一个计算表达式。AS < 标识符 > 是为表达式指定一个新的字段名。

⑦ FROM < 表名 >：指定查询的数据源，可以是单个表，也可以是多张表。

⑧ WHERE < 条件表达式 >：是指定查询的条件，按照该条件筛选记录。

⑨ GROUP BY < 字段名 >：是对查询的结果按照指定的字段进行分组。

⑩ HAVING < 条件表达式 >：必须配合 GROUP BY 子句，不能单独使用。它是用来限制分组条件的。

⑪ ORDER BY < 字段名 >：是对查询的记录按照指定的字段名进行排序，默认升序排列。

⑫ ASC：必须配合 ORDER BY 子句，不能单独使用，指查询结果按照 ORDER BY 子句后面的字段名升序排列。

⑬ DESC：必须配合 ORDER BY 子句，不能单独使用，指查询结果按照 ORDER BY 子句后面的字段名降序排列。

2. 单表查询

单表查询是指数据源来自一个表，这种查询最简单。

例 3.27　查询“学生表”中所有的学生记录，显示所有字段。

SQL 语句为：

```
SELECT *
FROM 学生表;
```

例 3.28　查询“学生表”中所有的学生记录，只显示“学生编号”、“姓名”和“性别”字段。

SQL 语句为：

```
SELECT 学生编号,姓名,性别
FROM 学生表;
```

例 3.29　查询“学生表”中所有出生日期在 2000 年 1 月 1 日至 2001 年 12 月 12 日之间的所有学生记录，只显示“学生编号”、“姓名”、“性别”和“出生日期”字段。

SQL 语句为：

```
SELECT 学生编号,姓名,性别,出生日期
FROM 学生表
WHERE 出生日期 Between #2000/1/1# And #2001/12/12#;
```

例 3.30　查询“学生表”中所有年龄小于 17 岁的男生记录，只显示“学生编号”、“姓名”、“性别”和“出生日期”字段。

SQL 语句为：

```
SELECT 学生编号,姓名,性别,出生日期
FROM 学生表
WHERE 性别='男' AND YEAR(DATE())-YEAR([出生日期])<17;
```

例 3.31　查询“学生表”中所有姓“张”的学生记录，只显示“学生编号”、“姓名”、“性别”和“出生日期”字段。

SQL 语句为：

```
SELECT 学生编号,姓名,性别,出生日期
FROM 学生表
WHERE 姓名 Like '张*';
```

例 3.32　查询“课程表”中“语文”和“数学”这两门课的记录，只显示“课程编号”和“课程名称”字段。SQL 语句为：

```
SELECT 课程编号,课程名称
FROM 课程表
WHERE 课程名称 IN('语文','数学');
```

例 3.33　查询“学生表”中出生年份为 2001 年的前两位的学生记录，显示“姓名”和“出生日期”字段。

SQL 语句为：

```
SELECT TOP 2 姓名 , 出生日期
FROM 学生表
WHERE YEAR([ 出生日期 ])= '2001' ;
```

例 3.34　查询“学生表”中是否有姓名为“刘志平”的学生，若有，则显示“姓名”，相同的姓名只显示一次。

SQL 语句为：

```
SELECT DISTINCT 姓名
FROM 学生表
WHERE 姓名 = ' 刘志平 ' ;
```

小贴士

DISTINCT 只是让查询结果中相同的记录只显示一次，本例中若除了“姓名”字段外，还要显示其他字段，如“学生编号”，则查询结果中即便有相同的姓名，也会将所有记录都显示出来。这是因为“学生编号”不相同，导致记录不同。

例 3.35　查询“学生表”中所有学生的年龄。显示字段为“学生编号”、“姓名”和“年龄”。

SQL 语句为：

```
SELECT 学生编号 , 姓名 , YEAR(DATE())−YEAR([ 出生日期 ]) AS 年龄
FROM 学生表;
```

查询结果中每位学生的年龄通过表达式计算出来，字段名“年龄”用 AS 重新命名。查询运行结果如图 3-55 所示。

例 3.36　查询统计“学生表”中所有男生的人数，显示字段为“男生人数”。

SQL 语句为：

```
SELECT Count(*) AS 男生人数
FROM 学生表
WHERE 性别 = ' 男 ';
```

学生编号	姓名	年龄
16001	张明	21
16002	韩雪	21
16003	赵晓晓	20
16004	刘志平	21
16005	陈培聪	21
16006	陈丹	21
16007	韩小东	20
16008	陈好	21
16009	张于	21
16010	刘志平	22
16011	杨小天	22
16012	张萌	21
16013	张浩	21
*		

图 3-55　用 SQL 查询年龄

例 3.37　查询统计“学生表”中所有男、女生的人数，显示字段为“性别”和“人数”。

SQL 语句为：

```
SELECT 性别 , Count(*) AS 人数
FROM 学生表
```

```
GROUP BY 性别；
```

此例中，先使用GROUUP BY对性别进行分组，然后用Count统计函数分别统计男、女生人数。Count函数中的参数可以是某个指定的字段，如Count([学生编号])，也可以是“*”，代表任意字段。

例 3.38　查询统计“成绩表”中每位学生所有科目平均成绩高于85分的学生成绩记录，显示字段为“学生编号”和“平均成绩”。

SQL语句为：

```
SELECT 学生编号，Avg([成绩]) AS 平均成绩
FROM 成绩表
GROUP BY 学生编号
HAVING Avg([成绩])>85;
```

此例中，先使用GROUUP BY对学生编号进行分组，然后对同一个学生的所有科目考试成绩用Avg函数统计平均分，最后再用HAVING子句对分组统计后的结果按条件进行筛选。因此，HAVING后面所带的条件不能含有分组统计结果中不存在的字段。

例 3.39　查询统计“成绩表”中每位学生“课程编号”为“9901”和“9902”且两门课平均成绩高于85分的学生成绩记录，并按照平均成绩从高到低排序，显示字段为“学生编号”和“平均成绩”。

SQL语句为：

```
SELECT 学生编号 , Avg([成绩]) AS 平均成绩
FROM 成绩表
WHERE 课程编号 IN('9901', '9902')
GROUP BY 学生编号
HAVING Avg([成绩])>85
ORDER BY Avg([成绩]) DESC;
```

此例中，与例3.38不同的是，在分组前先使用WHERE对记录进行筛选。所以，可以看出，WHERE子句是在GROUP BY分组前筛选记录，而HAVING子句是对分组后的结果进行筛选。

3. 多表查询

多表查询的数据源来自多张表，一般来说，这些表之间必须存在某些关联。

例 3.40　查询所有学生的考试成绩，显示字段为“学生编号”、“姓名”、“课程名称”和“成绩”。

SQL语句为：

```
SELECT 学生表 . 学生编号 , 姓名 , 课程名称 , 成绩
```

```
FROM 学生表 , 课程表 , 成绩表
WHERE 学生表 . 学生编号 = 成绩表 . 学生编号 AND 课程表 . 课程编号 = 成绩表 . 课程编号 ;
```

此例中，数据源来自 3 张表，因此在 FROM 子句中列出了三张表的名称，同时，由于这 3 张表之间存在关联关系，所以在 WHERE 子句中指定了关联条件。需要注意的是，不同表中相同的字段名称需要在字段名前加上表名，并使用“.”分开。

4. 嵌套查询

嵌套查询是在 WHERE 或者 HAVING 条件中再嵌入一个 SELECT 查询语句（称为“子查询”，相应的，被嵌套的查询称为“主查询”），将子查询的结果作为主查询的筛选条件。

例 3.41　查询没有考试成绩的学生资料，显示字段为“学生编号”和“姓名”。

SQL 语句为：

```
SELECT 学生编号 , 姓名
FROM 学生表
WHERE 学生编号 NOT IN(SELECT DISTINCT 学生编号 FROM 成绩表 );
```

此例中，子查询结果为“成绩表”中所有的“学生编号”（即有成绩的学生编号），主查询在“学生表”中查询学生记录时，对“学生编号”进行筛选，将与“成绩表”中相同的“学生编号”的记录排除，剩下的就是没有成绩记录的学生。

例 3.42　查询语文成绩高于语文平均成绩的记录，显示字段为“学生编号”、“姓名”和“成绩”。

SQL 语句为：

```
SELECT 学生编号, 成绩
FROM 成绩表
WHERE 成绩 >(SELECT Avg([ 成绩 ]) FROM 课程表 , 成绩表
        WHERE 课程表 . 课程编号 = 成绩表 . 课程编号 AND 课程名称
        =' 语文 ');
```

四、查询设计视图与 SQL 视图

通过前面的讲解，我们知道自定义查询的方式有两种，即查询设计视图和 SQL 视图。这两种视图可以相互切换。

以例 3.42 为例，在 SQL 视图下编写好 SQL 语句后，选择“设计”选项卡，单击“结果”组中的“视图”按钮，在下拉菜单中选择“设计视图”命令，即切换到查询设计视图。设计视图下的结果如图 3-56 所示。

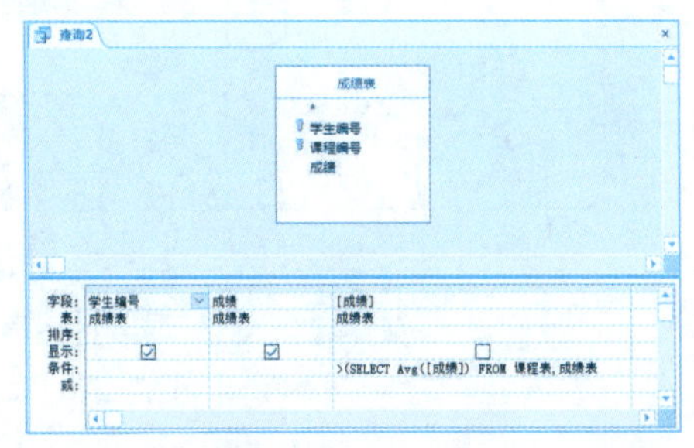

图 3-56　设计视图下对应 SQL 查询的设置结果

同样，在查询设计视图下设置的查询切换到 SQL 视图下能看到相应的 SQL 设计语句。利用这种方法，可以帮助用户灵活设计或修改查询条件。

自我测评

下列查询均在“项目二”的“自我测评”中创建的数据库“商品管理系统”中进行创建。为了能更好地体验查询效果，请自行在数据表中添加实验数据。

1．使用“简单查询向导”在“商品表”中查询所有商品信息。

2．使用“查找重复项查询向导”在“销售表”中查询销售数量相同的销售记录信息。

3．使用“查找不匹配项查询向导”查找还没有销售记录的商品。

4．使用“交叉表查询向导”或查询设计视图统计各类商品的年度的销售总数。行标题为“商品名称”，列标题为“年”，交叉点的统计项为“销售数量”求和。

（以下题目请用查询“设计视图”和 SQL 查询语句两种方式实现）

5．统计所有商品种类的数量。

6．查询所有 2 月份销售的商品信息，并按照销售时间降序排列。要求显示字段为“商品编号”、“商品名称”和“销售时间”。

7．查询统计不同商品的销售总数。要求显示字段为“商品编号”、“商品名称”和“销售量总和”。

8．查询统计商品销售总数为 3 以下的商品。要求显示字段为“商品编号”、“商品名称”和“销售量总和”。

9．查询 2017 年销售量最高的前两条商品记录。要求显示字段为“商品编号”、“商品名称”和“销售数量”。

10．向“商品表”中追加一条商品记录。

11．将商品名称为“电视机”的商品的价格增加 500 元。

12．删除销售数量小于 3 的商品销售记录。

13．查询没有销售记录的商品资料。

项目四
创建学生管理系统窗体

课前学习工作页

1. 上网查阅有关 Access 2016 数据库窗体的资料，回答下列问题：

① 什么是窗体？

② 窗体有什么样的作用？

2. 扫描二维码观看视频 4-1，并完成下列题目：

① 在 Access 2016 中，窗体的类型有几种？分别是什么？

② 窗体视图方式有几种？

③ 窗体中可以存储数据吗？为什么？

视频 4-1　窗体类型、视图的介绍

课堂学习任务

1. 根据已经创建好的数据库和表（如果没有数据，请自行添加），建立三个窗体：学生表窗体、课程表窗体、成绩表窗体，实现数据的绑定与不同表中数据的关联。

三个窗体中要包含以下信息：

学生表窗体：显示学生的个人信息和该学生的相关科目的成绩，字段有学生编号、姓名、班级、所学科目的成绩。

课程表窗体：显示课程表中的全部信息。

成绩表窗体：实现学生表、课程表和成绩表相关联，显示每个学生每门课程的成绩，字段有学生编号、姓名、班级、课程名称、成绩。

2. 可以实现通过窗体对相关表中的数据进行修改、删除等操作。

学习目标与重点难点

学习目标	了解 Access 2016 中窗体的构成与作用 掌握利用向导创建窗体的方法 掌握在设计视图中设计和修饰窗体的方法 掌握在窗体中如何使用各控件 掌握窗体与控件的属性的设置以及事件的设计方法
重点难点	掌握创建窗体的方法，可以熟练使用多种常用控件设计窗体（重点） 准确使用窗体和控件的属性和功能（难点）

任务一　认识窗体

Access 2016 中，窗体是人机交互的一个重要接口，也是功能最强的对象之一。用户可以通过使用窗体实现数据的使用维护和控制应用程序流程等人机交互的功能。窗体的基本知识包括：窗体的基本概念、构成、类型、视图等。

一、窗体概述

窗体主要用于在数据库中输入和显示数据的数据库对象，也可以将窗体用作切换面板打开数据库中的其他窗体和报表，或者用作自定义对话框接受用户的输入及根据输入执行相应操作。

在 Access 2016 中，窗体具有可视化的设计风格，由于使用了数据库引擎机制，可将数据表捆绑于窗体。由于窗体的功能与数据库中的数据密切相关，因此在建立一个窗体时，往往需要指定与该窗体相关的表或查询对象，也就是需要指定窗体的记录源。

而在窗体的记录源中，可以是表或查询对象，还可以是一个 SQL 语句，因此窗体中显示的数据将来自记录源指定的基础表或查询。

在窗体中，通常需要使用各种窗体元素，如标签、文本框、选项按钮、复选框、命令按钮、图片框等，在专业术语上把这些窗体元素称为控件。

二、窗体的构成

窗体的构成通常包括窗体页眉、页面页眉、主体、页面页脚和窗体页脚 5 个部分，每个部分称为窗体的一个节。窗体中的信息可以分布在多个节中。其中，除主体节外，其他节可通过设置确定有或无，但所有窗体必有主窗体，如图 4-1 所示。

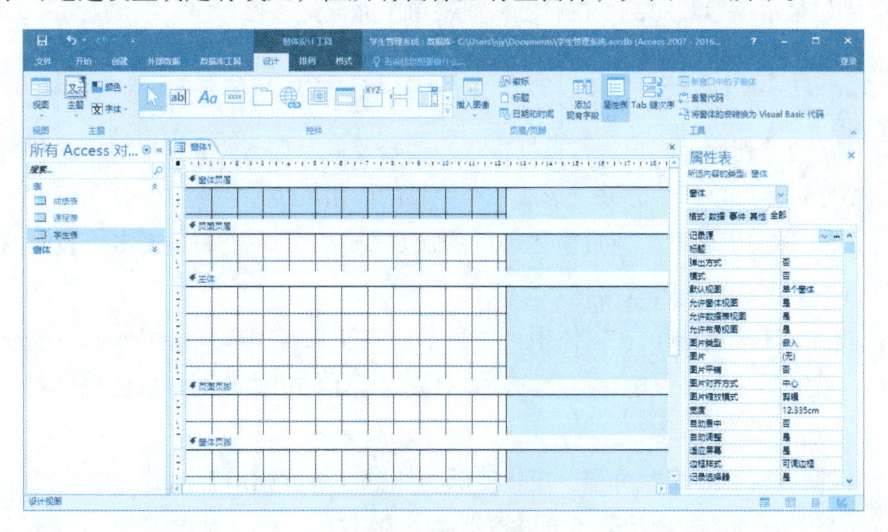

图 4-1　窗体的构成

窗体各节的分界横条被称为节选择器，单击横条可以选定节，上下拖动横条可以调整节的高度。

1. 各节的作用

（1）窗体页眉节

窗体页眉节位于窗体的顶部位置，一般用于显示窗体标题。

（2）页面页眉节

页面页眉节只应用于打印的窗体上，在每个打印页的顶部显示诸如标题或标题列等信息，页面页眉只出现在打印预览中或打印页纸上。

（3）主体节

主体节是窗体的主要部分，绝大多数的控件及信息都出现在主体节中，通常情况下用来显示数据记录,且可以显示尽可能多的记录,是数据库系统数据处理的主要工作界面。

（4）页面页脚节

页面页脚节用于设置窗体在打印时的页脚信息。即在每个打印页的底部显示诸如日期或页码等信息。页面页脚只出现在打印预览中或打印页纸上。

（5）窗体页脚节

窗体页脚节功能与窗体页眉基本相同，位于窗体底部。一般用于显示命令按钮或有关使用窗体的操作说明。打印时，窗体页脚出现在最后一个打印页的最后一个主体节之后，最后一个打印页的页面页脚之前。

2. 节的显示 / 隐藏

除主体节外，其他 4 个节都可以隐藏，但窗体页眉和窗体页脚、页面页眉和页面页脚是成对显示或隐藏的，可在右键快捷菜单中完成这一操作。

三、窗体的作用

窗体的主要作用是用户进行数据输入、编辑及显示数据的数据库对象。利用窗体可以将整个应用程序组织起来，形成一个完整的应用系统。

① 输入和编辑数据。通过窗体可以清晰直观地显示一个表或者多个表中的数据记录，并对数据进行输入或编辑。

② 显示和打印数据。在窗体中可以显示或打印来自一个或多个数据表或查询中的数据，可以显示警告或解释信息。窗体中数据显示的格式相对于数据表更加自由和灵活。

③ 控制应用程序执行流程。窗体能够与函数、过程相结合，通过编写宏或 VBA 代码完成各种复杂的处理功能，可以控制程序的执行。

四、窗体的类型

Access 窗体有多种分类方法，通常按功能、数据的显示方式和显示关系进行分类。其中，按功能可将窗体划分为以下四类：

① 数据操作窗体：主要用来对表或查询进行显示、浏览、输入、修改等操作。数据操作窗体又根据数据组织和表现形式的不同分为单窗体、数据表窗体、分割窗体、多项目窗体、数据透视表窗体和数据透视图窗体，如图 4–2 所示。

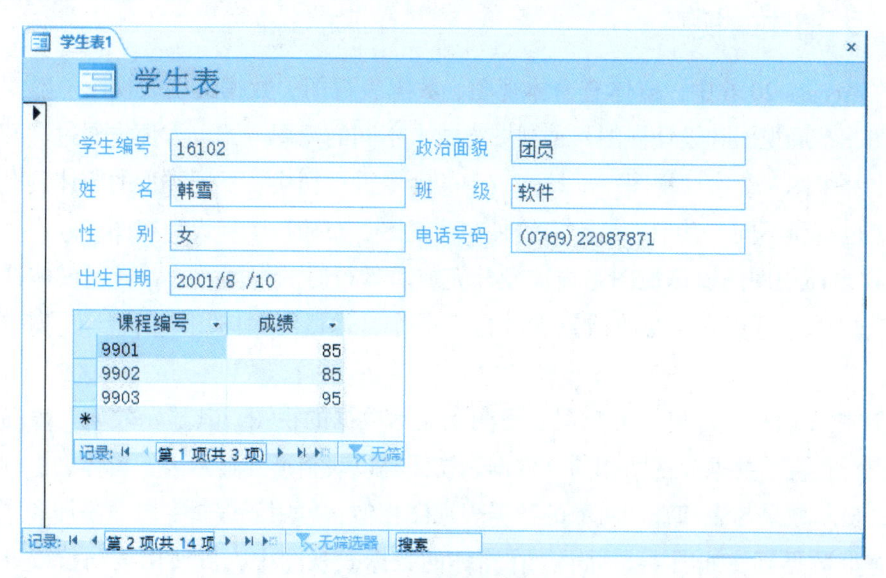

图 4–2　数据操作窗体

② 控制窗体：主要用来操作、控制程序的运行，通过选项卡、按钮、选项按钮等控件对象响应用户请求，如图 4–3 所示。

③ 信息显示窗体：主要用来显示信息，以数值或者图表的形式显示信息，如图 4–4 所示。

图 4–3　控制窗体

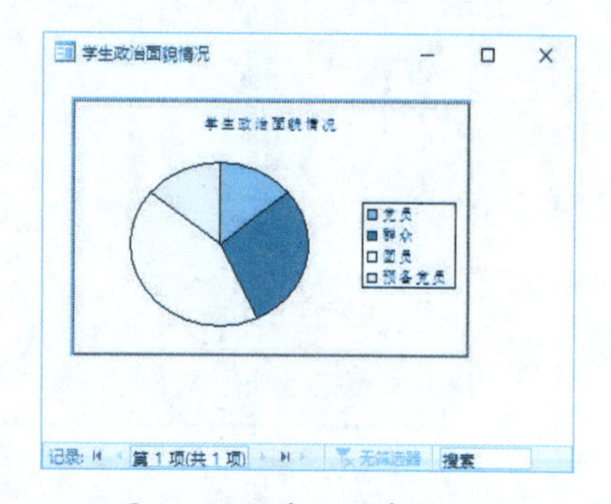

图 4–4　信息显示窗体

④ 交互信息窗体：可以是用户定义的，也可以是系统自动产生的。由用户定义的各种信息交互式窗体可以接受用户输入、显示系统运行结果等，如图 4-5 所示。由系统自动产生的信息交互式窗体通常显示各种警告、提示信息、如数据输入违反有效性规则时弹出的警告。

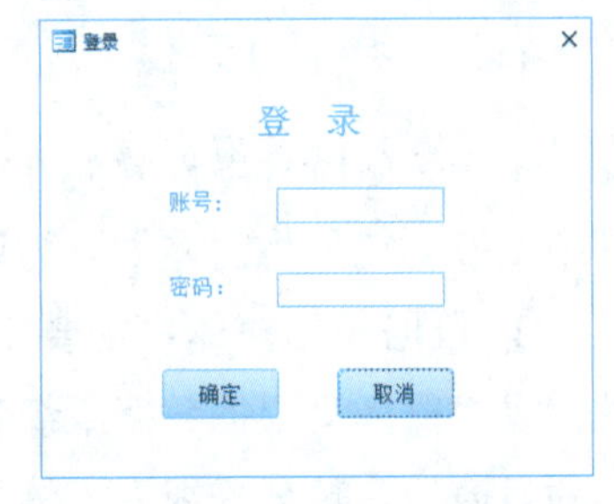

图 4-5　交互信息窗体

五、窗体的视图

在 Access 2016 中，窗体有窗体视图、数据表视图、数据透视表视图、数据透视图视图、布局视图和设计视图六种视图方式。不同的视图方式可方便地通过“开始”选项卡“视图”组中“视图”下拉列表中的命令进行切换。不同类型的窗体具有的视图类型也有所不同。其中，最常用的是窗体视图、布局视图和设计视图。

① 窗体视图。窗体视图是窗体设计完成后运行时的视图方式，通过窗体视图可以对数据库进行输入、修改或查看数据等操作，是最终面向用户的视图，如图 4-2 所示。

② 数据表视图。窗体的数据表视图是显示数据的视图，其显示效果与表的数据表视图、查询的数据表视图相同。数据表视图是以表格形式显示表、窗体、查询中的数据，显示效果与表和查询对象的数据表视图相似，可用于编辑字段、添加和删除数据、查询数据等，如图 4-6 所示。在窗体的数据表视图中，可使用滚动条或导航按钮浏览记录，其方法与表和查询的数据视图中浏览记录的方法相同。

学生表

学生编号	姓名	性别	出生日期	政治面貌	班级	电话号码	单击以添加
16101	李阿发	男	2001/11/20	团员	软件	(0769) 22088787	
16102	韩雪	女	2001/8 /10	团员	软件	(0769) 22087871	
16103	赵晓晓	女	2002/7 /22	团员	软件	(0769) 22045784	
16104	刘志平	男	2002/12/1	预备党员	软件	(0769) 22062147	
16105	陈培聪	男	2001/9 /13	党员	软件	(0769) 22033658	
16201	陈丹	女	2001/12/16	预备党员	信息	(0769) 22088223	
16202	韩小东	男	2002/8 /20	团员	信息	(0769) 22066992	
16203	张于	男	2001/8 /21	团员	信息	(0769) 22055455	
16204	陈好	女	2001/9 /22	群众	信息	(0769) 22088998	
16205	白小文	男	2001/2 /20	群众	信息	(0769) 22094561	
16206	张娥若	女	2000/3 /4	群众	信息	(0769) 22033321	
16301	韩可生	男	2000/2 /9	党员	网络	(0769) 22030104	
16302	王李敏	女	2001/8 /16	团员	网络	(0769) 22050506	
16303	赵燕君	女	2001/4 /9	群众	网络	(0769) 22063154	
*		男					

记录: 第 1 项(共 14 项) 无筛选器 搜索　数字

图 4-6　窗体的数据表视图

③ 数据透视表视图。在数据透视表视图中，可以动态地更改窗体的版面，从而以各种不同的方法分析数据，可以重新排列行标题、列标题和筛选字段，直到形成所

需的版面布置为止。每次改变版面布置时，窗体会立即按照新的布置重新计算数据。可以查看明细数据或汇总数据。

④ 数据透视图视图。使用“Office Chart 组件”帮助用户创建动态的交互式图表。在数据透视图视图中，将表中的数据和汇总数据以图形化的方式直接显示出来，如图 4-4 所示。

⑤ 布局视图。在 Access 2016 中，新增了布局视图，它比设计视图更加直观，在设计的同时可以查看数据，主要用于调整和修改窗体设计。在布局视图中，窗体中每个控件都显示了记录源中的数据，窗体的布局视图界面与窗体视图界面几乎一样，区别仅在于布局视图中各控件的位置是可以移动的，但不能添加控件。切换到布局视图后，可以看到窗体中的控件四周被虚线围住，表示这些控件是可以调整位置和大小的，因此在布局视图中可以更加方便地根据实际数据调整控件的大小、位置等，如图 4-7 所示。

⑥ 设计视图。设计视图用于创建和修改窗体的视图，也是构建窗体的最主要的方式。在设计视图中，不仅可以创建窗体，还可以调整窗体的版面布局，在窗体中添加控件、设置数据来源等，如图 4-8 所示。

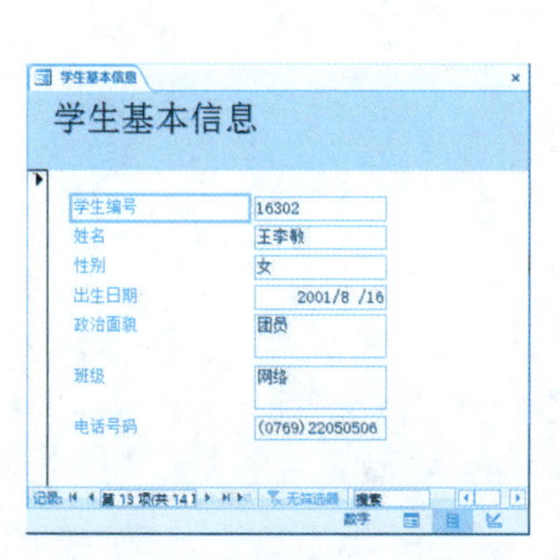

图 4-7　窗体的布局视图

图 4-8　窗体的设计视图

任务二　创建窗体

在 Access 2016 中，创建窗体有两种途径：一种是在窗体的设计视图中通过手工方式创建；另一种是通过使用 Access 提供的向导快速创建。

一、自动创建窗体

Access 2016 中为自动创建窗体提供了多种方法。它们的基本步骤都是通过先打开或选定一个表或者查询，然后再选用具体的一种自动创建窗体的工具来创建窗体。

1. “窗体”选项

使用“窗体”选项创建窗体，其数据源来自某个表或者某个查询，窗体布局结构整齐。这种方法创建的窗体是一种显示单个记录的窗体。

例 4.1　使用“窗体”按钮创建“学生表”窗体。

操作步骤：

① 打开学生管理系统数据库，在导航窗格中选中作为窗体数据源的“学生表”。

② 在“创建”选项卡的“窗体”组中单击“窗体”按钮，系统自动创建学生表窗体，如图 4-9 所示。

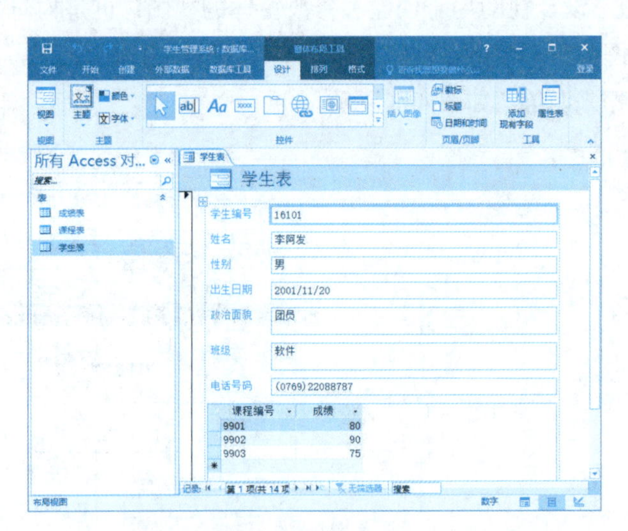

图 4-9　使用“窗体”按钮创建的“学生表”窗体

2. “多个项目”选项

“多个项目”即在窗体上显示多个记录的一种窗体布局形式。

例 4.2　使用“多个项目”选项创建“学生表”窗体。

操作步骤：

① 在导航窗格中选中“学生表”。

② 在“创建”选项卡的“窗体”组中单击“其他窗体”按钮，在弹出的菜单中选择“多个项目”命令，系统自动生成相应的学生表窗体，如图 4-10 所示。

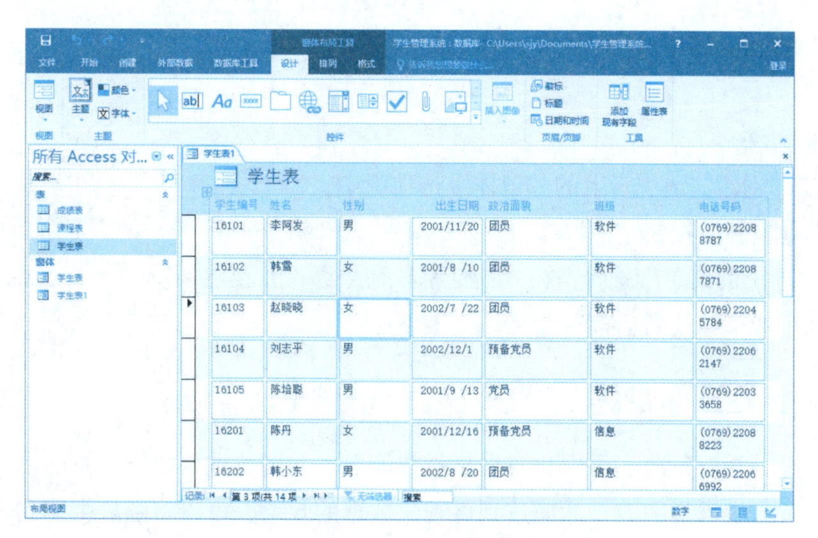

图 4-10　使用“多个项目”选项创建的“学生表”窗体

3. “分割窗体”选项

“分割窗体”用于创建一种具有两种布局形式的窗体，窗体上方是单一记录纵栏式布局方式，窗体下方是多个数据表布局方式，这种分割窗体为浏览记录提供了方便，既可宏观上浏览多条记录，又可微观上浏览一条记录明细。

例 4.3　“分割窗体”选项创建“课程表”窗体。

操作步骤：

① 在左侧的导航空格中选中“课程表”。

② 在“创建”选项卡的“窗体”选项组中，单击“其他窗体”按钮，在弹出的菜单中选择“分割窗体”命令，系统自动生成分割效果的窗体，如图 4-11 所示。

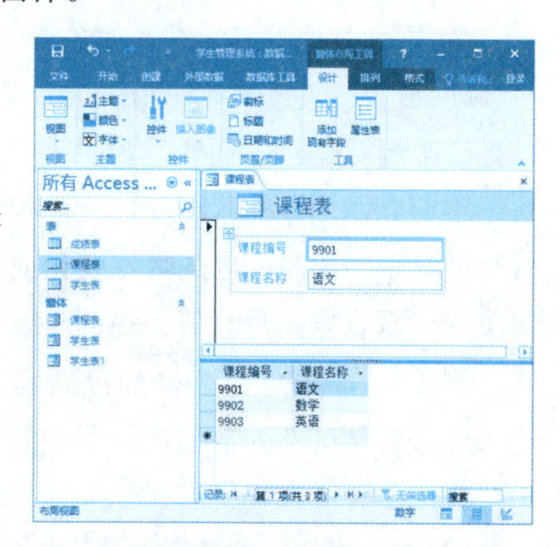

图 4-11　使用“分割窗体”选项创建的“课程表”窗体

这种窗体多用于数据表中记录较多，又需要浏览某一条记录的明细情况。

4. “模式对话框”选项

“模式对话框”选项是一种用于创建模式对话框窗体的工具。这种形式的窗体是一种交互信息窗体，带有“确定”和“取消”两个按钮。这类窗体的特点是其运行方式是独占的，即在退出窗体之前本对话框不能再打开或操作其他数据库对象。

例 4.4　创建一个如图 4-12 所示的模式对话框窗体。

操作步骤：

① 在“创建”选项卡上的“窗体”选项组中，单击“其他窗体”按钮。

② 在弹出的菜单中选择“模式对话框”命令，系统自动生成“模式对话框”窗体。

图 4-12　使用“模式对话框”选项创建的窗体

二、创建图表窗体

图表是一种以紧凑、可视化布局显示数值数据并揭露重要数据关系的图形。可以向窗体或者报表添加图表，从而达到可视化数据的效果。可以将图表绑定到表或查询中，以及自定义带有各种属性的图表。甚至还可以使图表具有交互性。例如，如果在窗体或报表筛选器上选择不同的类别字段，可看到不同的图表值。在 Access2016 中共有 20 种图表可供选择，常用的图表有柱形图、折线图、条形图、饼图和组合图等。

在 Access 中，创建图表的基本步骤可分为四步：

① 将图表绑定到数据源，如表或查询。

② 将字段映射到图表维度，后者是图表的主要元素。坐标轴 (类别)、图例 (系列) 和值 (Y 轴) 维度，根据图表类型以不同方式布局。

③ 添加其他图表元素，如数据标签和趋势线，这样以增强和阐明图表。

④ 设置图表及其各种元素的格式。此外，还可设置各个数据系列的格式，它们是与图表图例对应的柱形图、条形图、折线图或饼图扇区中的一组值。

下面介绍创建柱状图窗体。柱状图是一种特殊的表，用于进行数据计算和分析。柱形图显示一段时间内的数据变化或者图示项目之间的比较情况。柱形图的水平方向是类别，垂直方向是数值，强调时间方向上的变化。

例 4.5　以“学生表”为数据源，创建一个可以统计出各班男女生分布情况及人数的统计图表的窗体。

操作步骤（扫码观看视频 4-2）：

视频 4-2　创建图表控件

① 在左侧的导航窗格中单击选中“学生表”。

② 在“创建”选项卡上的“窗体”组中单击“窗体设计”按钮，创建一个新的窗体。

③ 在“窗体设计工具 | 设计”选项卡“控件”组中选择“标签”控件。将其放置在新创建的窗体上方，设置内容为“各班男女生分布情况统计图”，如图 4-13 所示。

④ 选中“各班男女生分布情况统计图”标签，选择“工具”组中的“属性表”按钮，打开该标签的“属性表”界面，如图 4-14 所示。

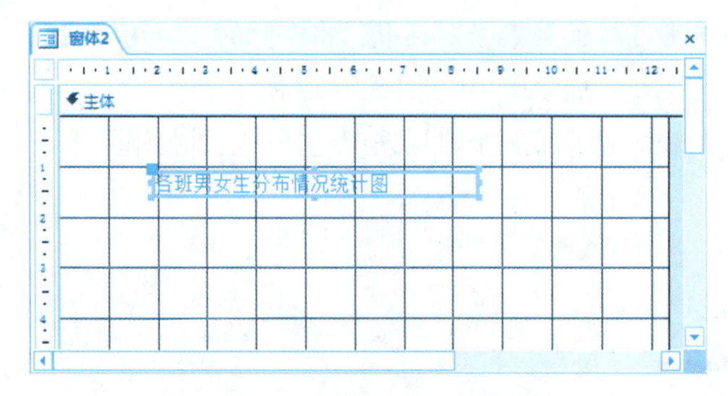

图 4-13　添加“各班男女生分布情况统计图”标签

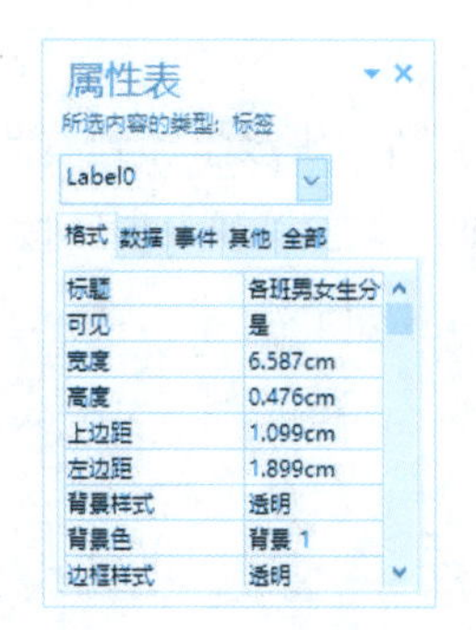

图 4-14　“各班男女生分布情况统计图”标签属性表

⑤ 在“属性表”界面为“各班男女生分布情况统计图”标签的以下格式：字体为楷体，字号为 20，字体粗细为加粗，字体颜色为标准色红色，如图 4-15 所示。

图 4-15　“各班男女生分布情况统计图”标签字体格式设置

⑥ 在“控件”组中选择“图表”控件，将其放置在新创建的窗体上，同时打开了图表向导的第一个对话框，在其中选择“学生表”，其他默认，如图 4-16 所示。

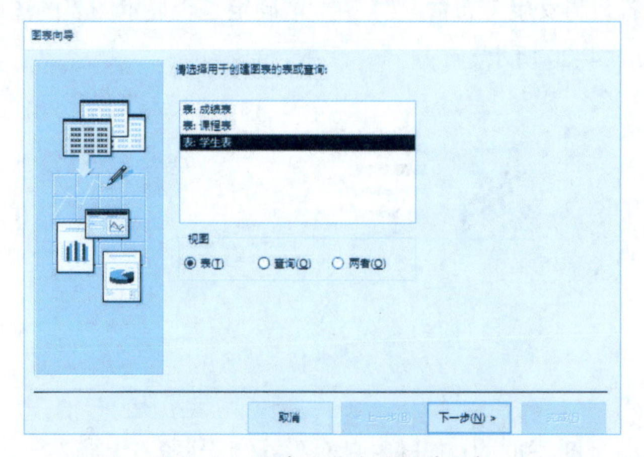

图 4-16　图表向导中选择学生表

⑦ 单击“下一步”按钮，在图表向导的第二个对话框，将左侧的“可用字段”中的性别和班级添加到右侧的“用于图表的字段”中，如图 4–17 所示。

⑧ 单击“下一步”按钮，在图表向导的第三个对话框中选择“三维柱形图”，如图 4–18 所示。

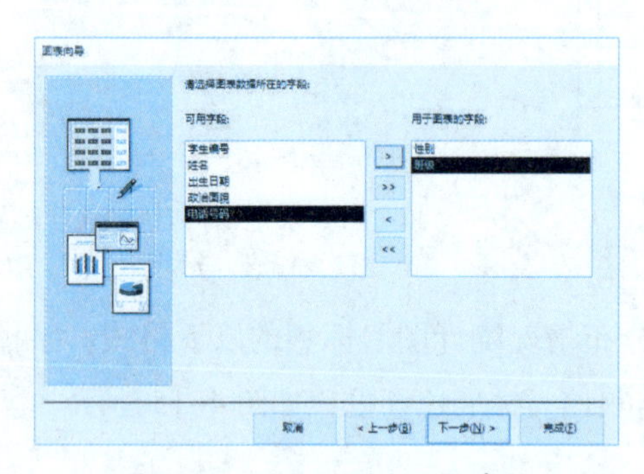

图 4–17　添加性别和班级字段

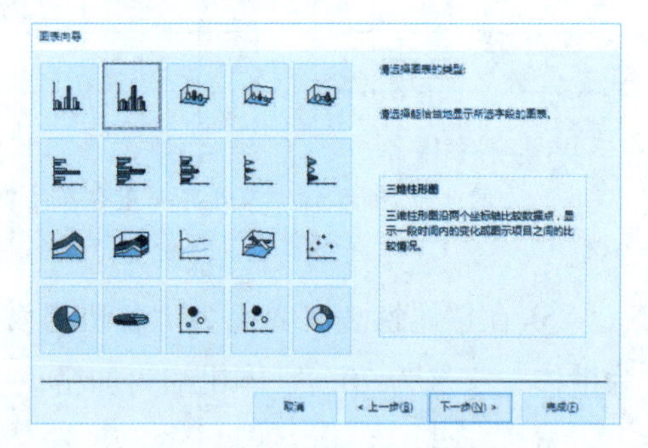

图 4–18　选择“三维柱形图”

⑨ 单击“下一步”按钮，在图表向导的第四个对话框中设置布局方式。此选项可改变数据的汇总方式。此处选择默认方式，如图 4–19 所示。

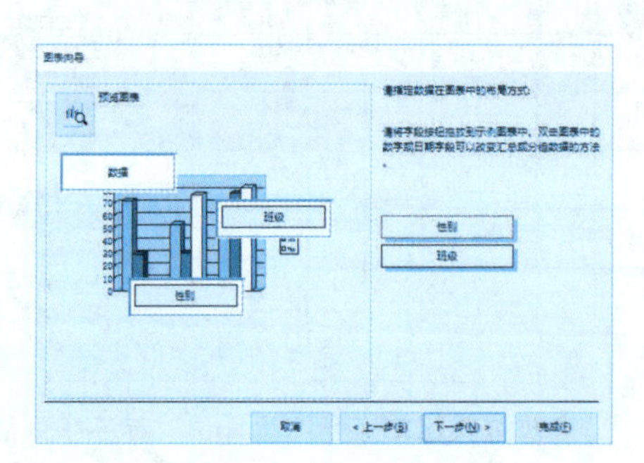

图 4–19　设置数据在图表中在布局方式

⑩ 单击“下一步”按钮，打开图表向导的最后一个对话框，在“请指定图表的标题”文本框内输入“各班男女生分布情况”，在“请确定是否显示图表的图例”中选择“是，显示图例”，如图 4–20 所示。

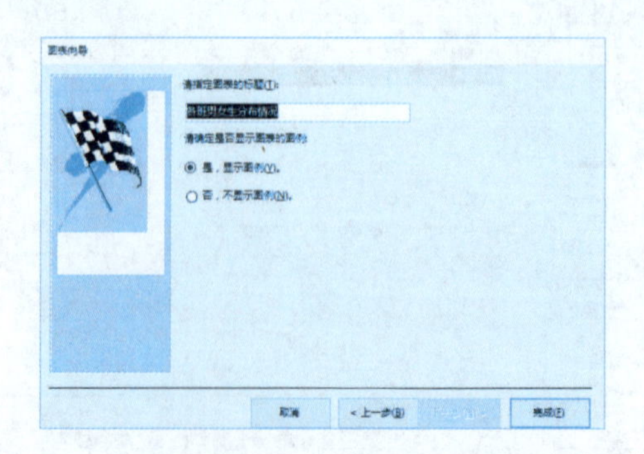

图 4–20　指定图表标题为“各班男女生分布情况”

⑪ 单击“完成”按钮。单击右下角的▤，切换到“窗体视图”查看效果，如图 4–21 所示。

⑫ 如果显示效果不符合最终要求，可以再做修改，这里我们将“班级”与“性别”互换。双击图表进入图表的编辑窗体，如图 4–22 所示。

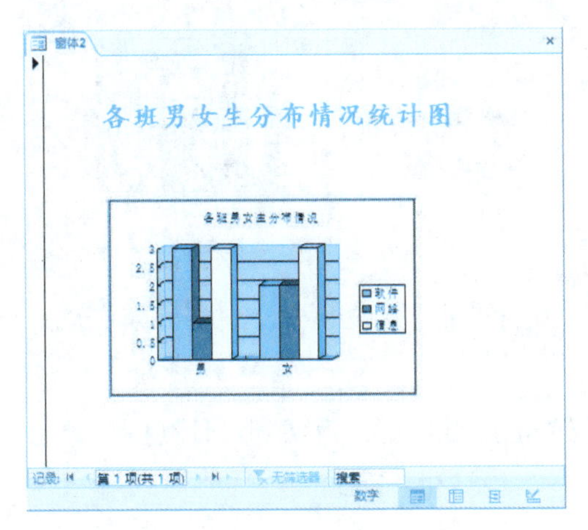

图 4–21　“各班男女生分布情况”统计图初步效果

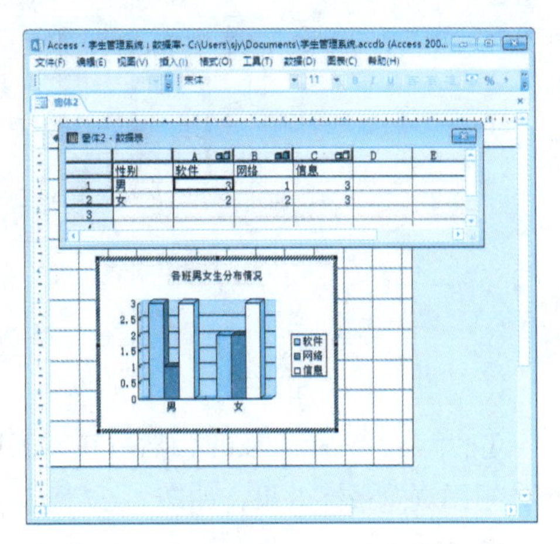

图 4–22　设置“各班男女生分布情况”统计图

⑬ 关闭“窗体 2– 数据表”，单击“数据”菜单，在弹出的列表中选择“行中系列”，如图 4–23 所示。可以看到数据系列已经交换。行为班级，图例为性别。

⑭ 在图表空白区右击弹出快捷菜单，选择“图表选项”，如图 4–24 所示。

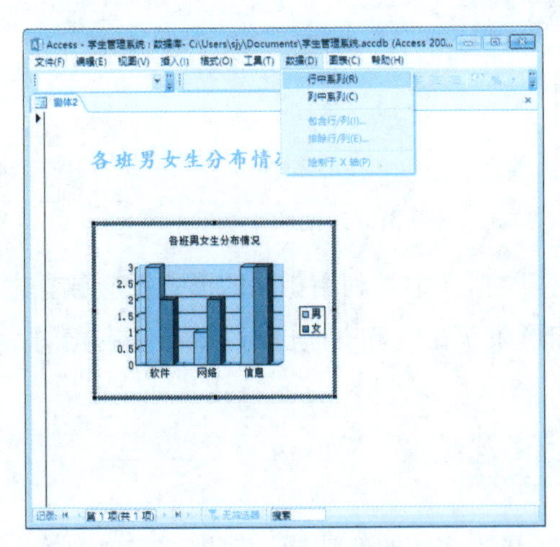

图 4–23　设置“行中系列”

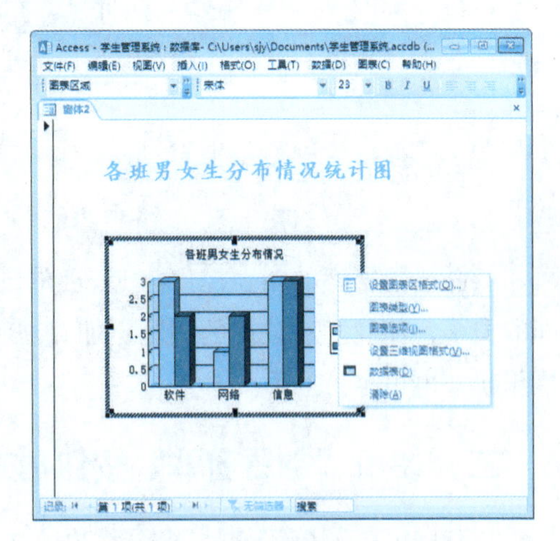

图 4–24　选择“图表选项”

⑮ 在弹出的“图表选项”对话框中选择“图例”选项卡，设置图例为“靠下”位置，如图 4–25 所示。

⑯ 选择“数据标签”选项卡，设置“标签包括”系列名称和值，分隔符选择“（新

行）”，如图 4-26 所示。

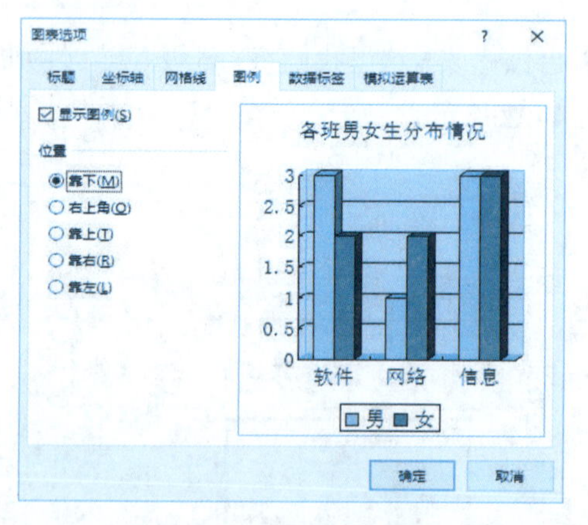

图 4-25　设置图例“靠下”

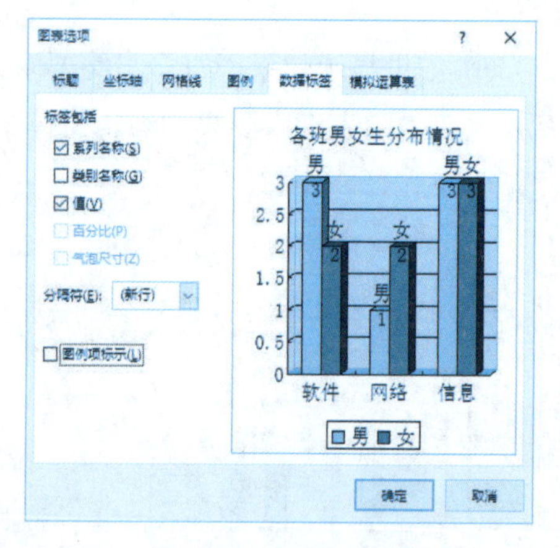

图 4-26　设置“标签”

⑰ 单击“确定”按钮，然后在图表区以外的区域单击，返回到设计视图，单击窗体视图浏览最终效果，如图 4-27 所示。

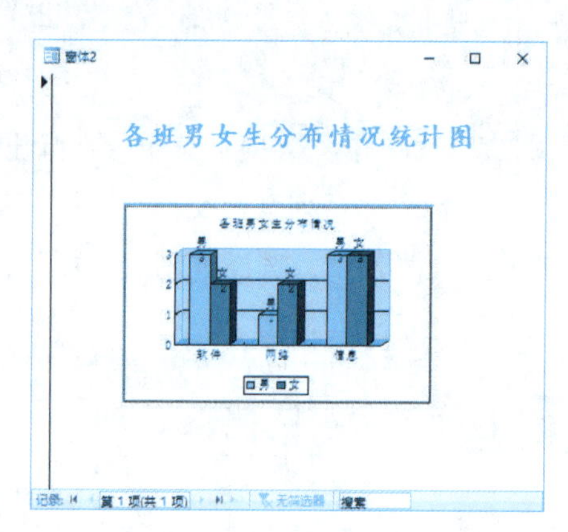

图 4-27　“各班男女生分布情况”统计图最终效果

Access 数据库的图表控件与 Excel 的图表类似，也是利用相同的形式反应数据之间的关系，使我们对数据的浏览更加直观和形象。在设置方面也与 Excel 基本相同，操作起来也很容易上手。

三、使用“空白窗体”按钮创建窗体

“空白窗体”按钮是从 Access 2010 版本开始增加的新功能。使用“空白窗体”按钮创建窗体是在布局视图中创建数据报表窗体。在使用“空白窗体”按钮创建窗体的同时，Access 打开用于窗体的数据源表，用户可根据需要将表中的字段拖动到窗体上，也可以通过“窗体布局工具 | 设计”选项卡“控件”组中的控件完成创建窗体的工作。

例 4.6　使用“空白窗体”按钮创建显示“学生编号”、“姓名”、“出生日期”

和“政治面貌”的窗体。

视频 4-3　使用“空白窗体”按钮创建窗体

操作步骤（扫码观看视频 4-3）：

① 在“创建”选项卡的“窗体”组中单击“空白窗体”按钮，打开空白窗体，同时打开“字段列表”窗格，如图 4-28 所示。

② 单击“字段列表”窗格中的“显示所有表”超链接，打开“仅显示当前记录源中的字段”界面。

③ 单击“学生表”左侧的 ⊞ 图标，展开“学生表”所包含的所有字段，如图 4-29 所示。

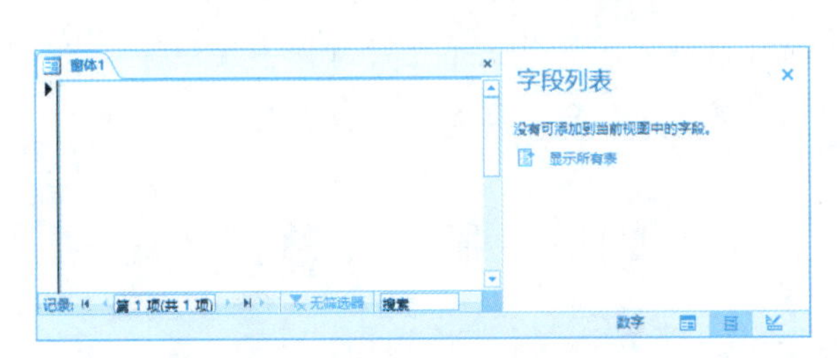

图 4-28　空白窗口与字段列表窗格

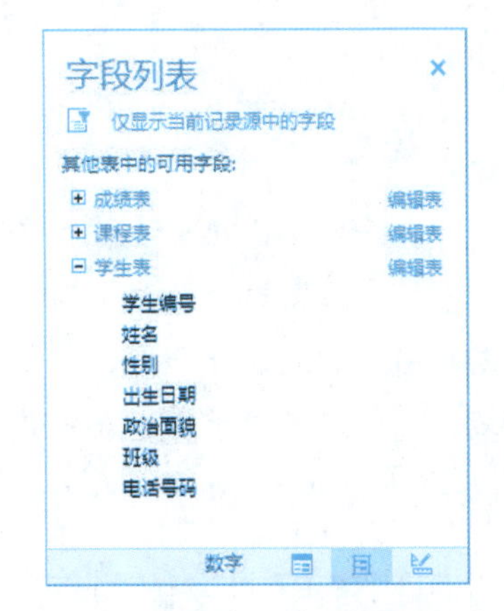

图 4-29　字段列表“学生表”展开窗格

④ 依次双击“字段列表”窗格中“学生表”的“学生编号”、“姓名”、“出生日期”和“政治面貌”字段，即可将这些字段添加到空白窗体中，且立即显示“学生表”中的第一条记录。同时，“字段列表”窗格的布局从原来的一个窗格变成了三个部分：“可用于此视图的字段”、“相关表中的可用字段”和“其他表中的可用字段”，如图 4-30 所示。

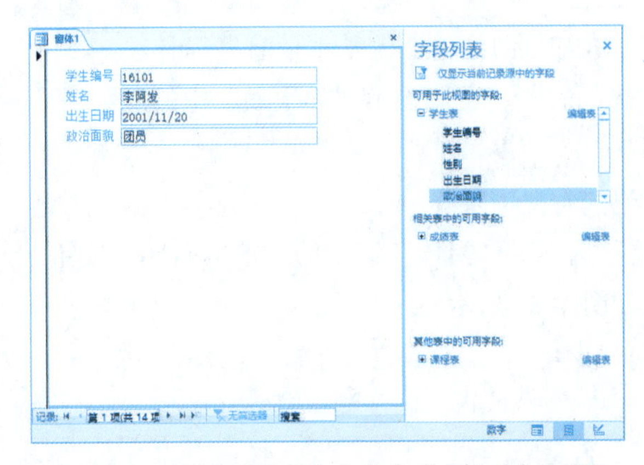

图 4-30　添加字段后的空白窗体“字段列表”窗格

⑤ 单击 × 按钮，关闭“字段列表”窗格，调整各控件在界面中的布局，按【Ctrl+S】组合键保存该窗体，弹出“另存为”对话框，在“窗体名称”文本框中输入“学生表-空白窗体”，单击“确定”按钮完成创建操作，如图 4-31 所示。

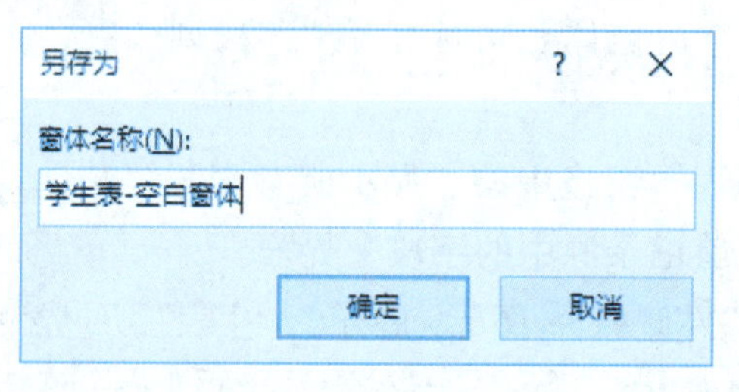

图 4-31 “另存为”对话框

小 贴 士

在导航窗格的窗体列表中找到“学生表-空白窗体”，双击即可打开。

“空白窗体”是快速构建窗体的另一种方式。单击【空白窗体】按钮将以布局视图的方式设计和修改窗体，如果创建的窗体中只需要显示数据表中的少量字段时，使用这种方法尤为合适。

四、使用“窗体向导”按钮创建窗体

使用“窗体”按钮、“其他窗体”按钮等虽然可以方便快捷地创建窗体，但是内容和形式都受到一定的限制，不能满足用户更为复杂的要求。使用“窗体向导”按钮创建的窗体可更为灵活、全面地控制数据来源和窗体格式。

视频 4-4 使用“窗体向导”创建“学生基本信息”窗体

1. 创建基于单个数据源的窗体

例 4.7 使用窗体向导创建“学生基本信息”窗体，要求窗体布局为“纵栏表”，窗体显示“学生表”中的所有字段。

操作步骤（扫码观看视频 4-4）：

① 单击“创建”选项卡“窗体”组中的“窗体向导”按钮，弹出“窗体向导”的第一个对话框，如图 4-32 所示。

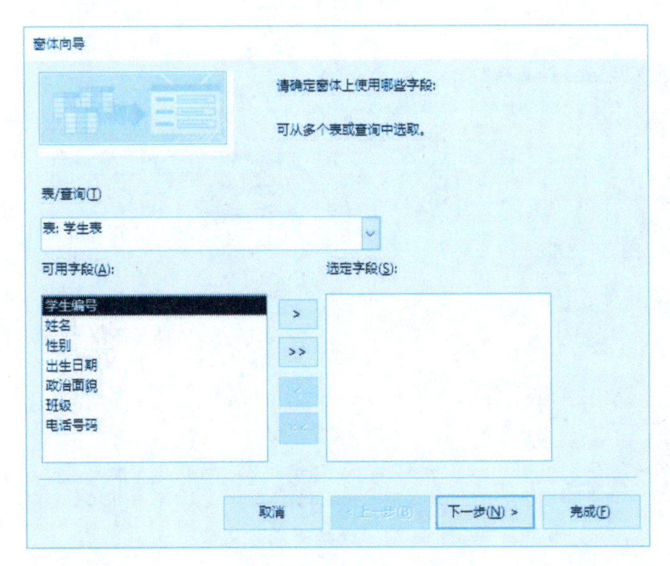

图 4-32　“窗体向导”对话框

② 在“表 / 查询”下拉列表中选择“学生表”，单击 » 按钮选择学生表中的所有字段，如图 4-33 所示。单击“下一步”按钮，进入“窗体向导”的第二个对话框。

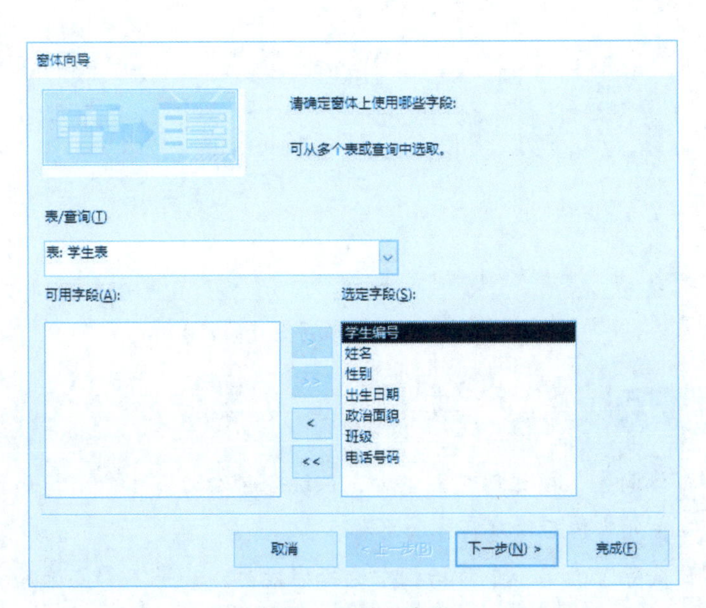

图 4-33　选定字段

③ 在界面右侧选中“纵栏表”单选按钮，以指定整个窗体所使用的布局，如图 4-34 所示。单击“下一步”按钮，进入“窗体向导”的最后一个对话框。

④ 在“请为窗体指定标题”文本框中输入“学生基本信息”，以指定窗体的名称，其他默认即可，单击“完成”按钮，可以看到新建的窗体，如图 4-35 所示。

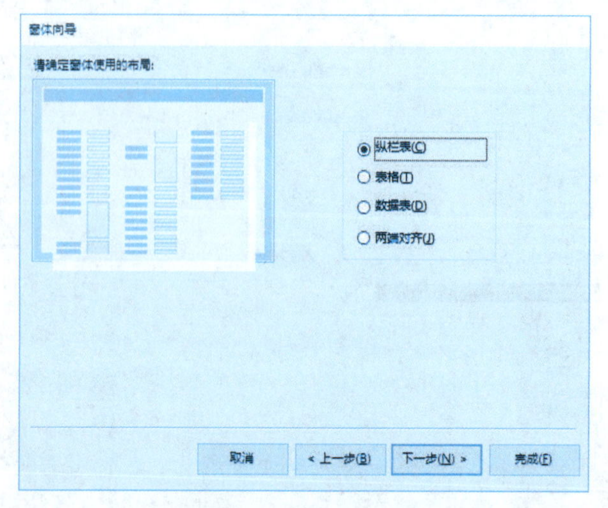

图 4-34　选择布局方式

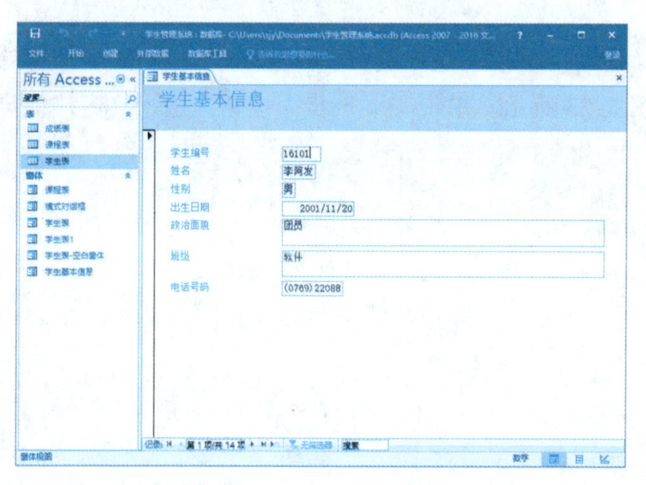

图 4-35　使用窗体向导创建的窗体

小贴士

使用“窗体向导”按钮创建窗体后，系统会自动为窗体命名，如果对此命名不满意，可在关闭窗体后修改窗体的名称。

在“窗体向导”的第一个对话框中选择字段时，如果不需要选择全部字段，可单个选中所需要的字段，单击 > 按钮逐个进行添加即可。

2. 创建基于多个数据源的窗体

窗体向导可从多个表或查询中获取数据，以此作为数据源创建窗体，这样的窗体称为主 / 子窗体。

例 4.8　使用窗体向导创建窗体，显示所有学生的“学生编号”、“姓名”、“班级”、“课程名称”和相应的成绩，窗体名称为“学生成绩”。

视频 4–5　使用“窗体向导”创建“学生成绩”窗体

操作步骤（扫码观看视频 4–5）：

① 单击“创建”选项卡“窗体”组中的“窗体向导”按钮，弹出“窗体向导”对话框。

② 在“表/查询”下拉列表中选择“学生表”，在“可用字段”列表框中会列出“学生表”中的所有字段，单击 > 按钮依次将“学生编号”、“姓名”和“班级”三个字段添加到“选定字段”列表框中，如图 4–36 所示。

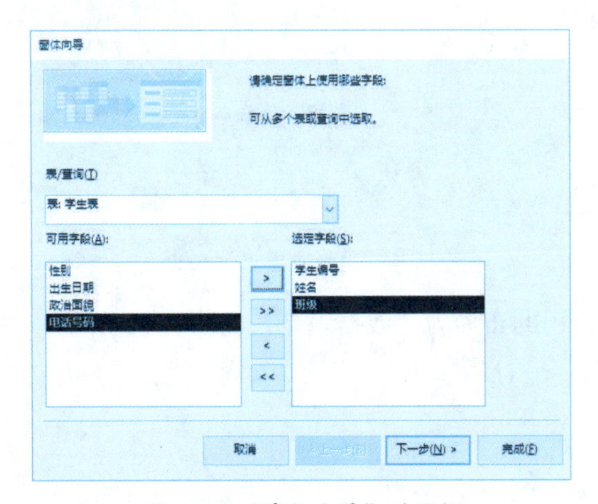

图 4–36　“窗体向导”对话框

③ 重复步骤②中的操作，将课程表中的“课程名称”字段、成绩表中的“成绩”字段添加到“选定字段”列表框中，如图 4–37 所示。单击“下一步”按钮进入“窗体向导”的第二个对话框。

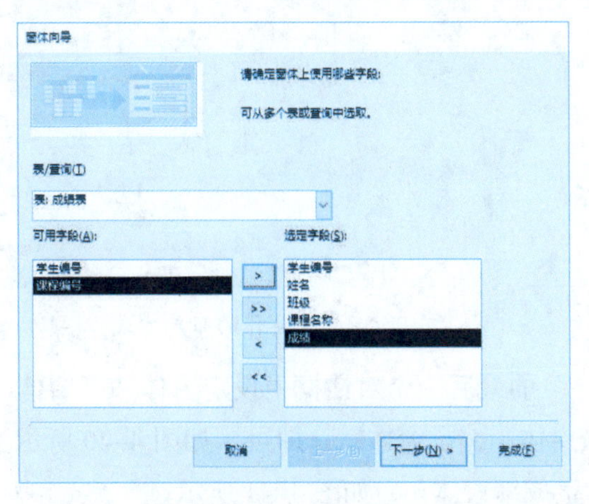

图 4–37　添加字段

④ 在“窗体向导”的第二个对话框中，选择“通过 学生表”，并选择“带有子窗体的窗体”单选按钮，如图 4–38 所示。单击“下一步”按钮，进入“窗体向导”的第三个对话框。

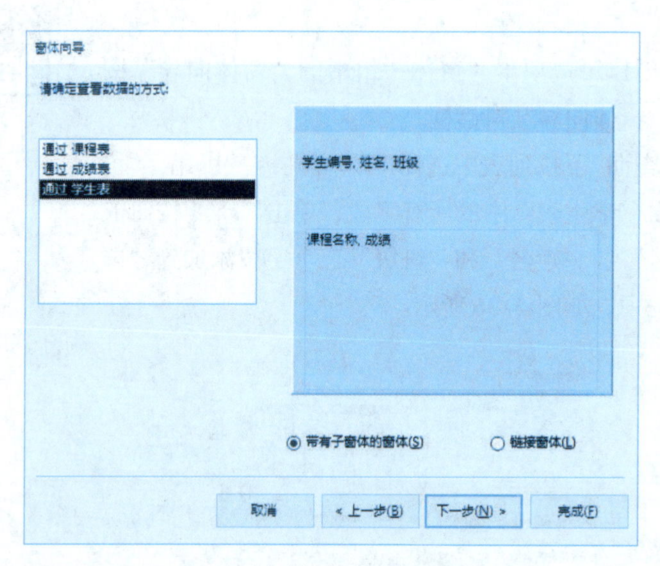

图 4–38　选择查看数据的方式

⑤ 选择子窗体使用的布局为“数据表”，如图 4–39 所示。单击“下一步”进入“窗体向导”的最后一个对话框。

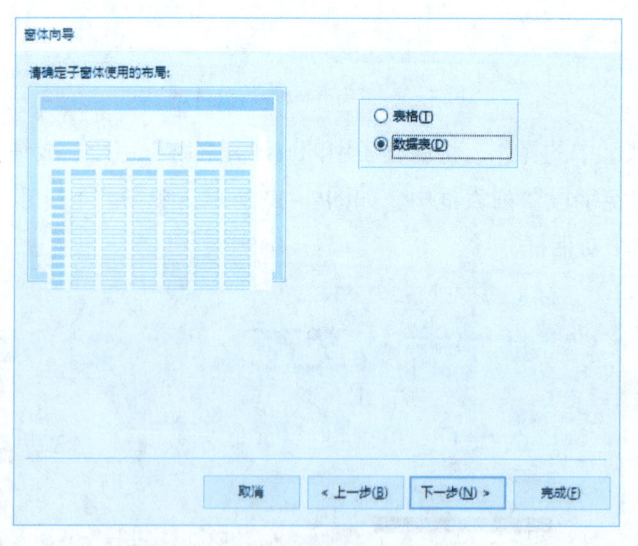

图 4–39　确定子窗体的布局方式

⑥ 在“窗体向导”的最后一个对话框中设定窗体和子窗体的名称，本例中窗体的名称为“学生成绩窗体”，子窗体默认即可，如图 4–40 所示。单击“完成”按钮即可得到创建的“学生成绩窗体”，如图 4–41 所示。

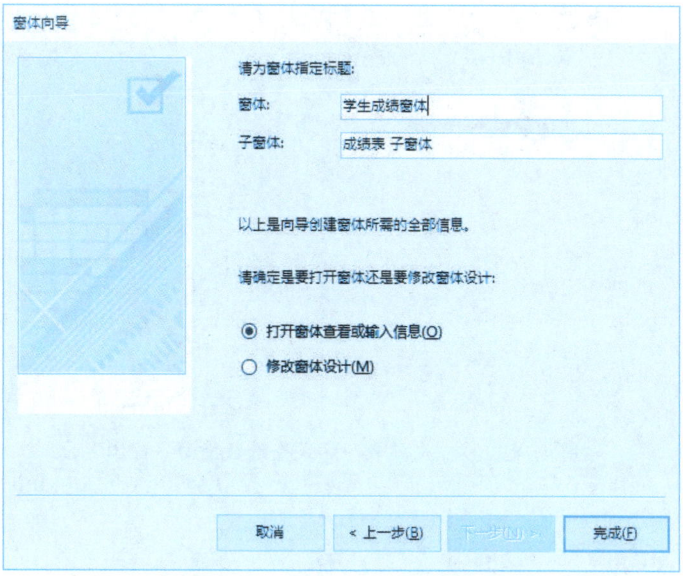

窗体向导
请为窗体指定标题:
窗体:
学生成绩窗体
子窗体:
成绩表 子窗体
以上是向导创建窗体所需的全部信息。
请确定是要打开窗体还是要修改窗体设计:
打开窗体查看或输入信息(O)
修改窗体设计(M)
取消
< 上一步(B)
下一步(N) >
完成(F)

图 4-40　指定窗体标题窗体

学生成绩窗体
学生成绩窗体
学生编号
16101
姓名
李阿发
班级
软件
成绩表
课程名称
成绩
语文
80
数学
90
英语
75
记录: 第 1 项(共 14 项
无筛选器
搜索

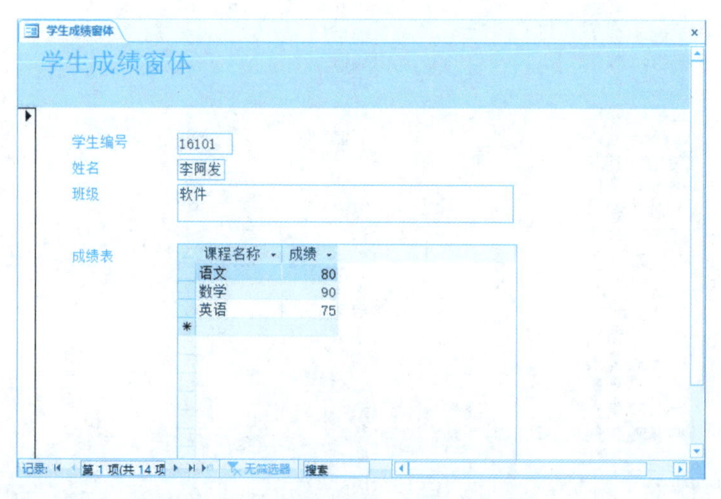

图 4-41　完成创建的学生成绩窗体

小贴士

此例中，数据源由三张表组成，且这三张表之间的关系为主从关系，因此，如果选择不同的数据查看方式，将会得到不同的窗体结构。如果在“窗体向导”的第二个对话框中（即图 4-38）选择“课程表”，则主窗体中将显示详细的课程信息，子窗体中显示选修本课程学生与选课成绩的信息。如果选择“成绩表”查看数据，将会创建一个单一窗体，如图 4-42 所示，该窗体将会显示三个数据源链接后产生的所有记录。创建结果如图 4-43 所示。

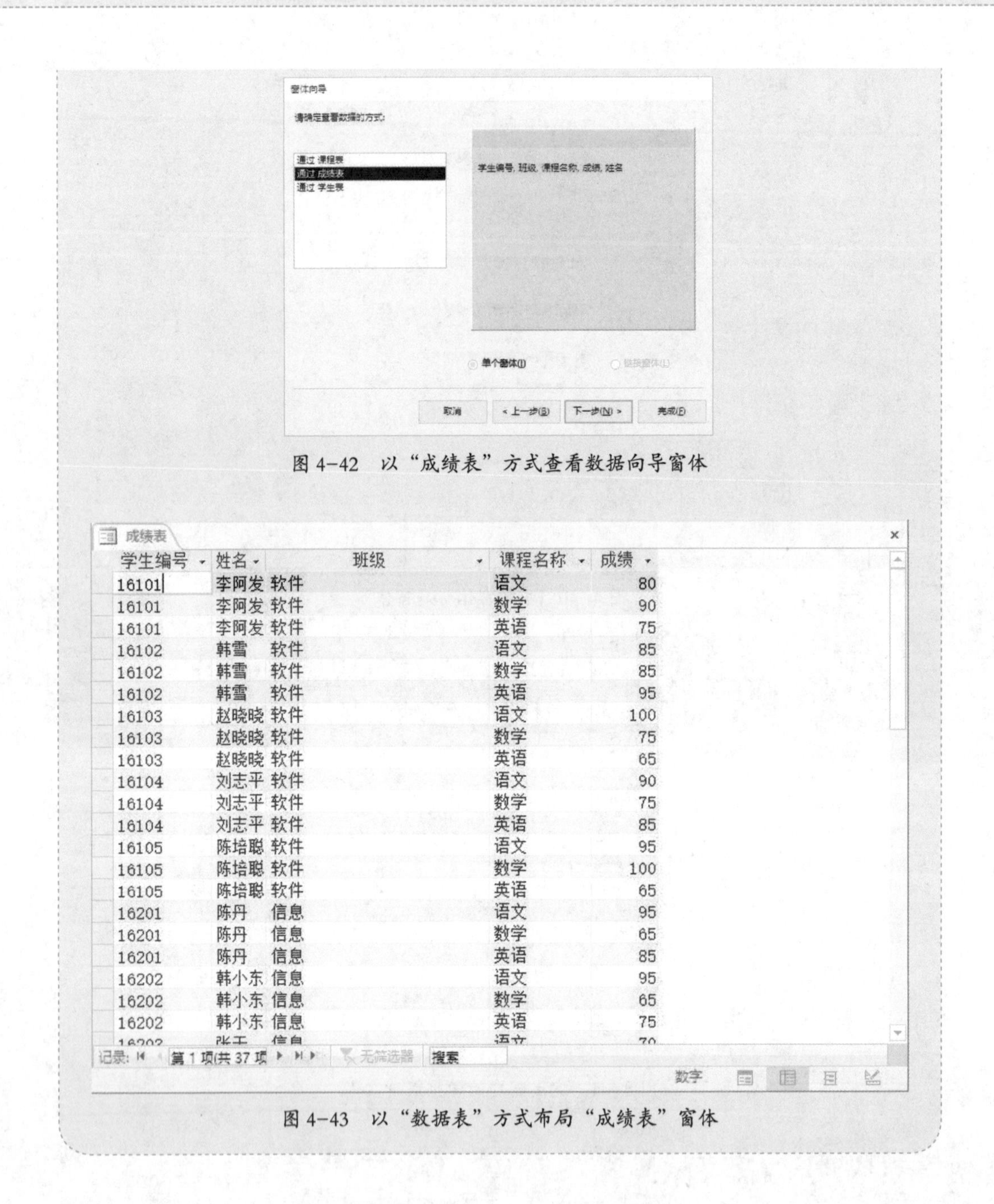

图 4-42　以“成绩表”方式查看数据向导窗体

学生编号	姓名	班级	课程名称	成绩
16101	李阿发	软件	语文	80
16101	李阿发	软件	数学	90
16101	李阿发	软件	英语	75
16102	韩雪	软件	语文	85
16102	韩雪	软件	数学	85
16102	韩雪	软件	英语	95
16103	赵晓晓	软件	语文	100
16103	赵晓晓	软件	数学	75
16103	赵晓晓	软件	英语	65
16104	刘志平	软件	语文	90
16104	刘志平	软件	数学	75
16104	刘志平	软件	英语	85
16105	陈培聪	软件	语文	95
16105	陈培聪	软件	数学	100
16105	陈培聪	软件	英语	65
16201	陈丹	信息	语文	95
16201	陈丹	信息	数学	65
16201	陈丹	信息	英语	85
16202	韩小东	信息	语文	95
16202	韩小东	信息	数学	65
16202	韩小东	信息	英语	75

图 4-43　以“数据表”方式布局“成绩表”窗体

任务三　设计窗体

虽然在前面的章节中已经介绍了多种创建窗体的工具和方法，但是也只是能满足一般的显示与功能要求，并不能很好地满足在实际应用中程序的复杂性和功能多样性的要求。为了满足设计出的窗体功能更加强大、界面又更加友好，Access 2016 提供了窗体设计器，即窗体的设计视图。

窗体的设计视图是创建和编辑窗体的主要工具，利用窗体设计工具可以向窗体中添加各种控件，而利用“属性表”可以设置控件的相关属性、定义窗体及控件的各种事件过程、修改窗体的外观等。通常情况下，使用其他方法创建的窗体不能很好地满足一些细节的上要求，都需要在窗体的设计视图中做调整。

一、“窗体设计工具”选项卡

在窗体的设计视图中，“窗体设计工具”选项卡由“设计”“排列”“格式”三个子选项卡组成。

1. “设计”选项卡

“设计”选项卡提供了设计窗体时用到的主要工具，包括“视图”“主题”“控件”“页眉 / 页脚”“工具”五个组，如图 4-44 所示。

图 4-44　“设计”选项卡

控件是窗体中的对象，是构成窗体的基本元素，在窗体中对数据的操作都是通过控件实现的。其功能包括显示数据、执行操作和装饰窗体。控件又分为绑定型、未绑定型和计算型 3 种类型。常用的控件及其功能如表 4-1 所示。

表 4-1　常用控件列表

	选择	当该工具被启用时，可以对窗体上的控件进行移动或改变尺寸。当工具箱中没有其他工具被选择时，默认状态下该工具是启用的
	文本框	可以显示来自字段的数据、表达式或用户输入的文字
	标签	用于显示说明文本的控件，通常是未绑定的
	按钮	可以通过运行事件过程或宏执行某些操作
	选项卡控件	可以把信息分组添加或显示在不同的选项卡页上
	超链接	用于在窗体中添加超链接
	Web 浏览器控件	用于在窗体中添加浏览器控件
	导航控件	用于在窗体中插入导航条
	选项组	可以为用户提供一组选择，一次只能选择一个，与复选框、选项按钮搭配使用

续表

	分页符	在窗体上开始一个新屏幕，或在打印窗体上开始新的窗体页面
	组合框	可以显示一个提供选项的列表，也允许文本输入
	图表	用于在窗体中插入图表对象
	直线	用于在窗体上或报表中画直线，突出相关信息
	切换按钮	把切换按钮绑定到 Yes/No 字段时，按钮凸起表示“是”，按钮凹下表示“否”
	列表框	可以显示一个提供选项的完整列表，不允许手动输入
	矩形	用于在窗体上或报表中画一个矩形框
	复选框	复选按钮。可以作为绑定到“是否”字段的独立控件
	未绑定对象框	显示非结合 OLE 对象，如 excel 等
	绑定对象框	显示结合 OLE 对象，对象跟随记录而变化
	附件	用于在窗体中插入附件控件
	选项按钮	表示可以选择单项，可绑定到“是 / 否”字段
	子窗体 / 子报表	用于在主窗体和主报表添加子窗体或子报表，以显示来自多个一对多表中的数据
	图像	显示静态图像，且不能再进行编辑（美化界面）
	使用控件向导	用于打开或关闭控件向导。使用控件向导可以创建选项组、组合框、列表框、按钮等
	ActiveX 控件	是由系统提供的可重用的软件组件，可创建出具有特殊功能的控件

2. “排列”选项卡

排列选项卡包括“表”、“行和列”、“合并 / 拆分”、“移动”、“位置”和“调整大小和排序”六个组，主要用来对齐和排列控件，如图 4–45 所示。

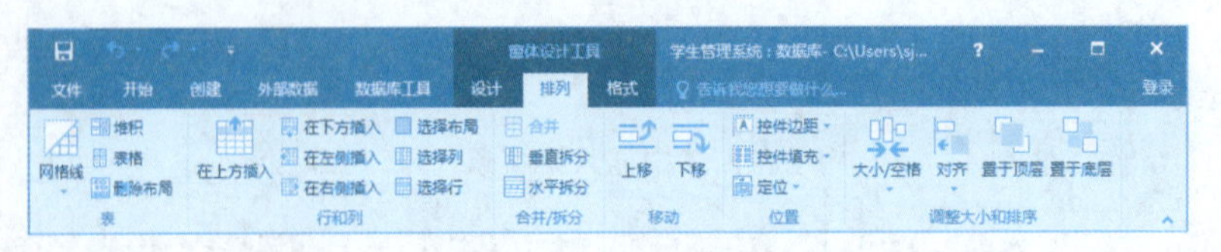

图 4–45 “排列”选项卡

3. “格式”选项卡

“格式”选项卡包括“所选内容”、“字体”、“数字”、“背景”和“控件格式”五个组，用来设置窗体及控件的外观样式，有字体、字形、字号、数字格式、背景图像、填充等内容，如图 4–46 所示。

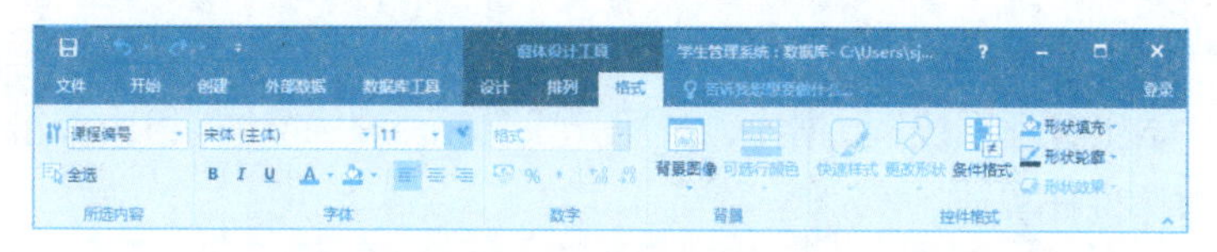

图 4–46　“格式”选项卡

二、常用控件的使用

在所有可以放置到窗体上的控件中，标签和文本框是最常用的。文本框和其关联标签是成对出现的，文本框显示单个字段的数据，而其关联标签的标题对这些数据进行说明。有些窗体只需要文本框和标签，但是要想对数据进行复杂的显示和选择，还需要其他控件的配合使用。

1. 标签

标签控件用于在窗体、报表中显示一些描述性的文本，如标题或说明等。

标签控件可分为两种：一种是可附加到其他类型控件上，和其他控件一起创建组合型控件的标签控件；另一种是利用标签工具创建的独立标签。在组合型控件中，标签的文字内容可随意更改，但用于显示字段值的文本框中的内容不能随意更改，否则不能与数据源表中的字段相对应，且不能显示正确的数据。

例 4.9　添加独立标签。

操作步骤：

① 打开已有窗体或新建一个窗体（这里新建一个空白窗体）。

② 在“设计”选项卡中单击“控件”组中的“控件”按钮。

③ 在窗体中单击要放置标签的位置，输入内容即可（这里输入“账号：”），如图 4–47 所示。如果要对标签的外观进行设置，可在“属性表”中进行相应的设置。

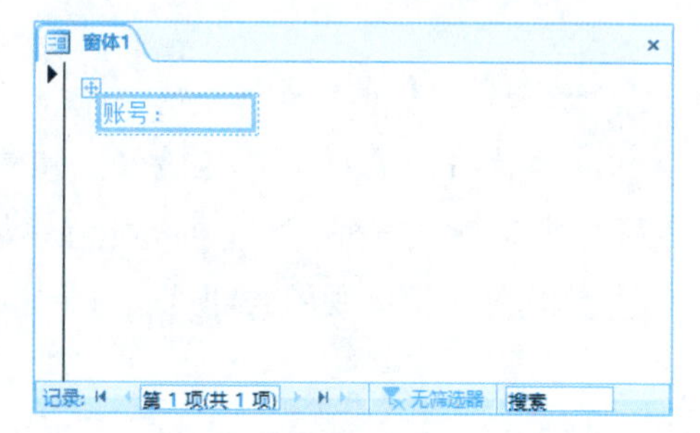

图 4–47　添加独立标签

2. 文本框

文本框控件不仅仅用于显示数据，也可以输入或者编辑信息。绑定的文本框显示的数据都来自它所绑定的字段；未绑定的文本框控件可用来接受不必保存在表中的用户的数据输入。通过调整文本框的“边框样式”、“边框宽度”和“特殊效果”等属性，可以像对标签那样改变文本框的外观。

例 4.10 在“学生管理系统”数据库中，以“学生”表为数据源，使用标签控件及绑定型文本框控件创建“学生信息查询”窗体，要求显示学生的姓名与学号。

操作步骤：

① 打开“学生管理系统”数据库，在“创建”选项卡的“窗体”组中单击“窗体设计”按钮，出现窗体设计界面。

② 在“窗体设计工具 | 设计”选项卡的“控件”组中单击“标签”按钮，如图 4-48 所示。在窗体上单击放置标签的位置，并输入“学生信息”字样。

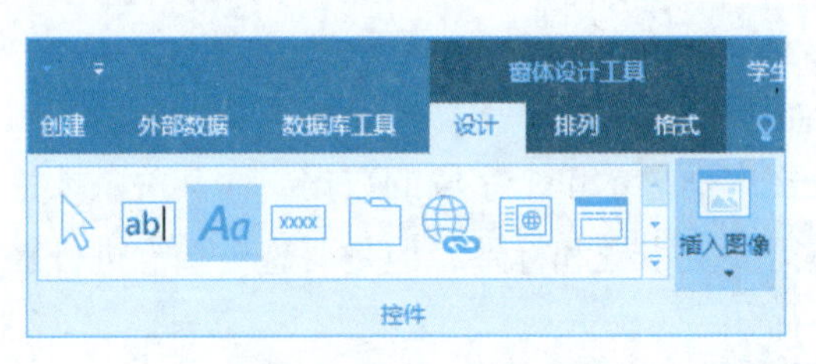

图 4-48 “控件”组

③ 单击“设计”选项卡“工具”组中的“添加现有字段”按钮，如图 4-49 所示，在打开的“字段列表”窗格中选择“学生表”作为数据源，如图 4-50 所示。

图 4-49 “工具”组

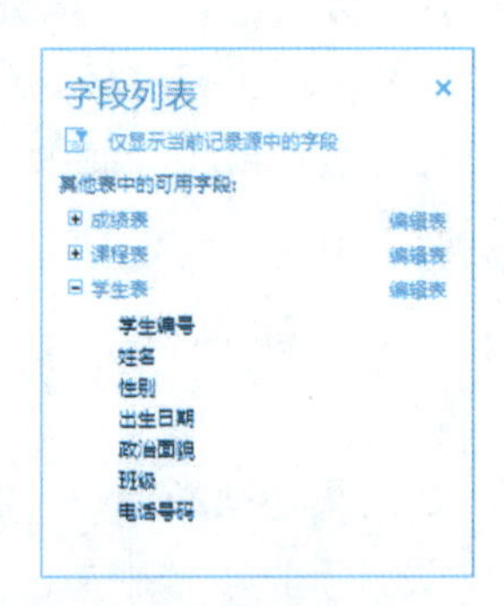

图 4-50 “字段列表”空格

④ 将相关字段（“学生编号”和“姓名”）拖动至窗体上，Access 会为选择的每个字段创建文本框，文本框绑定在窗体来源表的字段上。

⑤ 切换至窗体视图，即可通过绑定文本框查看或编辑数据，如图 4-51 所示。

3. 组合框与列表框

如果在窗体中输入的数据总是取自某一个表或查询记录中的值，就应该使用组合框控件或列表框控件，这样设计可确保输入数据的正确性，同时还可有效提高数据输入的速度。

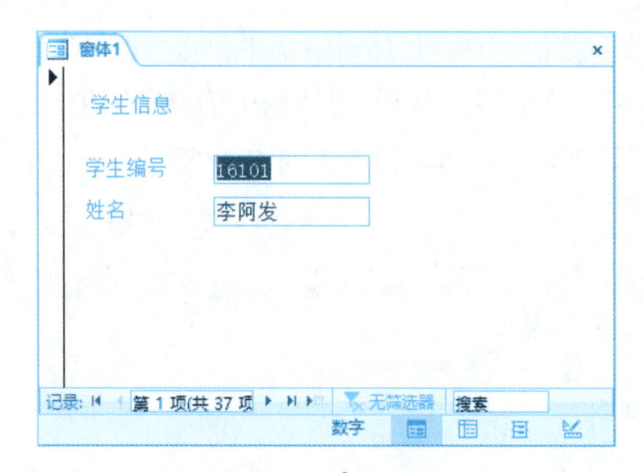

图 4-51　窗体视图

列表框控件像下拉菜单一样在屏幕上显示一列数据。列表框控件一般以选项的形式出现，如果选项较多，在列表框的右侧会出现滚动条。

要创建组合框控件或列表框控件，需要考虑以下三点：

① 控件中的列表数据从何而来。

② 在组合框或者列表框中完成选择操作后，该如何使用这个选定值。

③ 组合框和列表框控件有何区别。

例 4.11　在已建立的“学生表 - 空白窗体”窗体中，添加“选项组”控件输入或修改学生的“政治面貌”字段。

视频 4-6　在原“学生表 - 空白窗体”中添加“选项组”控件

操作步骤（扫码观看视频 4-6）：

① 打开“学生表 - 空白窗体”窗体，单击状态栏上右侧的“设计视图”按钮，切换到设计视图模式。

② 在“设计”选项卡的“控件”组中单击“选项组”按钮，在窗体中需要添加选项组的位置单击，弹出“选项组向导”对话框，输入相关信息，如图 4-52 所示。

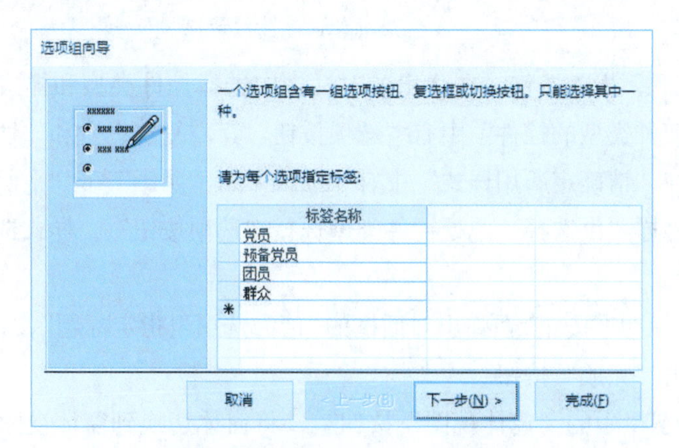

图 4-52　“选项组向导”对话框 1

③ 单击“下一步”按钮，在弹出的对话框中，将“群众”设为默认选项。

④ 单击“下一步”按钮，在弹出的对话框中为选项赋值。其中“值”列为存入数据库表中的内容（这里只能输入数值），如图 4–53 所示。

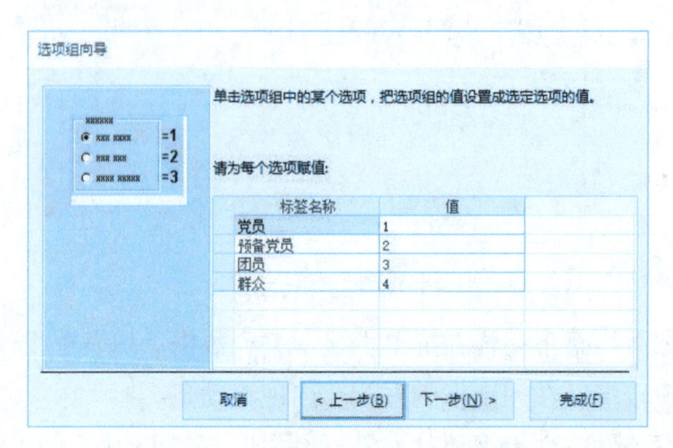

图 4–53 “选项组向导”对话框 2

⑤ 单击“下一步”按钮，在弹出的对话框中确定选项值的保存方式，此处选择“在此字段中保存该值”单选按钮，选择“政治面貌”字段，如图 4–54 所示。

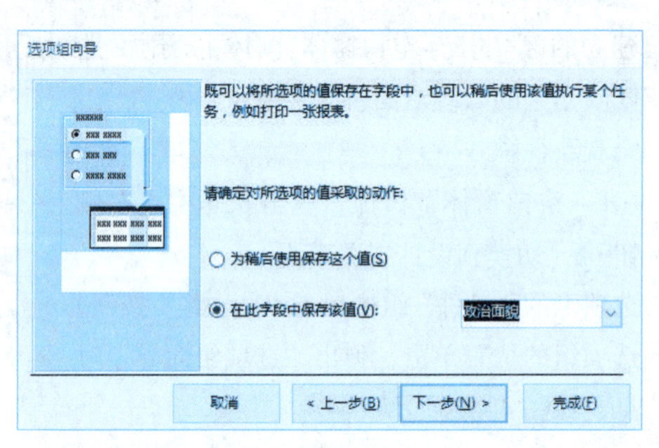

图 4–54 “选项组向导”对话框 3

⑥ 单击“下一步”按钮，在弹出的对话框中选择控件类型和样式。“请确定在选项组中使用何种类型的控件”中有“选项按钮”、“复选框”和“切换按钮”三种类型供选择，在“请确定所用样式”中有“蚀刻”、“阴影”、“平面”、“凹陷”和“凸起”五种样式供选择。此处控件类型选择“选项按钮”，样式选择“蚀刻”，如图 4–55 所示。

⑦ 单击“下一步”按钮，在弹出对话框的“请为选项组指定标题”文本框中输入“政治面貌”，单击“完成”按钮。

⑧ 单击状态栏中的“窗体视图”按钮，将窗体切换到窗体视图进行查看，如图 4–56 所示。

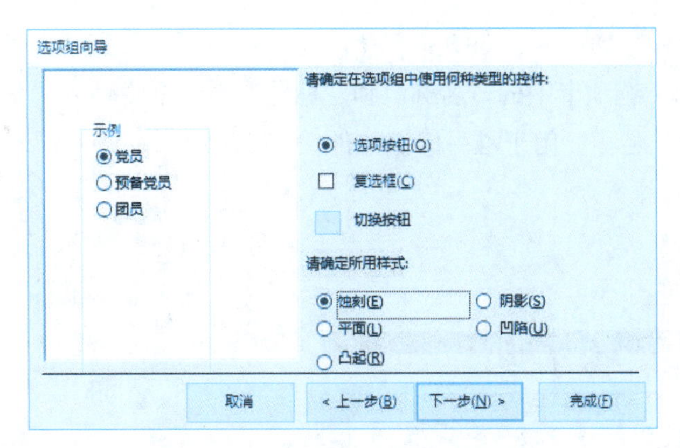

图 4-55　“选项组向导”对话框 4

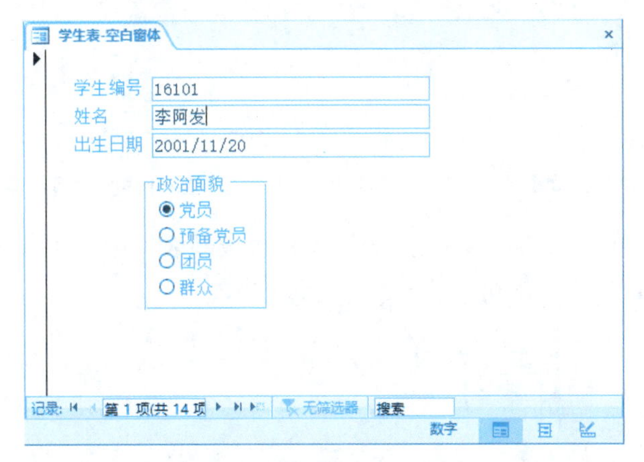

图 4-56　带“选项组”控件的“学生表 – 空白窗体”

4. 选项卡

当窗体中的内容较多时，可以使用选项卡进行分类显示。

例 4.12　使用“选项卡控件”建立“学生信息”窗体，使用“选项卡”分别显示两页信息：一页是学生信息，另一页是所选修课程信息。

操作步骤（扫码观看视频 4-7）：

视频 4-7　使用“选项卡控件”建立窗体

① 新建一个窗体。单击“创建”选项卡“窗体”组中的“窗体设计”按钮，创建一个新的窗体，在“窗体布局工具 | 设计”选项卡中单击“选项卡控件”按钮，在窗体中需要放置选项卡的位置单击进行放置操作。

② 单击“工具”组中的“添加现有字段”按钮，打开“字段列表”窗格，将“学生表”中的字段一一拖动至选项卡控件的“页 1”界面中，并手动对齐控件，如图 4-57 所示。

③ 选择“页 1”选项卡，再单击“工具”组中的“属性表”按钮，打开“属性表”

窗格，选择“全部”选项卡，如图 4–58 所示。

④ 在“全部”选项卡中的“名称”和“标题”属性框中输入“学生信息”。“标题”用于显示，“名称”用于唯一标识控件。

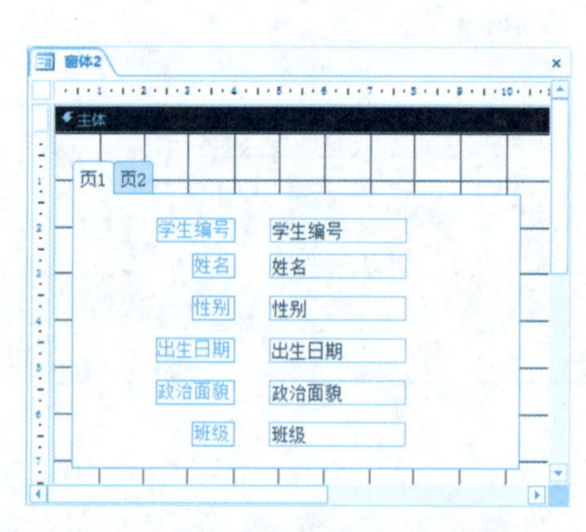

图 4–57　将学生字段拖动至选项卡

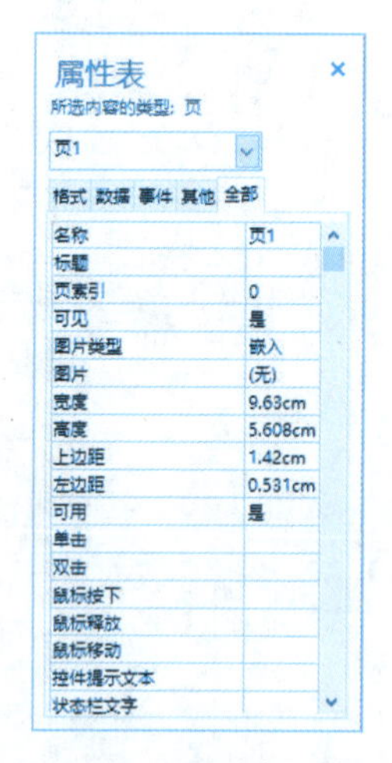

图 4–58　“属性表”窗格

⑤ 重复第②~④步，将“字段列表”窗格“成绩表”中的字段拖至“页 2”选项卡，制作“所修课程”信息选项卡，如图 4–59 所示。

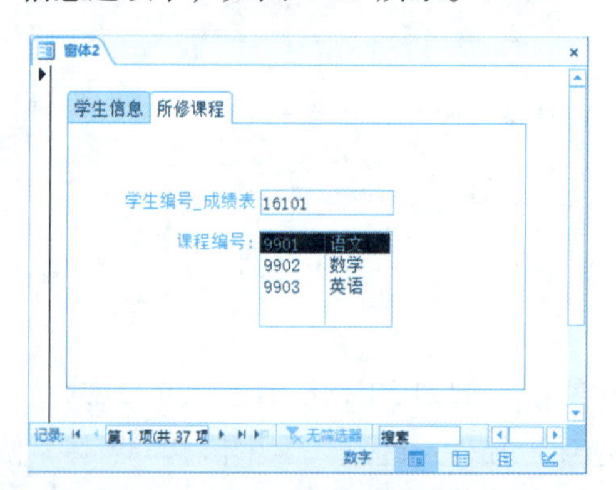

图 4–59　学生信息及所修课程窗体

小贴士

“属性表”窗格共有五个选项卡：“格式”、“数据”、“事件”、“其他”和“全部”，针对不同的设置可选择不同的选项卡，其中“全部”选项卡包含了“格式”、“数据”、“事件”和“其他”选项卡中的所有属性。

在通常情况下，创建一页以上的窗体有两种方法：使用选项卡控件或分页符控件。选项卡控件是创建多页窗体最容易且最有效的方法。使用选项卡控件可以将多个独立的页面全部创建到一个控件中。如果要切换页，单击其中的某个选项卡即可。

5. 命令按钮

命令按钮主要用来控制程序的流程或执行某个操作。Access 2016 提供了六种类型命令按钮：记录导航、记录操作、报表操作、窗体操作、应用程序和杂项。在窗体设计过程中，既可以使用控件向导创建命令按钮，也可以直接创建命令按钮。

例 4.13　使用控件向导创建命令按钮。根据例 4.1 创建的“学生表窗体”窗体，添加命令按钮，实现使用控件向导记录浏览学生信息。

操作步骤（扫码观看视频 4-8）：

视频 4-8　使用“控件向导”创建命令按钮

① 在设计视图中打开现有的“学生表窗体”窗体。

② 切换到“设计”选项卡，确定“控件”组中的“使用控件向导”按钮处在选中状态，再单击“按钮”控件。

③ 在窗体页脚中单击要放置命令按钮的位置，将添加一个默认大小的命令按钮，同时进入“命令按钮向导”的第一个对话框，选择按下按钮时执行的操作。这里选择“类别”为“记录导航”，“操作”为“转置第一项记录”，如图 4-60 所示。

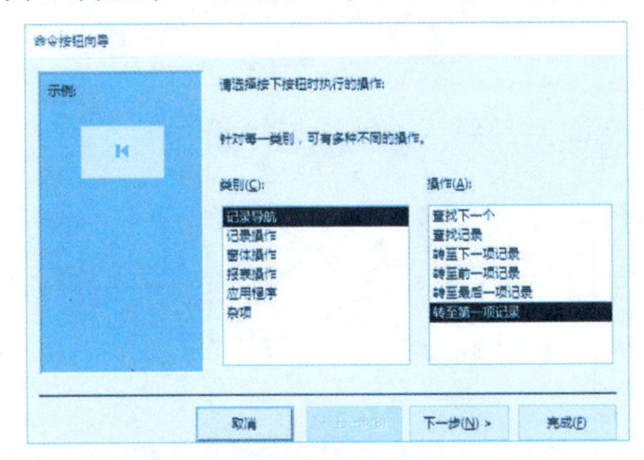

图 4-60　“命令按钮向导”对话框 1

④ 单击“下一步”按钮，进入“命令按钮向导”的第二个对话框，设置按钮上是显示文本还是图片，这里选择“文本”选项，如图 4-61 所示。

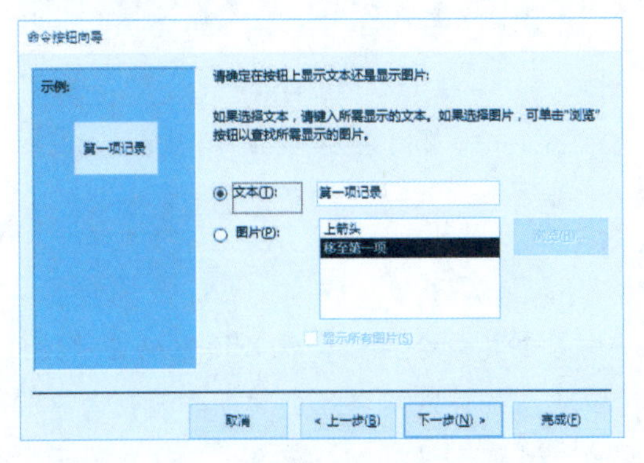

图 4-61　“命令按钮向导”对话框 2

⑤ 单击“下一步”按钮，进入“命令按钮向导”的第三个对话框，设置命令按钮的名称，这里按默认即可，如图 4-62 所示。

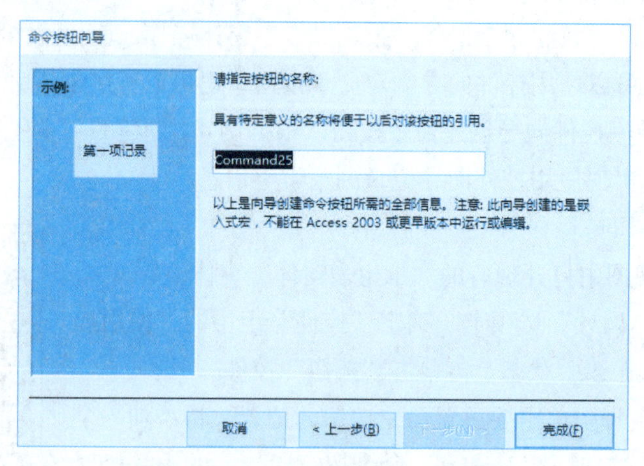

图 4-62 “命令按钮向导”对话框 3

⑥ 重复步骤②~⑤，在窗体页脚中添加其他按钮：“前一项记录”、“下一项记录”和“最后一项记录”，创建后的窗体如图 4-63 所示。

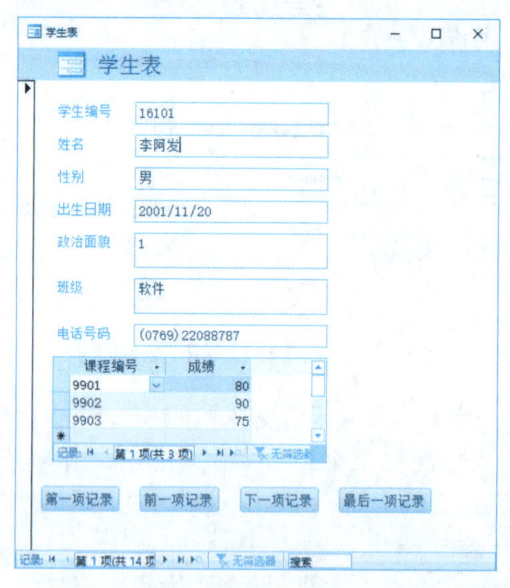

图 4-63 带浏览命令按钮的学生表窗体

小 贴 士

如果要使用控件向导创建命令按钮，就必须先确定“控件”组中的“使用控件向导”按钮处于选中状态，否则不会弹出“命令按钮向导”对话框。

6. 子窗体

在 Access 中，用户可以根据需要在窗体中创建子窗体，也可以在一个窗体中创建多个子窗体，或者在子窗体中创建子窗体。主窗体与子窗体中数据之间的关系通常是一对多的关系。

很多情况下，一个数据库应用系统的窗体数据源都不是基于一个数据表对象或一个查询对象。利用 Access 窗体对象处理来自多个数据源的数据时，需要在主窗体对象中添加子窗体。主窗体基于一个数据源，而任何其他数据源的数据处理则必须为其添加对应的子窗体。

方法 1：可使用鼠标将数据库中的子窗体直接拖至已打开的主窗体中，创建主/子窗体。

操作步骤：

① 在设计视图中打开作为主窗体的窗体。

② 从数据库导航窗格中用鼠标将作为子窗体的窗体直接拖放到主窗体中。

方法 2：可利用“窗体向导”同时创建主/子窗体。关于“子窗体”的相关详细操作请参照例 4.8 即可。

三、窗体和控件的属性

Access 中属性用于决定表、查询、字段、窗体及报表的特性，无论是控件还是窗体本身都有相应的属性，这些属性决定了控件及窗体的结构和外观，可通过“属性表”窗格进行设置。在设计视图中选定窗体或控件后，单击“窗体设计工具 | 设计”选项卡“工具”组中的“属性表”按钮，打开“属性表”窗格，如图 4-58 所示。

1. “属性表”窗格

“属性表”窗格共有五个选项卡，分别是“格式”、“数据”、“事件”、“其他”和“全部”，针对不同的设置可选择不同的选项卡，“格式”选项卡包含窗体或控件的外观属性，“数据”选项卡包含与数据源、数据操作相关的属性，“事件”选项卡包含窗体或当前能够响应的事件，“其他”选项卡包含“名称”和“制表位”等其他属性，“全部”选项卡包含“格式”、“数据”、“事件”和“其他”选项卡中的所有属性。选项卡的左侧是属性的名称，右侧是属性的值。

2. 常用的格式属性

格式属性主要是针对控件的外观和窗体的显示格式而设置的。控件的格式属性包括标题、字体名称、字体大小、左边距、上边距、宽度、高度、前景颜色、特殊效果等。窗体的格式属性包括标题、默认视图、滚动条、记录选定器、浏览按钮（或导航按钮）、分隔线、自动居中、控制框等。

（1）窗体的最大最小化按钮、关闭按钮、边框样式等

例 4.14 以图 4-64 所示的“学生基本信息窗体”为例，介绍窗体格式属性的设置方法，要求：取消最大最小化按钮，滚动条属性为“两者均无”，边框样式为“对话框边框”。

操作步骤：

① 在设计视图下打开“学生基本信息”窗体。

② 在“属性表”的“所选内容的类型”中选择“窗体”，此时“属性表”窗格中会列出该窗体的相关属性，如图 4-65 所示。

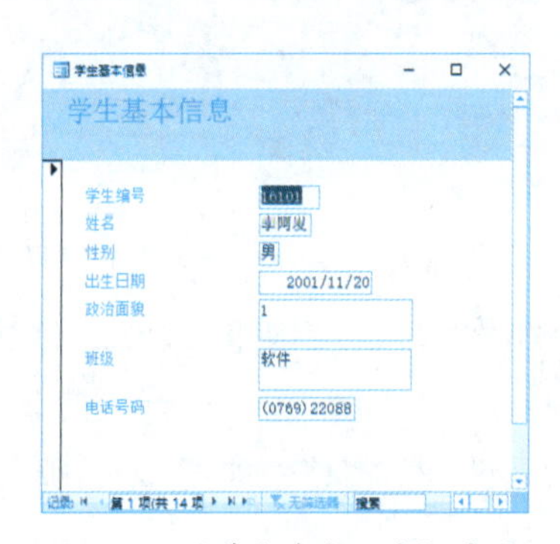

图 4-64 “学生基本信息”窗体

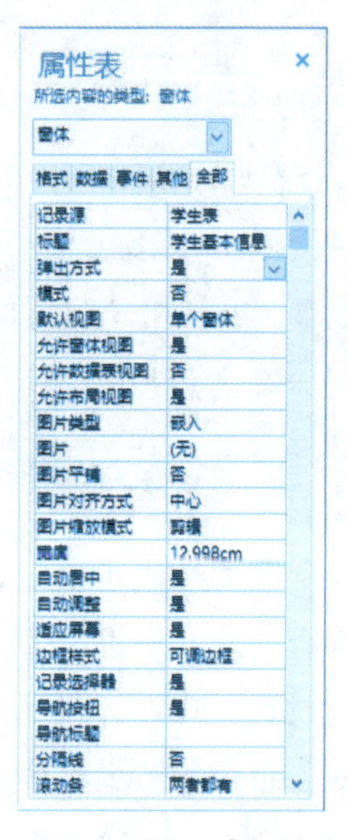

图 4-65 “属性表”窗格

③ 选择“属性表”窗体中的“格式”选项卡，将“边框样式”的值设置为“对话框边框”，“最大最小化按钮”的值设置为“无”，“滚动条”的值设置为“两者均无”，如图 4-66 所示。

④ 按【Ctrl+S】组合键进行保存，单击任务栏上的“窗体视图”按钮查看设置的效果，如图 4-67 所示。

小贴士

此时窗体的大小是不可进行调整的，如果想调整窗体的大小，需要切换到设计视图下，在“属性表”窗格中选择“窗体”中的“格式”选项卡，设置“宽度”，再在“主体”中的“格式”选项卡中设置“高度”，即可改变窗体的宽度和高度。

图 4-66 “格式”选项卡

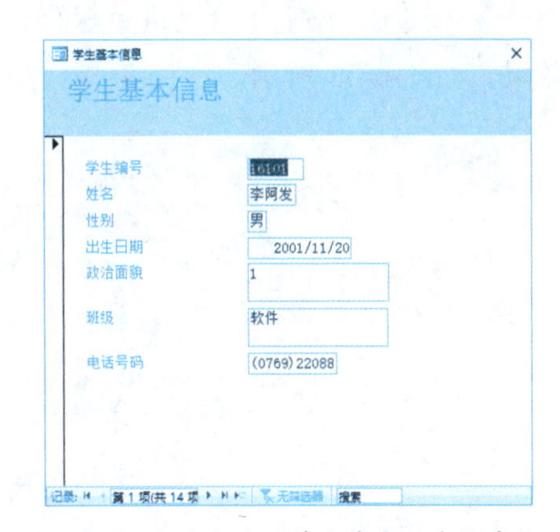

图 4-67 设置后的“学生基本信息”窗体

（2）控件的格式属性

例 4.15 以图 4-64 所示的“学生基本信息”窗体为例，介绍控件的格式属性的设置方法，要求：将标题为“学生基本信息”的标签控件前景颜色设置为红色，字体名称为隶书，字体大小为 36，字体粗细为加粗，放置在距左边距 1.7 cm、上边距 1.5 cm 的位置。

操作步骤：

① 在设计视图下打开“学生基本信息”窗体。

② 单击“窗体页眉”中的“学生基本信息”标签，如图 4-68 所示。右侧属性表即显示“学生基本信息”标签的具体属性情况。

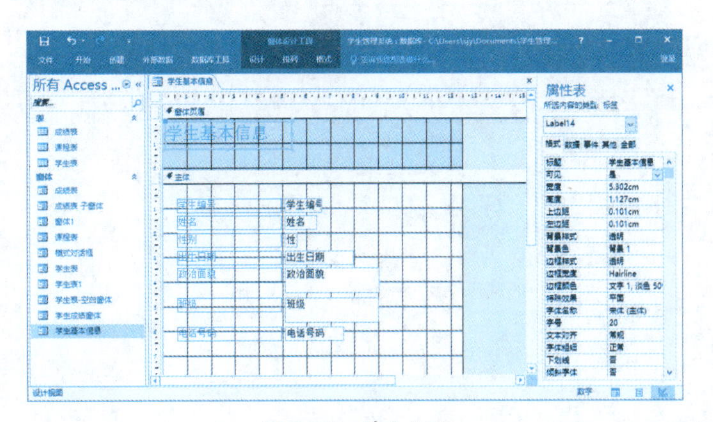

图 4-68 单击标签

③ 选择“属性表”中的“格式”选项卡，将“字体名称”设置为“隶书”、“字体粗细”设置为“加粗”、“字号”设置为“36”、在“前景色”后面的输入框中单

击[...]，在打开的拾色器中选择标准色中的“红色”，如图 4–69 所示。

④ 选择“属性表”窗格中的“格式”选项卡（保持“学生基本信息”标签为被选中状态），将“左边距”和“上边距”分别设置为 1.7 cm 和 1.5 cm，如图 4–70 所示。

⑤ 按【Ctrl+S】组合键进行保存，单击任务栏上的“窗体视图”按钮查看设置的效果，如图 4–71 所示。

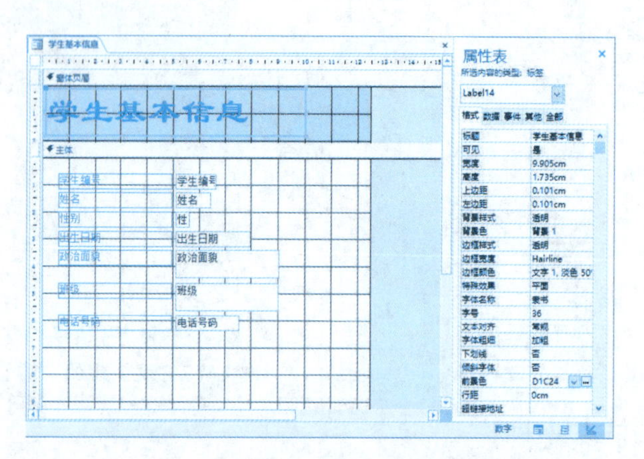

图 4–69　字体、字号、颜色的设置

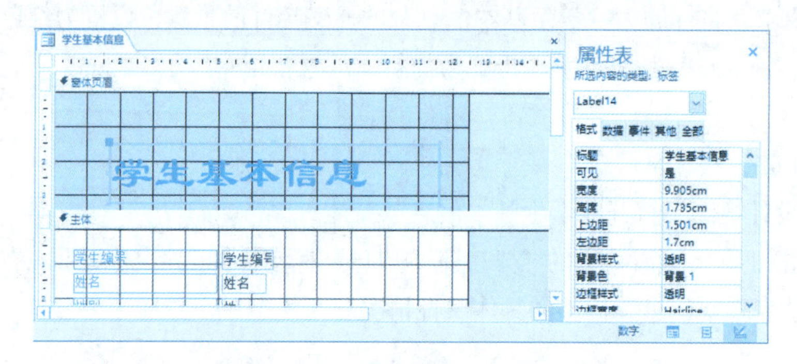

图 4–70　设置上、下边距

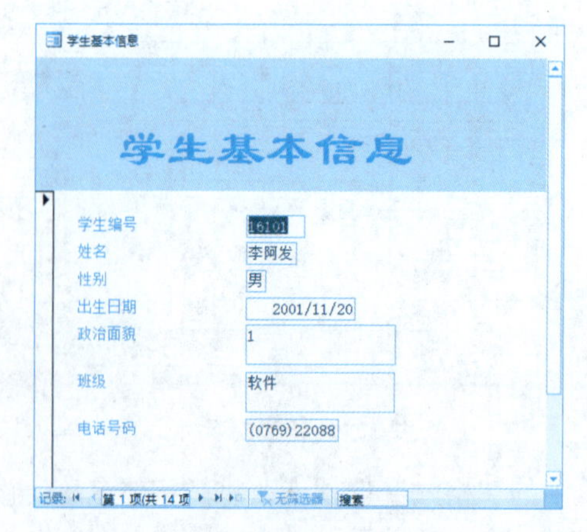

图 4–71　控件格式属性设置最终效果

3. 常用的数据属性

数据属性决定了控件或窗体中的数据来自何处以及操作数据的规则。控件的数据属性包括控件来源、输入掩码、有效性规则、有效性文本、默认值、是否有效、是否锁定等；窗体的数据属性包括记录源、排序依据、允许编辑、数据入口（或数据输入）等，其设置同格式属性。

例 4.16　以图 4-64 所示的“学生基本信息”窗体为例，介绍控件的数据属性的设置方法。要求：将图 4-64 所示窗体中的“出生日期”改为“年龄”，年龄由当前年份减出生日期计算得到（要求保留到整数）。

视频 4-9　将“学生基本信息窗体”中的出生日期改为年龄

操作步骤（扫码观看视频 4-9）：

① 在设计视图下打开“学生基本信息”窗体。

② 删除“出生日期”文本框，并在同一个位置创建新的文本框，标签改为“年龄”，如图 4-72 所示。

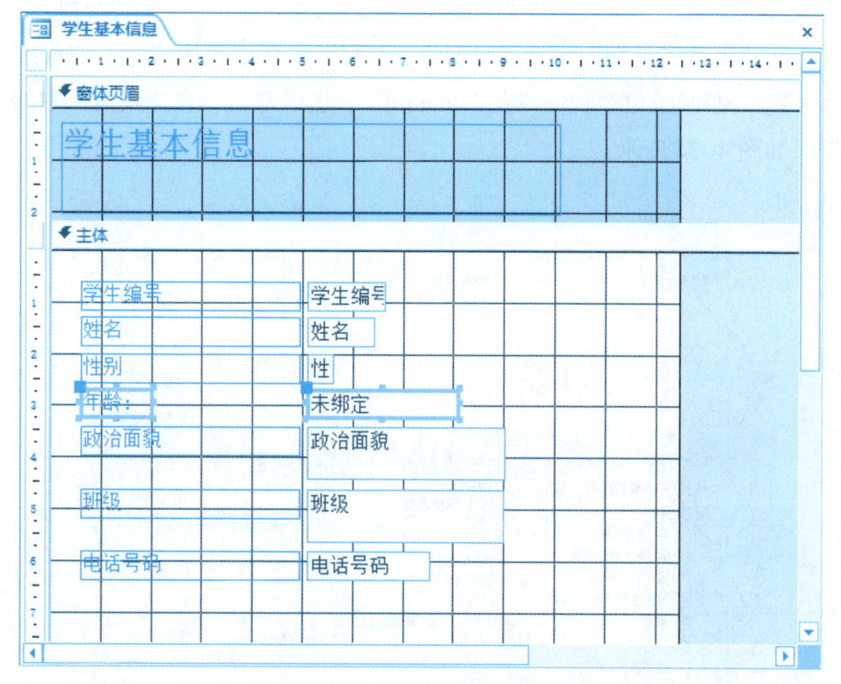

图 4-72　将“出生日期”改为“年龄”

③ 在“属性表”窗格中选择“数据”选项卡，单击“控件来源”栏右侧的“生成器”按钮 ，弹出“表达式生成器”对话框，如图 4-73 所示。

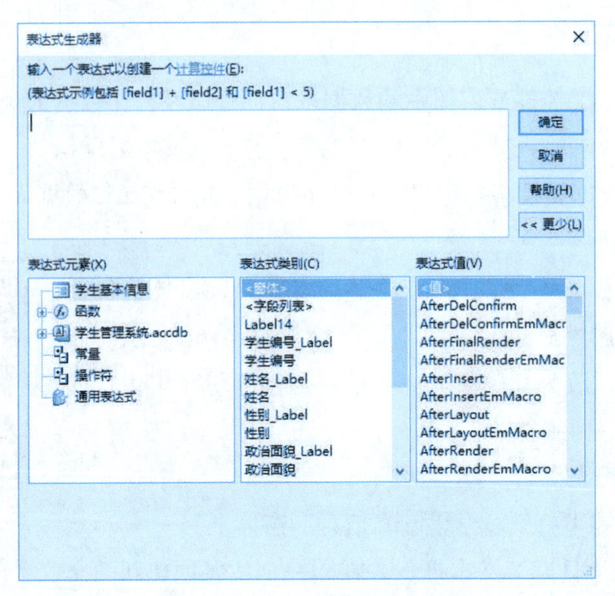

图 4–73 “表达式生成器”对话框

④ 在文本框中输入“=”，再依次选择“表达式元素（X）”中“函数”下的“内置函数”，在“表达式类别”中选择“日期 / 时间”，在“表达式值”中双击“Year”选项。单击选中刚刚输入的 Year 中的“(date())”，然后双击“表达式值”中的“Date”选项，结果如图 4–74 所示。

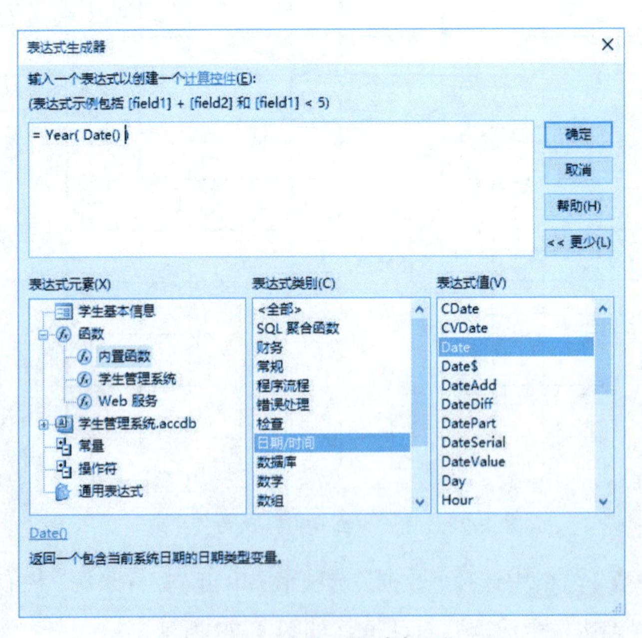

图 4–74 设置“当前年份”

⑤ 此时已设好当前年份，在当前表达式的最后输入“–”，然后按上一步中的操作输入“Year”，并选中 Year 中的“(date())”，之后选择“表达式元素”中的“学生

基本信息”，在“表达式类别”中选择“< 字段列表 >”，此时“表达式值”的列表中会列出“学生基本信息”的所有字段，双击“出生日期”，结果如图 4-75 所示。

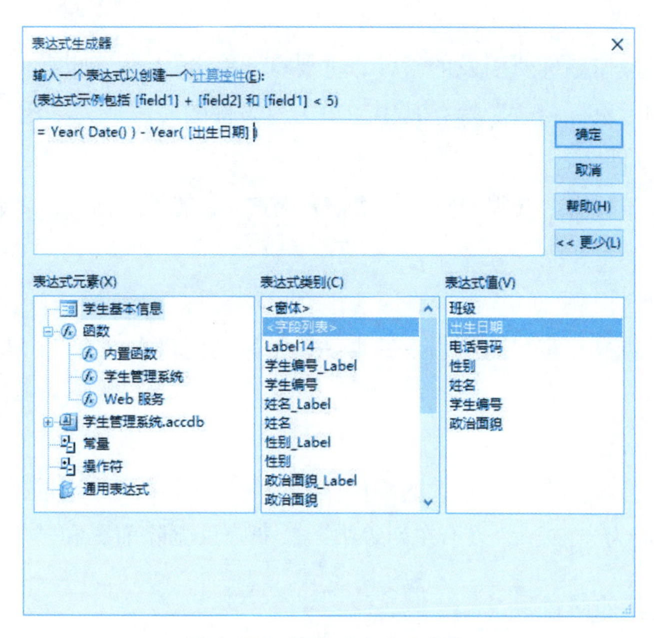

图 4-75　设置“出生日期”

⑥单击“确定”按钮，回到设计视图，选择任务栏中的“窗体视图”进行浏览，如图 4-76 所示。按【Ctrl+S】组合键进行保存。

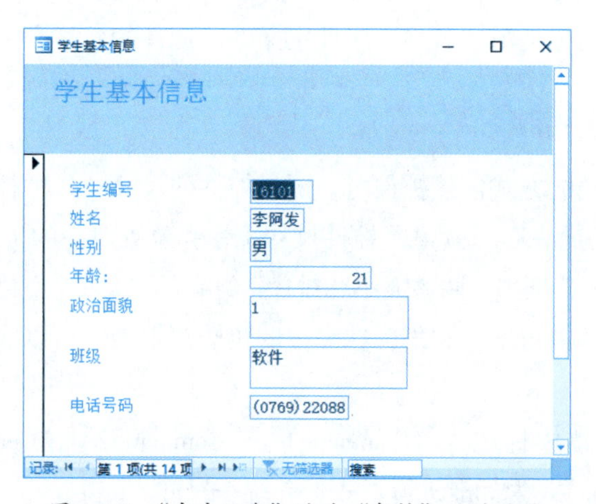

图 4-76　“出生日期”改为“年龄”后的效果

4. 常用的事件属性

Access 中不同的对象可触发的事件不同，总体上这些事件可分为键盘事件、鼠标事件、对象事件、窗口事件和操作事件等。

（1）键盘事件

键盘事件是操作键盘所引发的事件，主要有“键按下”、“键释放”和“击键”等。

（2）鼠标事件

鼠标事件是操作鼠标所引发的事件，主要有“单击”、“双击”、“鼠标按下”、“鼠标移动”和“鼠标释放”等，其中“单击”事件的应用最为广泛。

（3）对象事件

常用的对象事件有“获得焦点”、“失去焦点”、“更新前”、“更新后”和“更改”等。

（4）窗口事件

窗口事件是指操作窗口时所引发的事件，常用的窗口事件有“打开”、“关闭”和“加载”等。

（5）操作事件

操作事件是指与操作数据有关的事件。常用的操作事件有“删除”、“插入前”、“插入后”、“成为当前”、“不在列表中”、“确认删除前”和“确认删除后”等。

5. 常用的其他属性

其他属性表示了窗体和控件的附加特征，其中窗体包括独占方式、弹出方式、循环等；控件的其他属性包括名称、自动校正、自动【Tab】键、控件提示文本等。

窗体中的每一个对象都有一个名称，若在程序中指定或使用某一个对象，可以使用这个名称，这个名称是由“名称”属性定义的，控件的名称必须是唯一的。

6. 控件的尺寸统一与对齐

在采用鼠标拖动的方式创建控件时，同类控件的尺寸及各种控件的位置很容易出现不协调的情况，为此 Access 提供了控件尺寸统一和位置对齐的工具，它们分别是“窗体设计工具 | 格式”选项卡“调整大小和排序”组中的“大小 / 空格”和“对齐”按钮。另外，在选定控件的前提下，右击，在弹出的快捷菜单中也可以找到“大小”和“对齐”命令。

例 4.17　将窗体中标题为“Command1”“Command2”“Command3”的 3 个命令按钮以“Command1”为标准进行对齐，并统一尺寸。

操作步骤：

① 单击“创建”选项卡“窗体”组中的“窗体设计”按钮，在新创建的窗体中任意放置三个命令按钮，按钮的大小可随意调整，如图 4-77 所示。

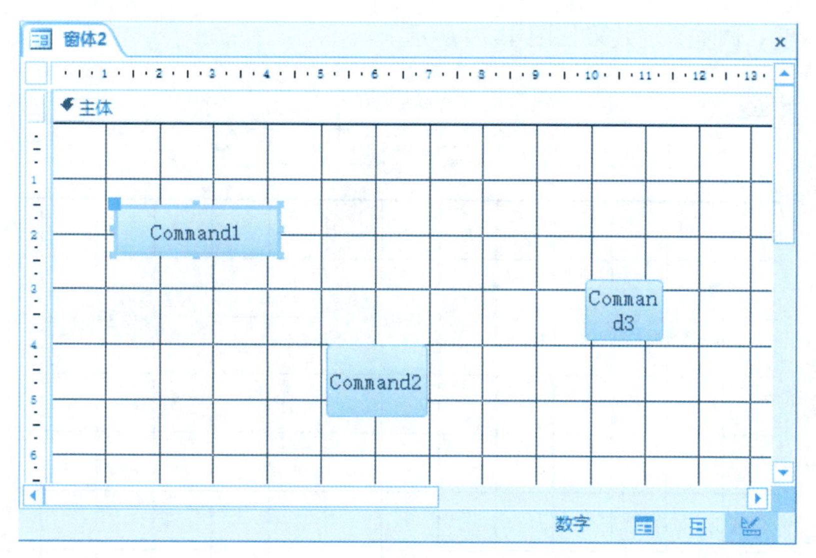

图 4-77　放置三个命令按钮

② 在“主体”中，使用鼠标左键框选这三个命令按钮。

③ 选择“窗体设计工具 | 排列”选项卡，单击“调整大小和排序”组中“对齐选项”中的“靠上”按钮，则三个命令按钮将以最靠上的一个为基准，靠上对齐。

④ 选择“大小 / 空格”按钮，在弹出的下拉选项中选择“大小”组中的“至最宽”按钮，三个命令按钮将以最宽的那个按钮为基准，将其余两个命令按钮设置为相同宽度。调整后的效果如图 4–78 所示。

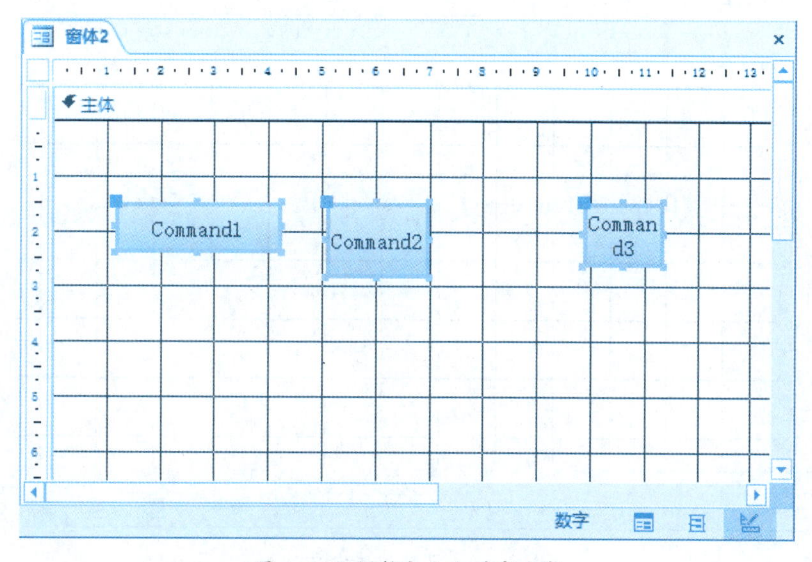

图 4–78　调整大小和对齐方式

⑤ 选择“大小 / 空格”按钮，在弹出的下拉选项中选择“大小”组中的“至最短”选项，三个命令按钮将以最短（高度）的那个按钮为基准，将其余两个命令按钮设置

为相同高度。调整后的效果如图 4–79 所示。

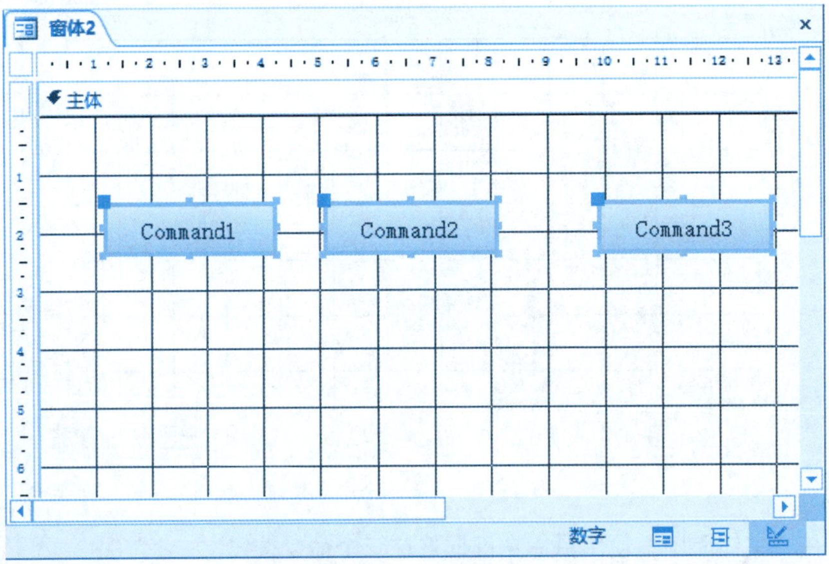

图 4–79　所选按钮设置为相同高度

⑥ 选择“大小 / 空格”按钮，在弹出的下拉选项中选择“间距”组中的“水平相等”选项，三个命令按钮将以首尾之间的距离为基准，将三个命令按钮以相等间距水平排列。调整后的效果如图 4–80 所示。

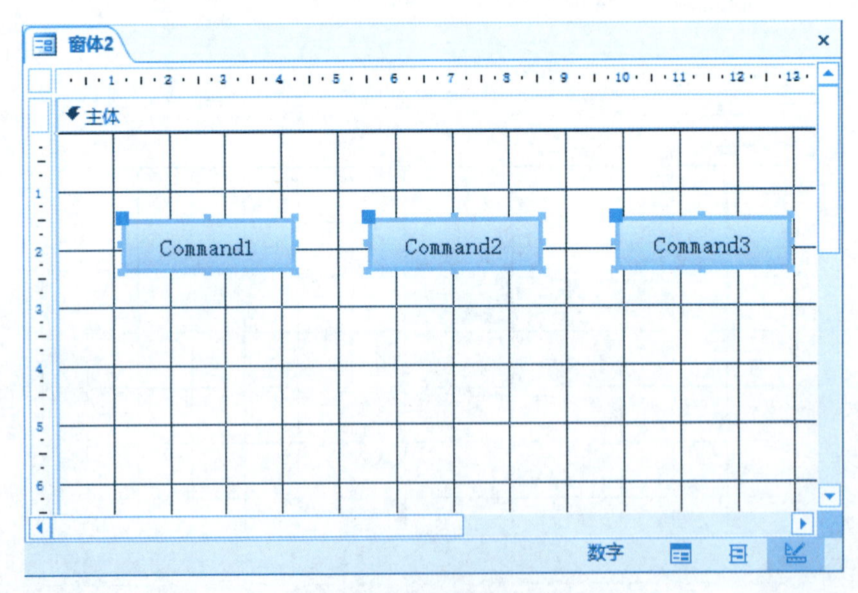

图 4–80　调整控件水平对齐

例 4.18　以例 4.13 使用控件向导创建命令按钮为基础，添加“保存记录”按钮、“删除记录”按钮、“添加纪录”按钮和“关闭窗口”按钮。最终做出如图 4–81 所示的效果。

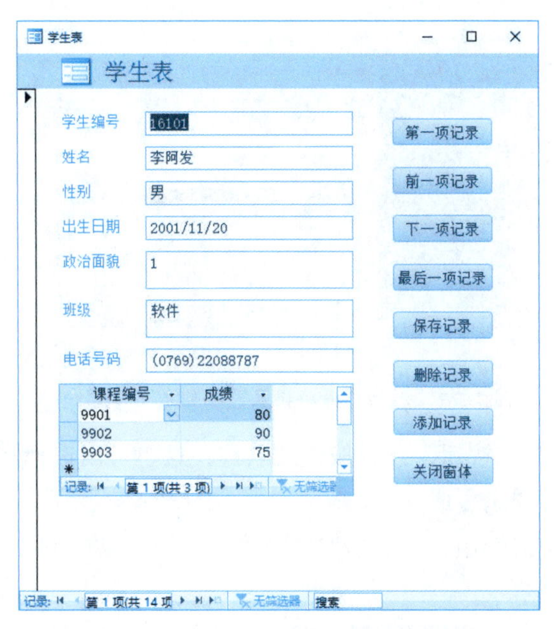

图 4-81　“学生表”操作窗体效果图

操作步骤：

① 先将例 4.13 的显示结果进行调整，使得按钮统一由右侧从上到下进行排列，之后再一次添加剩下的四个按钮。

② 单击“控件”组中的“按钮”控件，在“最后一项纪录”下方放置新按钮。

③ 在弹出的“命令按钮向导”对话框中操作，选择“类别”中的“记录操作”和“操作”中的“保存记录”选项，如图 4-82 所示。

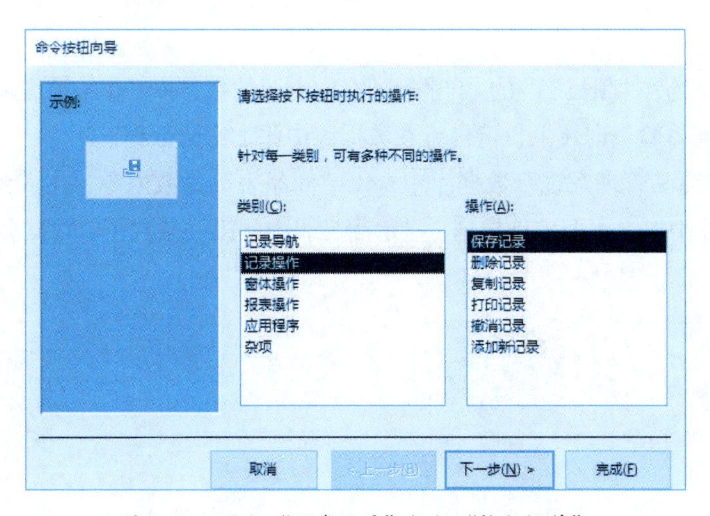

图 4-82　添加“保存记录”按钮“执行操作”

④ 单击“下一步”按钮，在“命令按钮向导”的第二个对话框中选择“文本”选项，如图 4-83 所示。

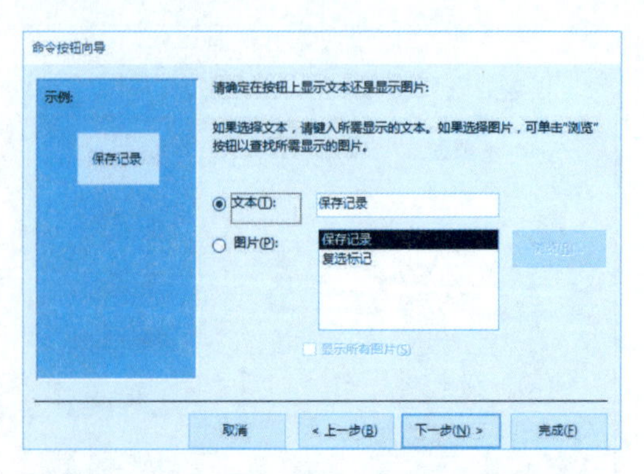

图 4-83　添加“保存记录”按钮“显示方式”

⑤ 单击“下一步”按钮，设置按钮的名称，这里可以选择默认选项。按钮名称是按钮的唯一标识。单击完成。

⑥ 重复②~⑤的操作，一次添加“删除记录”、“添加纪录”和“关闭窗体”三个按钮。

⑦ 单击右下角的窗体视图按钮，浏览并测试最终效果。

单击前 4 个记录浏览按钮可以随意浏览表中的所有数据，在需要修改数据时，先切换到需要修改的数据，然后直接在界面上修改成最终的数据，单击保存即可完成修改操作；如果需要添加数据，则单击“添加纪录”按钮，界面将会清空（此时定位在表中的最后一行的空行内），直接录入新的数据，之后单击“保存记录”按钮即可。数据将保存在所有记录之后的第一条空行内。

自 我 测 评

下列查询均在“项目二”的“自我测评”中创建的数据库“商品管理系统”中创建。为了能更好地体验查询效果，请自行在数据表中添加实验数据。

1. 在“商品管理系统”数据库中，以“商品表”为数据源，用“窗体”按钮创建窗体，窗体中以文本框控件排列，显示商品表中的第一条数据（数据会自动绑定），如图 4-84 所示。

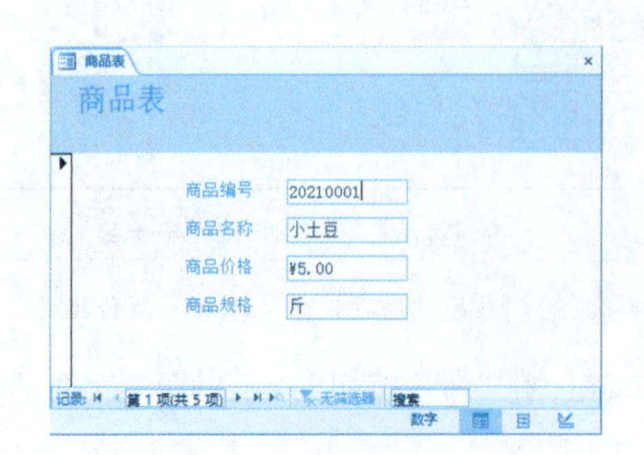

图 4-84　商品表窗体

2. 在“商品管理系统”数据库中，以“销售表”为数据源使用“创建”选项卡“控件”组中的“多个项目”控件按钮创建窗体，窗体中显示表中的所有数据信息，如图4–85所示。

销售表

销售编号	商品编号	销售数量	销售时间
0000-00-011	20210001	3	2021/2/12
0000-00-021	20210002	1	2021/2/12
0000-00-031	20210005	5	2021/2/12
0000-00-041	20210001	1	2021/3/1
0000-00-051	20210002	2	2021/3/1
0000-00-061	20210004	10	2021/4/15
0000-00-071	20210003	4	2021/4/21
0000-00-081	20210003	3	2021/5/12
0000-00-091	20210004	8	2021/5/12
(新建)		0	

记录: 第1项(共9项)　无筛选器　搜索　数字

图4–85　销售表窗体

3. 在“商品管理系统”数据库中，以“商品表”为数据源使用“创建”选项卡“控件”组中的“窗体向导”按钮创建窗体，窗体中只须显示商品名称、商品价格、商品规格三类信息，布局方式采用“表格”，并命名为“商品信息”窗体，如图4–86所示。

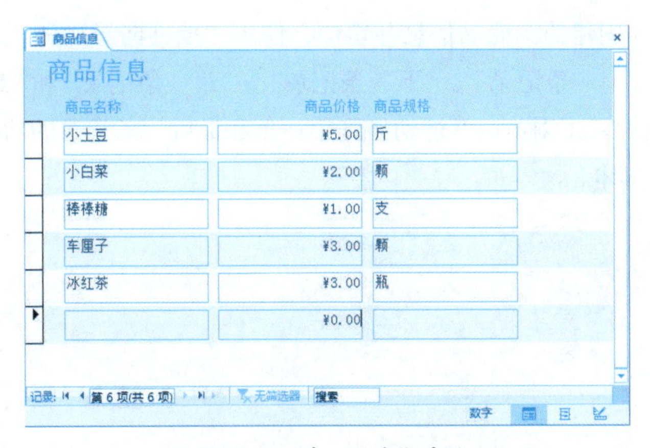
商品信息

商品名称	商品价格	商品规格
小土豆	¥5.00	斤
小白菜	¥2.00	颗
棒棒糖	¥1.00	支
车厘子	¥3.00	颗
冰红茶	¥3.00	瓶
	¥0.00	

记录: 第6项(共6项)　无筛选器　搜索　数字

图4–86　“商品信息”窗体

4. 在“商品管理系统”数据库中，以“商品表”为数据源，使用设计视图创建“商品信息”窗体。窗体中的信息从“属性表”窗格中拖动获得，显示所有字段信息，效果如图4–85所示。

5. 在“商品管理系统”数据库中创建一个主/子窗体，命名为“商品—销售情况”，以“商品表”为数据源创建“商品信息”窗体作为主窗体，以“销售表”为数据源创建窗体“销售情况”作为子窗体。

要求：主窗体使用“创建”选项卡“控件”组中“窗体设计”按钮创建，显示“商品表”的全部信息，子窗体使用“窗体设计工具 | 设计”选项卡中的“子窗体”按钮创建，显示“销售表”中的全部字段，如图 4-87 所示。

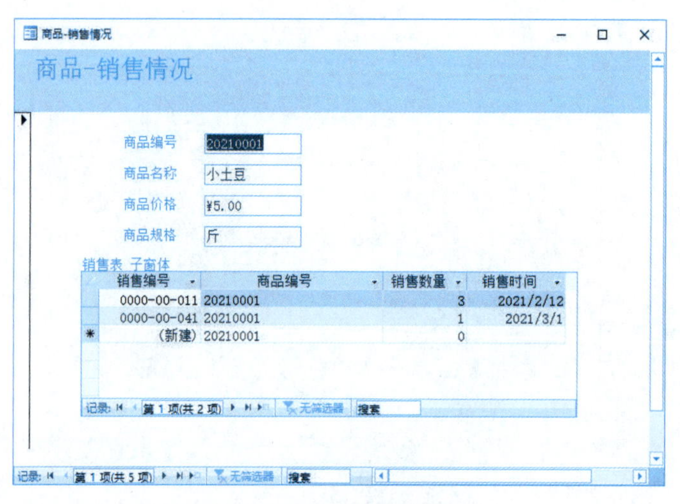

图 4-87　商品—销售情况

6. 使用“窗体设计”按钮创建“商品销售情况”窗体，使用“窗体设计工具 | 选项卡控件”选项卡分别显示两页信息：商品信息和销售情况。两页都利用文本框控件进行显示。

7. 根据题 3 创建的“商品信息”窗体，使用“控件向导”和“按钮”控件添加记录浏览按钮：“上一条记录”、“下一条记录”、“第一条记录”和“最后一条记录”，可实现记录的前后翻页浏览以及能切换到第一条和最后一条记录的功能，并将窗体另存为“课程 2”窗体。

项目五

创建学生管理系统报表

课前学习工作页

1. 复习前一个项目或上网查找有关数据库技术的资料，回答下列问题：

① 什么是报表？报表有哪些特点？

② 报表有哪些分类？

③ 创建报表有哪几种方式？

2. 扫描二维码观看视频 5-1，并完成下列题目：

视频 5-1　报表设计

① Access 2016 中，一个报表由________、________、________、________、________五个部分组成。

② Access 2016 报表有四种基本类型，分别是________、________、________、________。

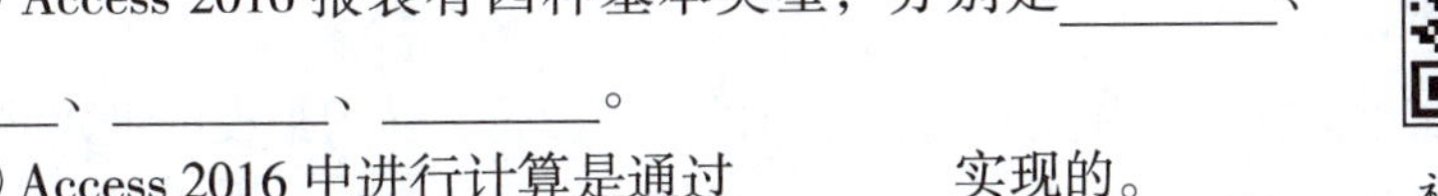

③ Access 2016 中进行计算是通过________实现的。

④ 在创建报表时，最快捷的方法是________。

A．使用报表视图

B．使用简单报表工具

C．使用空报表工具

D．使用标签工具

⑤ 可作为报表记录源的是________。

A．表

B．查询

C．Select 语句

D．以上都不是

课堂学习任务

1. 报表是数据库的主要对象之一。它用于控制数据表、查询或者窗体中的数据输出，用简单直观的方式表示数据，是建立数据库信息的最佳方式。

2. 利用表和查询作为数据源，在设计视图下对报表进行设计和制作。

3. 掌握在报表中对记录进行分组、排序、计算和汇总。

学习目标与重点难点

学习目标	了解报表的基本概念及分类 掌握运用向导或设计视图创建报表 掌握报表的编辑和修改 掌握预览和打印报表的方法
重点难点	在设计视图中创建报表（重点） 报表的计算（难点）

任务一　认识报表

在 Access 中，创建报表的方法很多，有许多方法与创建数据窗体相似，掌握了窗体的创建和设计方法，学习报表设计相对会轻松很多。

一、报表的基本概念

报表是数据库中数据信息和文档信息输出的一种形式，使用报表可将数据库中的数据信息和文档信息以表格的形式进行显示或打印输出。

报表的功能包括：

① 以格式化的形式输出数据。

② 对数据进行分组、汇总。

③ 包含子报表及图表数据。

④ 输出标签、发票、订单和信封等多种样式报表。

⑤ 进行计算、求平均数、求和等统计计算。

⑥ 可嵌入图像或图片以丰富数据显示。

二、报表的组成

Access 2016 为报表操作提供了四种视图，分别是报表视图、设计视图、布局视图和打印视图。

在这 4 种视图方式中，能体现报表各个部分组成的主要是设计视图。

报表通常由报表页眉、报表页脚、页面页眉、页面页脚及主体五部分组成，这些部分都称为报表的“节”。报表中的每个节都有其特定的功能。报表各节的分布如图 5-1 所示。

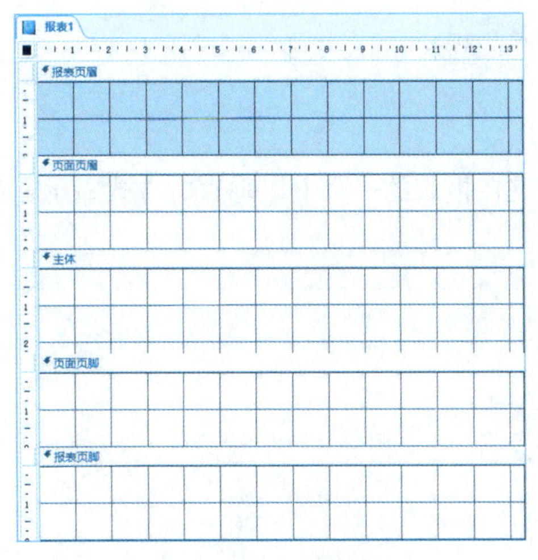

图 5-1　报表组成

1. 报表页眉

报表页眉是整个报表的页眉，内容只在报表的首页头部打印输出。报表页眉主要用于打印报表标题、制作时间、制作单位等内容。

2. 页面页眉

页面页眉的内容在报表每页的头部打印输出。页面页眉主要用于定义报表输出的每一列的标题。

3. 主体

主体是报表打印数据的主题部分。可将数据源中的字段直接“拖”到“主体”节中，或者将报表控件放到“主体”节中用来显示数据内容。

“主体”中的内容是报表不可缺少的关键内容。

4. 页面页脚

页面页脚的内容在报表每页的底部打印输出。页面页脚主要用来打印报表页号、制表人和审核人等信息。

5. 报表页脚

报表页脚是整个报表的页脚，内容只在报表的最后一页的底部打印输出。报表页脚主要用来打印数据的统计结果信息。

三、报表的类型

Access 系统提供了丰富多样的报表样式，主要有四种类型：纵栏式报表、表格式报表、图表式报表和标签式报表。

1. 纵栏式报表

纵栏式报表的格式是在报表的一页上以垂直的方式显示，如图 5-2 所示。

学生表

学生编号	16001
姓名	张明
性别	男
出生日期	2001/11/20
团员	☑
电话号码	(0769)22088
学生编号	16002
姓名	韩雪
性别	女
出生日期	2001/8 /10
团员	☑
电话号码	(0769)22087
学生编号	16003
姓名	赵晓晓
性别	女
出生日期	2002/7 /22
团员	☐
电话号码	(0769)22045
学生编号	16004
姓名	刘志平
性别	男
出生日期	2002/12/1
团员	☐

图 5-2　纵栏式报表

2. 表格式报表

表格式报表的格式类似于数据表的格式，以行、列的形式输出数据，因此，可在报表的一页上输出多条记录内容，如图 5-3 所示。

学生表1

学生编号	姓名	性别	出生日期	团员	电话号码
16001	张明	男	2001/11/20	☑	(0769)22088
16002	韩雪	女	2001/8 /10	☑	(0769)22087
16003	赵晓晓	女	2002/7 /22	☐	(0769)22045
16004	刘志平	男	2002/12/1	☐	(0769)22062
16005	陈培聪	男	2001/9 /13	☑	(0769)22033
16006	陈丹	女	2001/12/16	☐	(0769)22088
16007	韩小东	男	2002/8 /20	☑	(0769)22066
16008	张于	男	2001/8 /21	☑	(0769)22055
16009	陈好	女	2001/9 /22	☑	(0769)22088

图 5-3　表格式报表

3. 图表式报表

图表式报表是指报表中的数据以图表的格式显示。类似 Excel 中的图表，图表可直观地展示数据之间的关系，如图 5-4 所示。

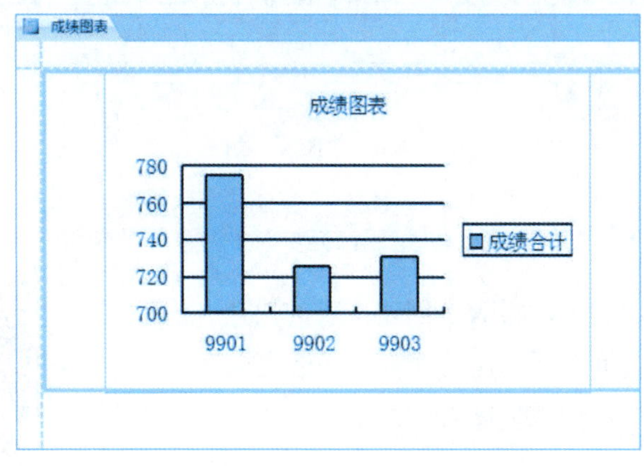

图 5-4　图表式报表

4. 标签式报表

标签式报表是特殊的报表格式，对数据的输出类似制作的各个标签。在实际的应用中，可制作学生表的标签，用来邮寄学生的通知、信件等，如图 5-5 所示。

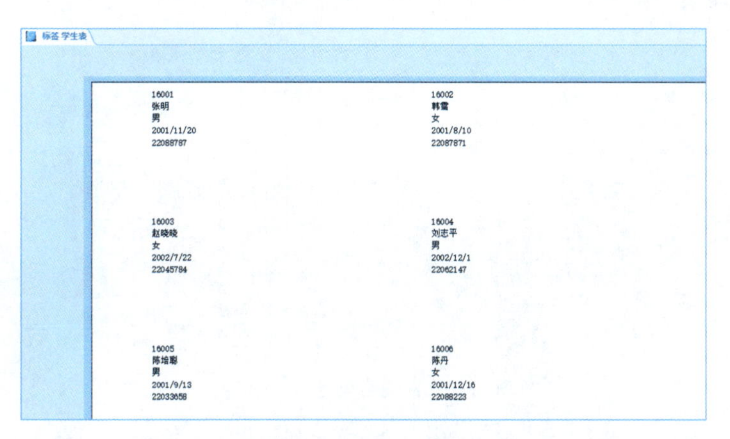

图 5-5　标签式报表

任务二　创建报表

Access 2016 提供了五种创建报表的工具：报表、报表设计、空报表、报表向导和标签，如图 5-6 所示。一般简单的报表，可用“自动报表”和“报表向导”创建；

较复杂的报表，可在“自动报表”和“报表向导”创建的报表基础上，再使用报表设计器进行重新修改完善。

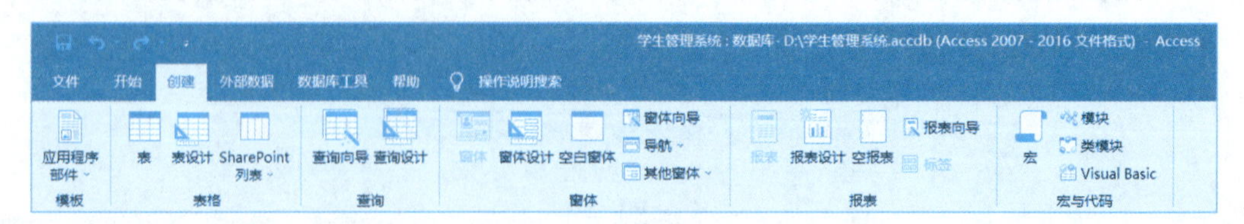

图 5-6 “报表”组

一、使用“报表”按钮创建报表

视频 5-2 使用“报表”按钮创建报表

使用“报表”按钮创建报表是创建报表的快速方法，其数据源是某个表或查询，所创建的报表是表格式报表。

例 5.1 利用“学生管理系统”数据库中的“学生表”创建报表。

操作步骤（扫码观看视频 5-2）：

① 打开“学生管理系统”数据库。

② 在数据库窗口中，选择导航栏中的“学生表”作为数据源，单击“创建”选项卡“报表”组中的“报表”按钮。此时，窗口右侧会自动生成并显示“学生表”的报表，如图 5-7 所示。

学生表2

学生表

学生编号	姓名	性别	出生日期	团员	电话号码
16001	张明	男	2001/11/20	☑	(0769)22088787
16002	韩雪	女	2001/8 /10	☑	(0769)22087871
16003	赵晓晓	女	2002/7 /22	☐	(0769)22045784
16004	刘志平	男	2002/12/1	☐	(0769)22062147
16005	陈培聪	男	2001/9 /13	☑	(0769)22033658
16006	陈丹	女	2001/12/16	☐	(0769)22088223
16007	韩小东	男	2002/8 /20	☑	(0769)22066992
16008	张于	男	2001/8 /21	☑	(0769)22055455
16009	陈好	女	2001/9 /22	☑	(0769)22088998

图 5-7 系统自动生成的报表

③ 单击“保存”按钮，弹出图 5-8 所示的“另存为”对话框，输入报表名称“学生表报表”，单击“确定”按钮。

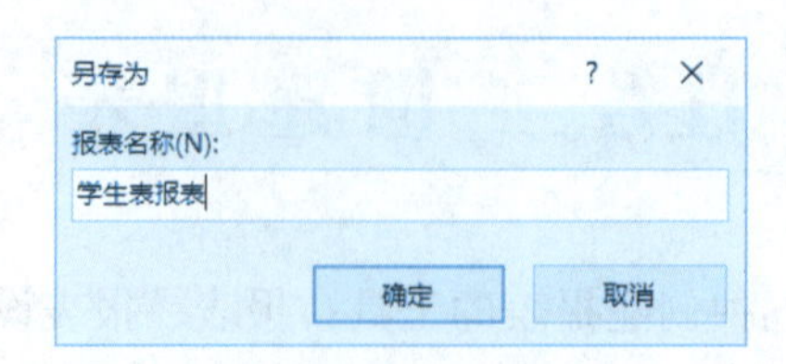

图 5-8 “另存为”对话框

④ 单击“设计”选项卡“视图”组中的“视图”下拉按钮，在下拉菜单中选择“打印预览”命令，进入打印预览视图，可以预览报表，如图 5-9 所示。

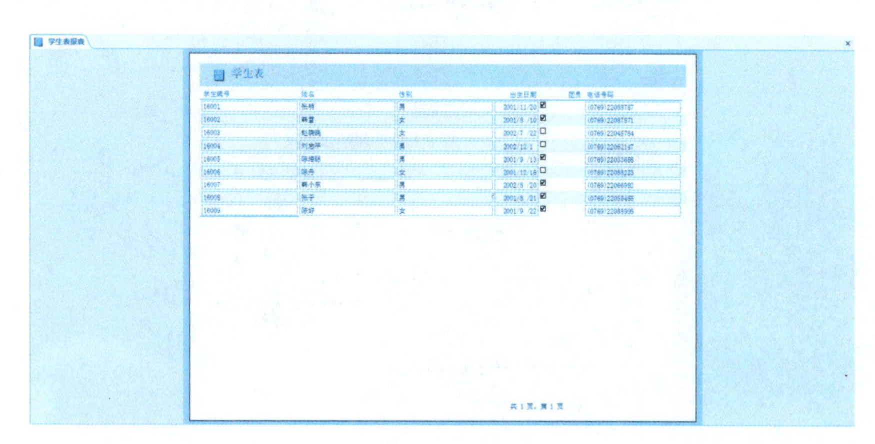

图 5-9　预览报表

二、使用“报表向导”按钮创建报表

使用“报表向导”按钮创建报表时，可以选择报表包含的字段个数，还可定义报表布局及样式。

使用“报表向导”按钮创建报表的操作步骤如下：

① 打开数据库。

② 在数据库窗口的导航窗格中选择“表”或者“查询”作为数据源，单击“报表向导”按钮。

③ 在“报表向导”对话框中确定“报表”所需的字段、选择报表的分组级别、报表中数据的排列顺序、创建报表的布局方式、定义报表标题等。

④ 保存并预览报表，结束报表的创建。

例 5.2　利用“学生管理系统”数据库中的“成绩表”创建报表。

操作步骤（扫码观看视频 5-3）：

① 打开“学生管理系统”数据库。

② 在数据库窗口的导航窗格中选择“成绩表”作为数据源，单击“报表向导”按钮。

③ 在“报表向导”对话框中确定报表使用的字段，如图 5-10 所示。

④ 在“报表向导”对话框中确定是否添加分组级别，如图 5-11 所示。

视频 5-3 使用“报表向导”按钮创建报表

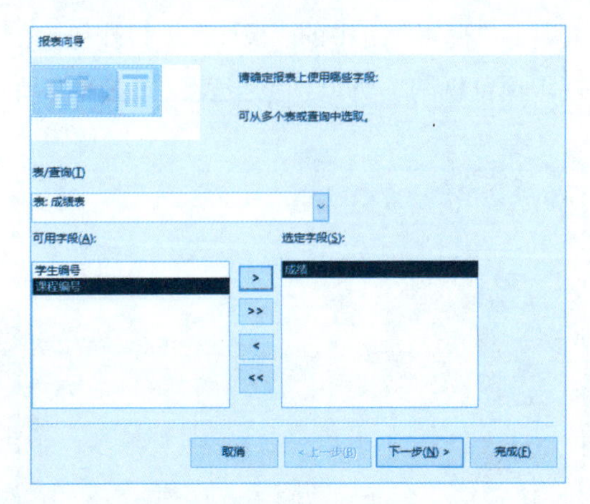

图 5-10　确定字段

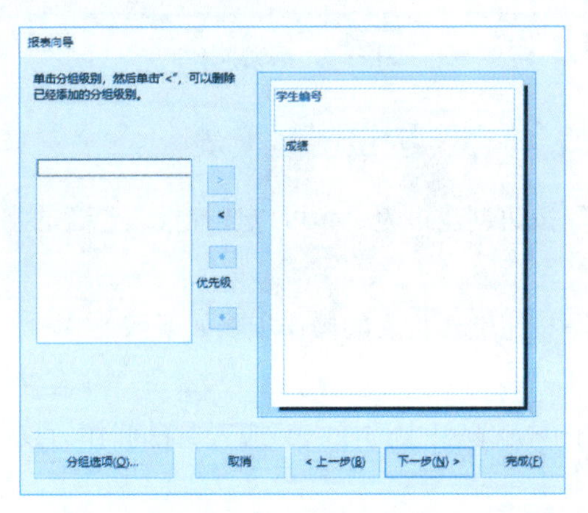

图 5-11　添加分组级别

⑤ 在“报表向导”对话框中确定记录所用的排序次序，如图 5-12 所示。

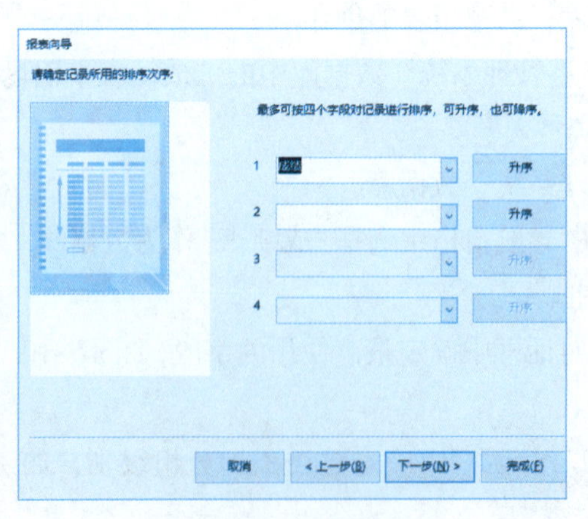

图 5-12　确定排序次序

⑥ 在“报表向导”对话框中确定报表布局方式，如图 5-13 所示。

⑦ 在“报表向导”对话框中确定报表的标题，如图 5-14 所示。

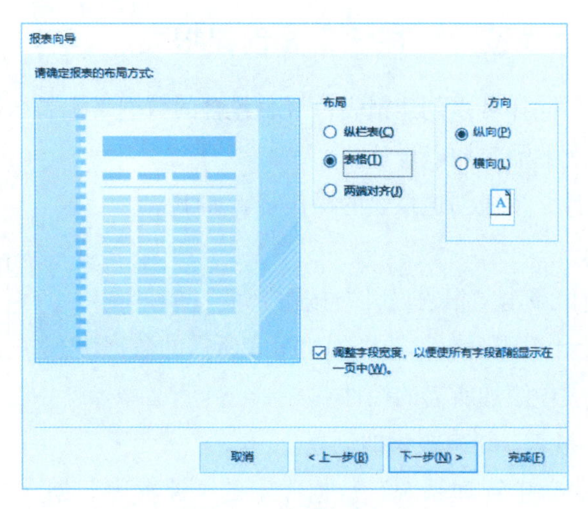

图 5-13　确定布局方式

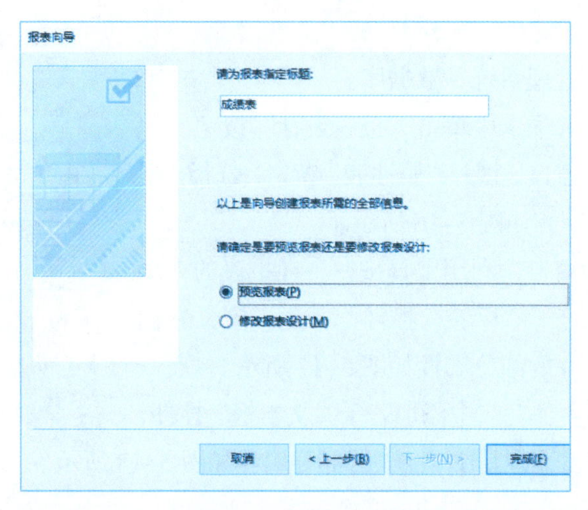

图 5-14　确定报表标题

⑧预览“成绩表”报表，结束报表的创建，如图 5-15 所示。

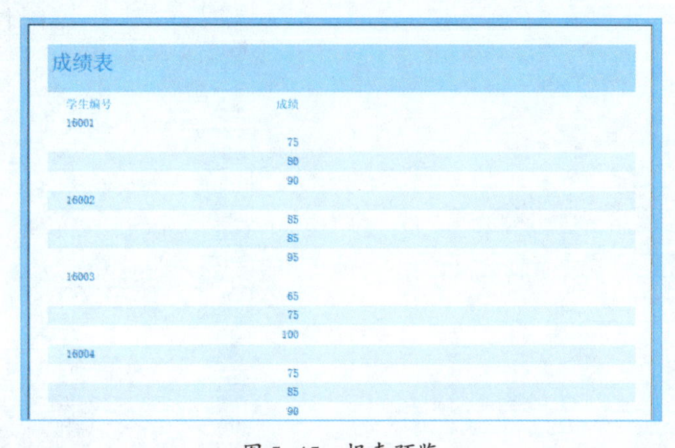

图 5-15　报表预览

三、使用“报表设计”按钮工具创建报表

使用报表设计器同样可以创建报表，报表包含的数据来源、布局、样式都可按照设计者的个性及问题的需求加以设计。

使用“报表设计”按钮创建报表的操作步骤如下：

① 打开数据库。

② 在数据库窗口单击“报表设计”按钮。

③ 在报表的设计视图窗口，选择创建报表所需的数据源，利用工具按钮向报表中添加所需的控件。

④ 保存并预览报表，结束报表的创建。

视频 5-4　设计工具创建报表

例 5.3　利用“学生管理系统”数据库中的“课程表”创建报表。

操作步骤（扫码观看视频 5-4）：

① 打开“学生管理系统”数据库。

② 在“创建”选项卡中单击“报表设计”按钮。

③ 在设计视图窗口，打开“属性表”窗格，选择“记录源”为“课程表”，如图 5-16 所示。

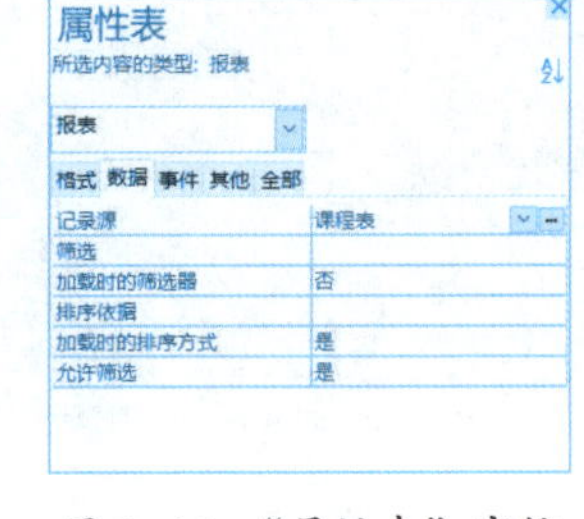

属性表

所选内容的类型：报表

报表

格式 数据 事件 其他 全部

记录源	课程表
筛选	
加载时的筛选器	否
排序依据	
加载时的排序方式	是
允许筛选	是

图 5-16　“属性表”窗格

④ 在设计视图窗口，利用工具按钮，在报表的“页面页眉”节中添加若干“标签”控件，并逐一定义它们的属性，其中 Label0 的部分属性如图 5-17 所示。

⑤ 在报表的“主体”节中添加若干“文本框”控件，并逐一定义它们的属性，其中 Text1 的部分属性如图 5-18 所示。

Label0

格式 数据 事件 其他 全部

标题	课程编号
可见	是
宽度	2.489cm
高度	1.002cm
上边距	0.399cm
左边距	0.998cm
背景样式	透明
背景色	背景 1
边框样式	透明
边框宽度	Hairline
边框颜色	文字 1，淡色 50%
特殊效果	平面
字体名称	宋体 (主体)
字号	16
文本对齐	居中
字体粗细	正常
下划线	否
倾斜字体	否
前景色	文字 1，淡色 40%
行距	0cm

图 5-17　标签属性

课程编号

格式 数据 事件 其他 全部

格式	
小数位数	自动
可见	是
宽度	3cm
高度	0.508cm
上边距	0.399cm
左边距	0.998cm
背景样式	常规
背景色	背景 1
边框样式	实线
边框宽度	Hairline
边框颜色	背景 1，深色 35%
特殊效果	平面
滚动条	无
字体名称	宋体 (主体)
字号	11
文本对齐	常规
字体粗细	正常
下划线	否
倾斜字体	否
前景色	文字 1，淡色 25%
行距	0cm

图 5-18　文本框属性

⑥ 完成各“节”的控件属性定义后，使用“排列”选项卡中的“对齐”按钮定义报表的整体布局，如图 5-19 和图 5-20 所示。

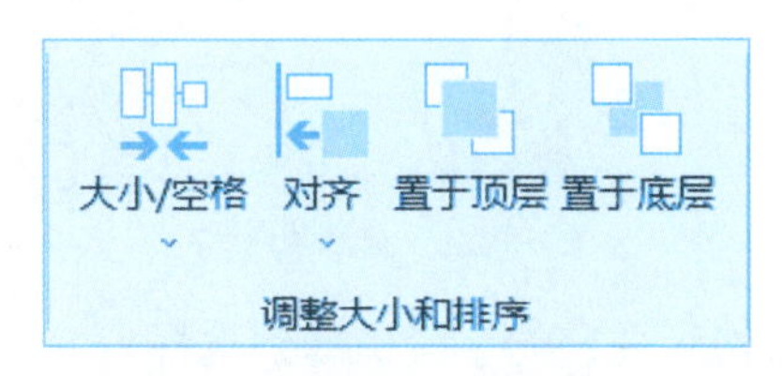

图 5-19　整体布局调整

⑦ 保存并预览报表，结束报表的创建，如图 5-21 所示。

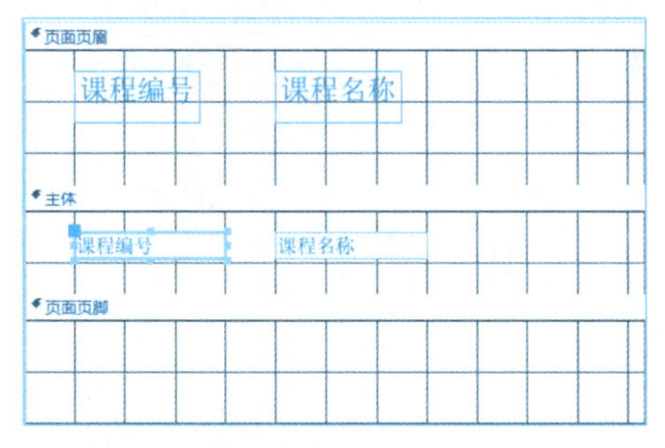

图 5-20　控件对齐

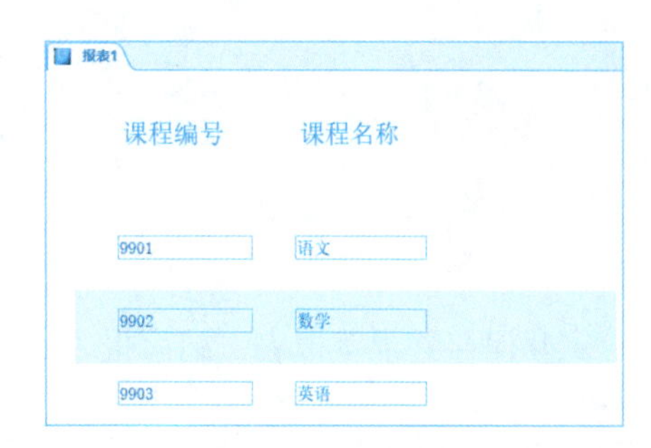

图 5-21　报表预览

四、使用“空报表”按钮创建报表

如果“报表工具”按钮或者“报表向导”按钮不能满足报表的设计需求，可使用“空报表”按钮创建报表。只在报表上放置很少几个字段时，使用这种方法生成的报表非常快捷。

使用“空报表”按钮创建报表的操作步骤如下：

① 打开数据库。

② 在数据库窗口单击“空报表”按钮。

③ 拖放“字段列表”中的字段到空报表中。

④ 保存并预览报表。

例 5.4　利用“学生管理系统”数据库中的“学生表”创建报表。

操作步骤（扫码观看视频 5-5）：

① 打开“学生管理系统”数据库。

② 单击“空报表”按钮，打开图 5-22 所示的空报表窗口。

视频 5-5　使用“空报表”按钮创建报表

图 5-22　空报表窗口

③ 将“字段列表”窗格中选定的字段拖动到空报表中，如图 5-23 所示。

学生编号	姓名	性别	出生日期
16001	张明	男	2001/11/20
16002	韩雪	女	2001/8/10
16003	赵晓晓	女	2002/7/22
16004	刘志平	男	2002/12/1
16005	陈培聪	男	2001/9/13
16006	陈丹	女	2001/12/16
16007	韩小东	男	2002/8/20
16008	张于	男	2001/8/21
16009	陈好	女	2001/9/22

图 5-23　拖放字段

④ 保存并预览报表，结束报表的创建，如图 5-24 所示。

学生编号	姓名	性别	出生日期
16001	张明	男	2001/11/20
16002	韩雪	女	2001/8/10
16003	赵晓晓	女	2002/7/22
16004	刘志平	男	2002/12/1
16005	陈培聪	男	2001/9/13
16006	陈丹	女	2001/12/16
16007	韩小东	男	2002/8/20
16008	张于	男	2001/8/21
16009	陈好	女	2001/9/22

图 5-24　预览报表

五、编辑报表

对于已经创建的报表，可以在设计视图中进行编辑和修改。

1. 设置报表的格式

操作步骤如下：

① 在设计视图中打开需要进行格式设置的报表。

② 选择需要更改其格式的对象。

③ 单击“主题”按钮，在弹出的下拉菜单中为报表选择一种格式。

2. 添加报表的背景图片

在报表中添加背景图片可以美化报表的外观，操作步骤如下：

① 在设计视图下打开报表。

② 选择“报表格式工具 | 格式”选项卡。

③ 在“格式”选项卡中单击“背景图像”按钮，在“背景图像”弹出的下拉菜单中选择“浏览”命令，在弹出的对话框中查找需要的图片文件。

④ 关闭报表“属性”窗口，进行预览。

3. 在报表中添加时间和日期

运用设计视图创建或编辑报表时，时间和日期只能手工添加。操作步骤如下：

① 在设计视图中打开报表。

② 单击“设计”选项卡“页眉 / 页脚”组中的“日期和时间”按钮，在弹出的对话框中设置是否包含日期和时间，并选择日期和时间的显示格式。

③ 单击“确定”按钮，进行预览。

4. 在报表中添加页码

添加页码的方法与添加日期和时间的方法十分相似，操作步骤如下：

① 在设计视图中打开报表。

② 单击“设计”选项卡“页眉 / 页脚”组中的“页码”按钮，在弹出的对话框中设置页码显示的格式、位置、对齐方式及首页是否显示页码等内容。

③ 单击“确定”按钮，进行预览。

任务三　报表排序和分组

一、在报表中排序记录

在报表中同样允许对输出数据进行排序，可以单击“设计”选项卡“分组和汇总”组中的“分组和排序”按钮，在出现的“分组、排序和汇总”窗口通过“添加排序”，依次对排序的基准字段进行选择，并设定升序还是降序。

例 5.5　在“学生表”报表中按照“出生日期”大小（升序）进行排序，相同“出生日期”按“学生编号”（升序）进行排序。

操作步骤（扫码观看视频 5-6）：

① 打开“学生管理系统”数据库。

② 打开“学生表”报表，切换到设计视图。

③ 单击“设计”选项卡“分组和汇总”组中的“分组和排

视频 5-6　在报表中排序记录

序”按钮，出现“分组、排序和汇总”窗口，如图 5-25 所示。

④ 在“分组、排序和汇总”窗口中单击“添加排序”按钮，在出现的“字段列表”下拉列表中选择“出生日期”作为排序依据，顺序为“升序”，如图 5-26 所示。

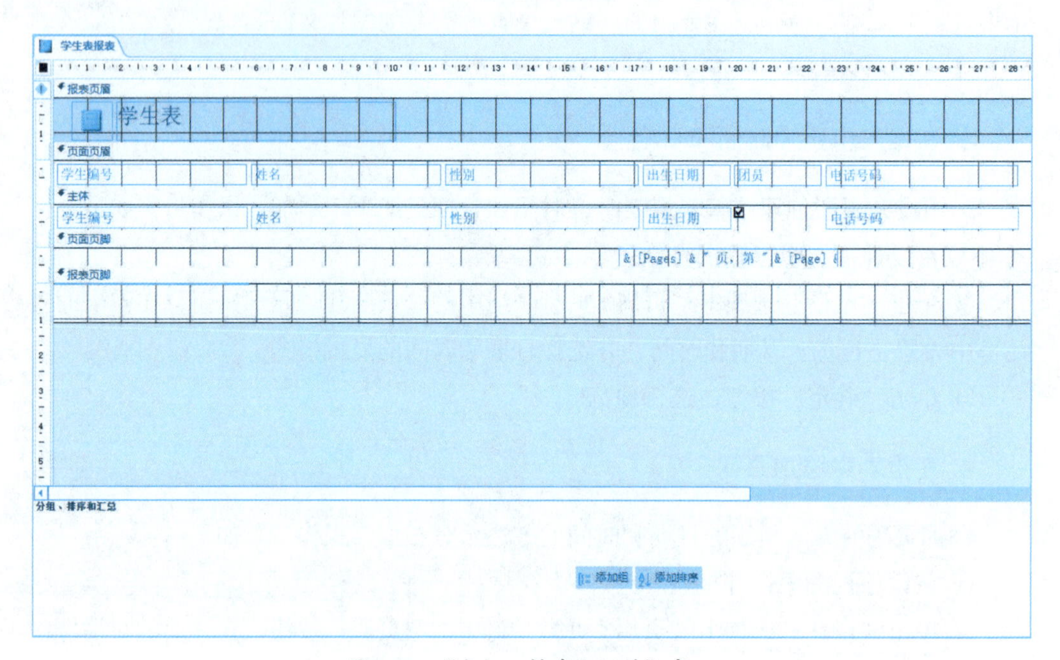

图 5-25 “分组、排序和汇总”窗口

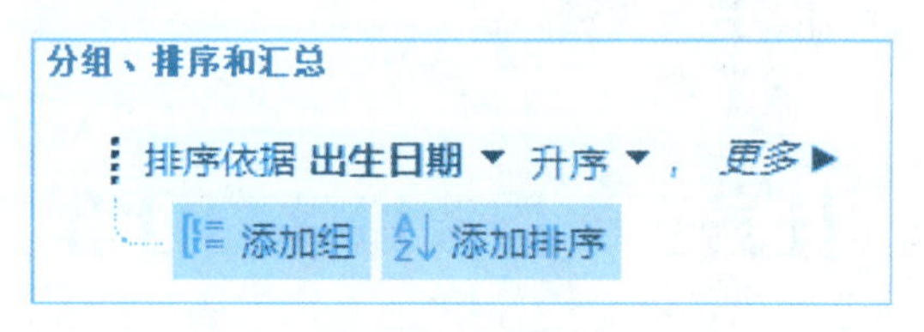

图 5-26 添加“出生日期”字段

⑤ 再次单击“添加排序”按钮，在出现的“字段列表”下拉列表中选择“学生编号”作为排序依据，顺序为“升序”，如图 5-27 所示。

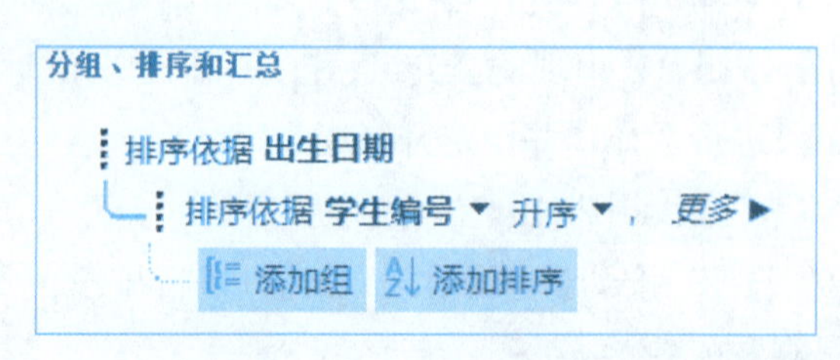

图 5-27 添加“学生编号”字段

⑥ 单击“设计”选项卡“视图”组中的“视图”下拉按钮，在弹出的菜单中选择“打印预览”命令，进入打印预览视图，可以预览报表，如图 5-28 所示。

学生表报表

学生表

学生编号	姓名	性别	出生日期	团员	电话号码
16002	韩雪	女	2001/8 /10	☑	(0769) 22087871
16008	张于	男	2001/8 /21	☑	(0769) 22053455
16005	陈培聪	男	2001/9 /13	☑	(0769) 22033658
16009	陈好	女	2001/9 /22	☑	(0769) 22088998
16001	张明	男	2001/11/20	☑	(0769) 22088787
16006	陈丹	女	2001/12/16	☐	(0769) 22088223
16003	赵晓晓	女	2002/7 /22	☐	(0769) 22045784
16007	韩小东	男	2002/8 /20	☑	(0769) 22066992
16004	刘志平	男	2002/12/1	☐	(0769) 22062147

图 5-28　“学生表”排序预览

二、在报表中分组记录

对报表进行分组设置可使报表中的数据分组输出，这样的报表既有针对性又有直观性，方便用户使用。

例 5.6　在“学生表”报表中按照“性别”进行分组。

操作步骤（扫码观看视频 5-7）：

① 打开“学生管理系统”数据库。

② 打开“学生表”报表，切换到设计视图。

③ 单击“设计”选项卡“分组和汇总”组中的“分组和排序”按钮，出现“分组、排序和汇总”窗口。

④ 在“分组、排序和汇总”窗口单击“添加组”按钮，在出现的“字段列表”下拉列表中选择“性别”作为分组形式，顺序为“升序”，如图 5-29 所示。

视频 5-7　报表分组

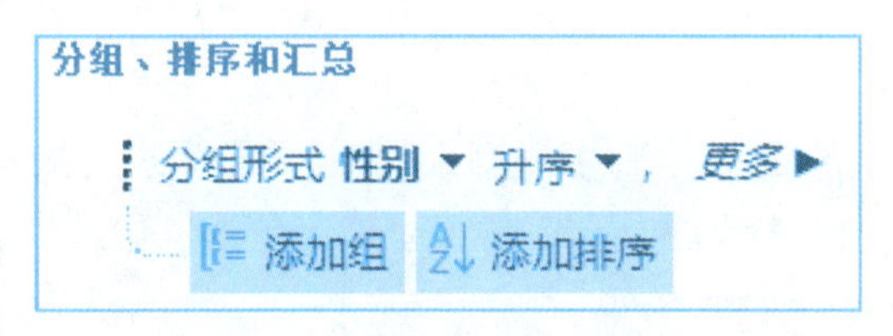

图 5-29　添加“性别”分组

⑤ 选中“性别”字段，然后粘贴到“性别”页眉中，如图 5-30 所示。

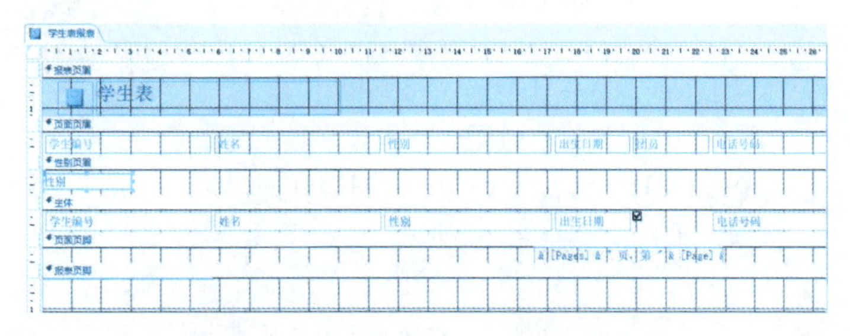

图 5-30　复制并粘贴“性别”页眉

⑥ 单击“设计”选项卡“视图”组中的“视图”下拉按钮，在弹出的菜单中选择“打印预览”命令，进入打印预览视图，可以预览报表，如图 5-31 所示。

学生表报表

学生表

学生编号	姓名	性别	出生日期	团员	电话号码
男					
16008	张予	男	2001/8 /21	☑	(0769) 22055455
16007	韩小东	男	2002/8 /20	☑	(0769) 22066992
16005	陈培聪	男	2001/9 /13	☑	(0769) 22033658
16004	刘志平	男	2002/12/1	☐	(0769) 22062147
16001	张明	男	2001/11/20	☑	(0769) 22088787
女					
16009	陈妤	女	2001/9 /22	☑	(0769) 22088996
16006	陈丹	女	2001/12/16	☐	(0769) 22088223
16003	赵晓晓	女	2002/7 /22	☐	(0769) 22045784
16002	韩雪	女	2001/8 /10	☑	(0769) 22087871

共 1 页，第 1 页

图 5-31　报表分组预览

任务四　报表的计算和汇总

一、在报表中添加计算控件

报表设计过程中，经常需要进行各种运算并将结果显示出来，如页码的输出、分组统计平均成绩的数据输出等均是通过设置绑定控件的控件来源为计算表达式来实现的，这些控件称为“计算控件”。

例 5.7　计算学生的年龄，并用计算结果替换“学生表”报表中的出生日期字段。

操作步骤（扫码观看视频 5-8）：

① 打开“学生管理系统”数据库。

② 打开“学生表”报表的设计视图。

③ 将“页面页眉”节中的“出生日期”标签标题修改为“年龄”。

④ 将“主体”节中的“出生日期”字段删除。

视频 5-8　在报表中添加计算控件

⑤ 在“设计”选项卡的“控件”组中单击“文本框”按钮，在主体节中添加一个文本框。将文本框放在“出生日期”字段原来的位置，并把文本框的附加标签删除，如图 5-32 所示。

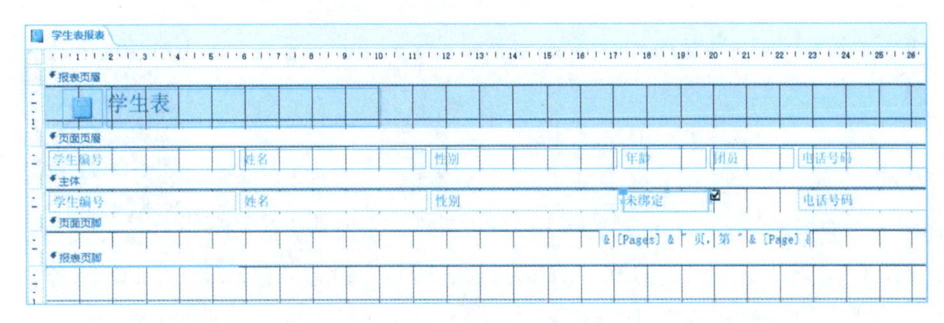

图 5-32　修改的学生报表

⑥ 双击文本框打开“属性表”窗格，在“控件来源”中输入“=Year(Date())-Year([出生日期])”，如图 5-33 所示。

Text35

格式　数据　事件　其他　全部

控件来源	=Year(Date())-Year([出生日期])
文本格式	纯文本
运行总和	不
输入掩码	
可用	是

图 5-33　“属性表”窗格

⑦ 切换到报表视图，可看到报表中计算控件的计算结果，如图 5-34 所示。

学生表报表

学生表

学生编号	姓名	性别	年龄	团员	电话号码
16002	韩雪	女	21	☑	(0769) 22067871
16008	张于	男	21	☑	(0769) 22055455
16005	陈培聪	男	21	☑	(0769) 22033658
16009	陈好	女	21	☑	(0769) 22088998
16001	张明	男	21	☑	(0769) 22068787
16006	陈丹	女	21	☐	(0769) 22088223
16003	赵晓晓	女	20	☐	(0769) 22045784
16007	韩小东	男	20	☑	(0769) 22066992
16004	刘志平	男	20	☐	(0769) 22062147

图 5-34　计算控件的计算结果

二、报表统计计算

在 Access 中，用户可使用内置函数对报表中的数据进行各种统计计算。例如，使用 Avg 函数计算字段的平均值，使用 Count 函数计算记录的数目等。

例 5.8　在“成绩表”报表中，计算学生各课程的平均成绩。

操作步骤（扫码观看视频 5-9）：

视频 5-9　报表统计计算——平均值

① 打开“学生管理系统”数据库。

② 打开“成绩表”报表的设计视图。

③ 在“报表页脚”节的右侧添加一个文本框。设置附加标签的标题为“平均成绩”。双击文本框，打开“属性表”窗格，在“控件来源”中输入“=Avg([成绩])”，如图 5-35 所示。设置“格式”为“固定”，“小数位数”为“0”。

④ 在“设计”选项卡的“控件”组中，单击“直线”按钮，在“报表页脚”节的计算控件的上部添加一条直线。

Text7

格式　数据　事件　其他　全部

控件来源	=Avg([成绩])
文本格式	纯文本
运行总和	不
输入掩码	
可用	是

图 5-35　“属性表”窗格

⑤ 切换到打印预览视图，可看到设计效果，如图 5-36 所示。

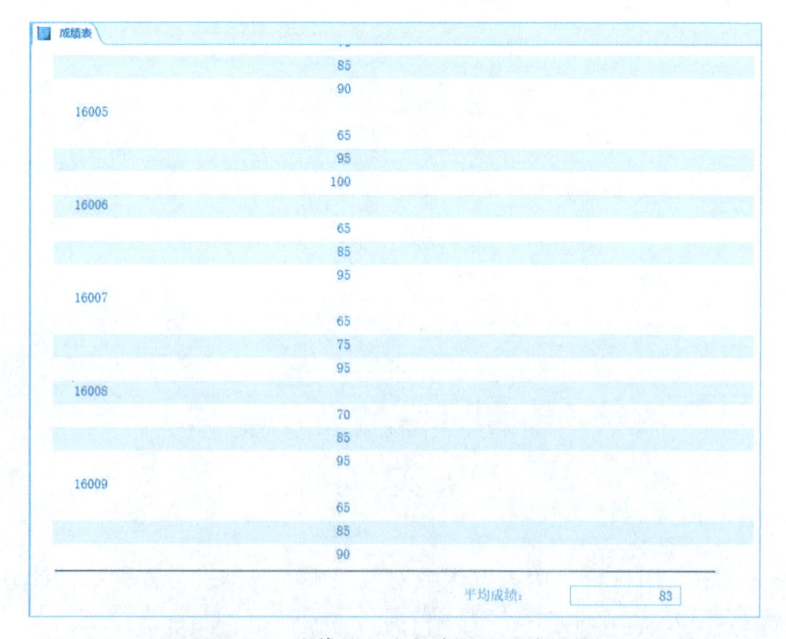

图 5-36　计算“平均成绩”的设计效果

例 5.9　在“学生表”报表中，按团员对学生分组，计算团员的记录数，学生的总记录数和团员占学生总数的百分比。

操作步骤（扫码观看视频 5-10）：

视频 5-10　报表统计计算——百分比

① 打开“学生管理系统”数据库。

② 打开“学生表”报表的设计视图。

③ 单击“设计”选项卡“分组和汇总”组中的“分组和排序”按钮，出现“分组、排序和汇总”窗口，在窗口中添加了“添加组”和“添加排序”按钮。单击“添加组”按钮，在出现的下拉列表中选择“团员”，在报表的“主体”节添加了“团员页眉”节；把“团员”字段拖动到“团员页眉”节中，在“属性表”窗格中设置“团员页眉”节的高度，如图 5-37 所示。

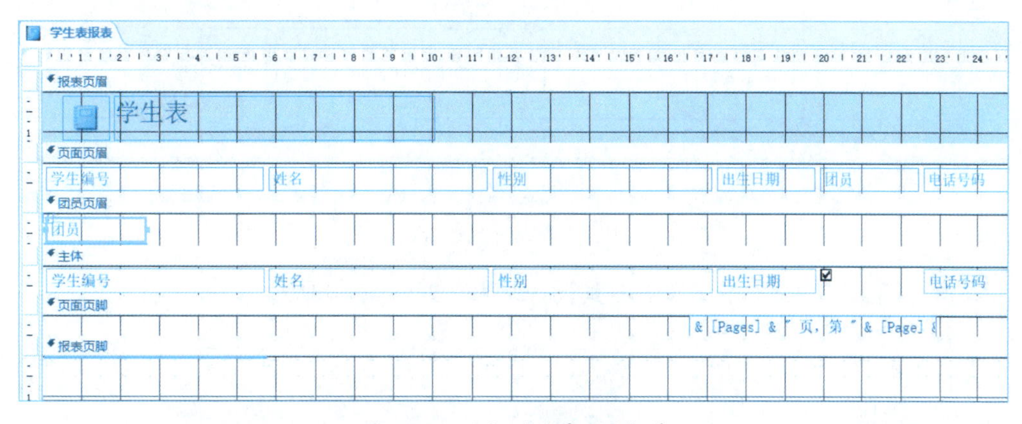

图 5-37　添加“团员页眉”节

④ 在“分组、排序和汇总”窗口中，单击“分组形式”栏右侧的“更多”按钮，在展开的分组栏中单击“无页脚节”右侧的箭头，在打开的下拉列表中选择“有页脚节”，如图 5-38 所示，即在报表中添加了“团员页脚”节。

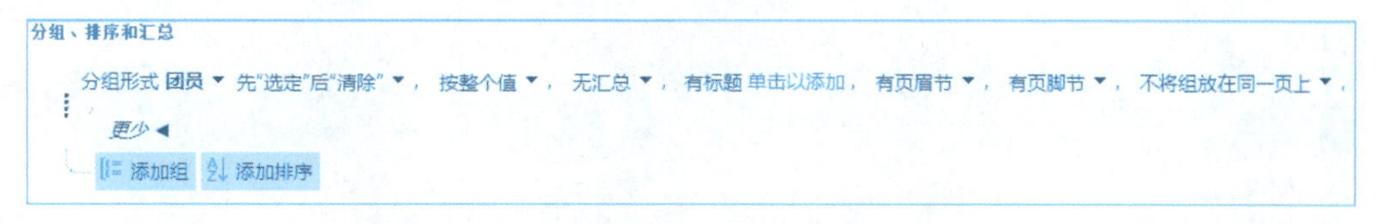

图 5-38　添加“团员页脚”节

⑤ 在“报表页脚”节中添加一个文本框，设置附加标签的标题为“学生总人数”，在文本框中输入“=Count（学生编号）”，用以计算学生总人数，命名文本框的名称为“学生总人数”。

⑥ 在“团员页脚”节中添加一个文本框，设置附加标签的标题为“团员人数”，在文本框中输入“=Count（团员）”，用以计算团员总人数，命名文本框的名称为“团员总人数”。

⑦ “在团员页脚”节中再添加一个文本框，设置附加标签的标题为“团员占学生人数的百分比”，在文本框中输入“=[团员人数]/[学生总人数]”，如图 5-39 所示。在“属性表”窗格中设置文本框的“格式”为“百分比”，“小数位数”为“1”。

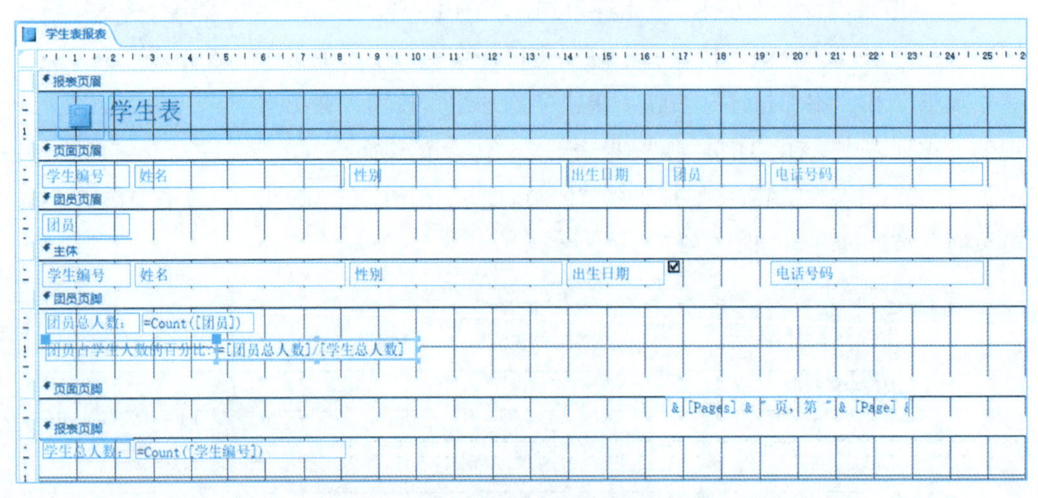

图 5-39　报表设计完成后的结果

⑧ 切换到打印预览视图，可看到设计结果，如图 5-40 所示。

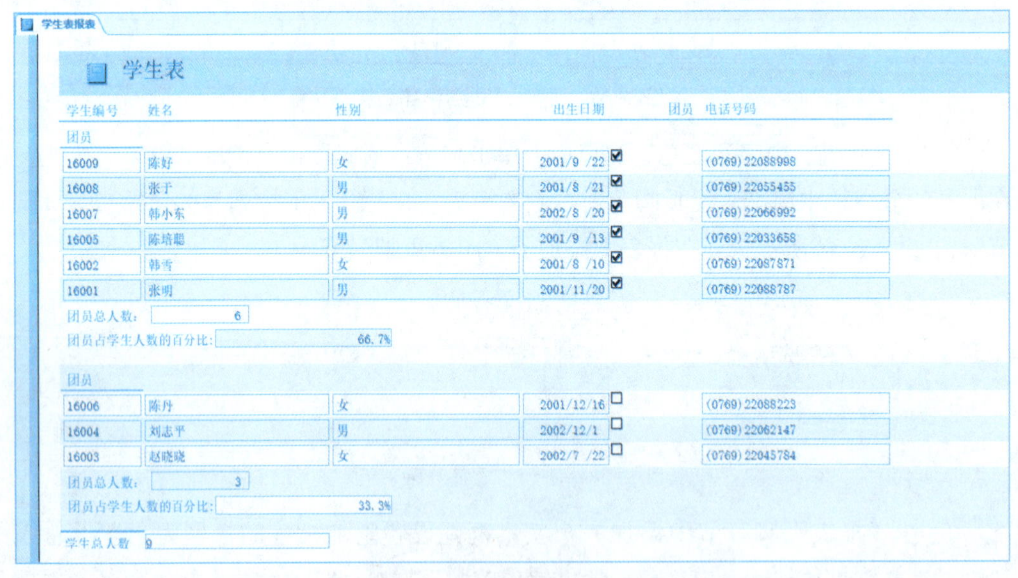

图 5-40　计算“百分比”的设计结果

三、常用函数

Access 提供了丰富的函数，方便用户的日常使用，分别有算术函数、文本函数、日期函数、时间函数等，其中常用的函数有以下几种：

1. Avg 平均值函数

格式：Avg(< 字符表达式 >)

功能：返回字符表达式中值的平均值。字符表达式可以是一个字段名，也可以是一个含字段名的表达式。

2. Sum 总计函数

格式：Sum(< 字符表达式 >)

功能：返回字符表达式中值的总和。字符表达式可以是一个字段名，也可以是一个含字段名的表达式。

3. Count 计数函数

格式：Count(< 字符表达式 >)

功能：返回字符表达式中值的个数。字符表达式可以是一个字段名，也可以是一个含字段名的表达式。

4. Max 最大值函数

格式：Max(< 字符表达式 >)

功能：返回字符表达式中值的最大值。字符表达式可以是一个字段名，也可以是一个含字段名的表达式。

5. Min 最小值函数

格式：Min(< 字符表达式 >)

功能：返回字符表达式中值的最小值。字符表达式可以是一个字段名，也可以是一个含字段名的表达式。

6. Date() 日期函数

格式：Date()

功能：返回当前系统日期。

7. Time() 时间函数

格式：Time()

功能：返回当前系统时间。

8. Now() 系统日期和时间函数

格式：Now()

功能：返回当前系统的日期和时间。

素养园地

函　数

函数的概念经过了300多年的发展，才发展到今天的概念，函数的表示方法也经过300多年的发展才发展到今天的地步，也正是有莱布尼茨、约翰·伯努利、欧拉、柯西、罗巴契夫斯基、狄里克雷等数学家对函数表示方法的完善所做的贡献，从而形成了今天的函数的表示方法。在Access中，有很多种函数，我们真正弄明白函中之机、函中之理、函中之道才能使我们的工作效率翻倍。

任务五　打印报表

打印报表是报表的一种呈现方式，很多情况下需要将报表打印出来。为了取得更好的打印效果，在正式打印前需要进行一些参数设置。

一、页面设置

为了使报表达到用户要求，在打印前往往需要进行页面设置。所谓页面设置，是指设置打印时使用的打印机型号、纸张大小、页边距、打印对象在页面上的排列方式以及纸张方向等。

二、预览报表

预览报表的目的是在屏幕上模拟打印机的实际效果。Access 2016 提供了多种打印预览的模式，如单页预览、双页预览和多页预览，如图 5-41 所示。

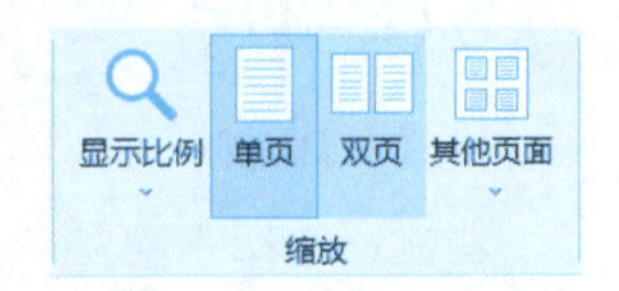

图 5-41　预览显示方式列表

三、打印报表

经过预览、修改后，就可打印报表。打印报表的操作步骤如下：

在“文件”选项卡中单击“打印”按钮，在打开的界面中单击“打印”按钮，弹出“打印”对话框，可以设置打印页码的范围、打印份数、选择打印机，还可对打印进行其他设置，如图 5-42 所示。

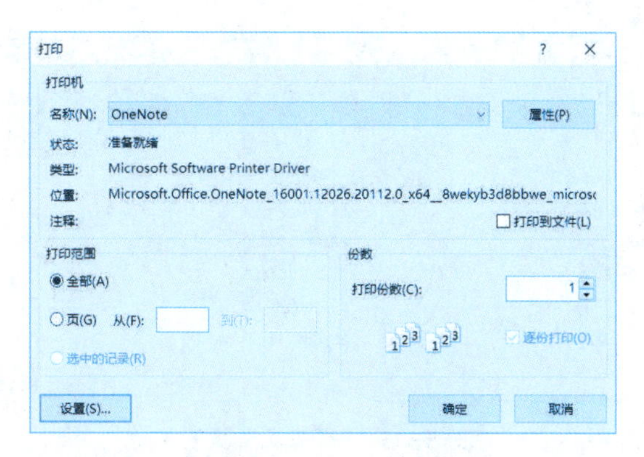

图 5-42 “打印”对话框

在“打印”对话框中单击“设置”按钮，弹出“页面设置”对话框，在“打印选项”选项卡中可以设置页边距等设置，如图 5-43 所示。

在“列”选项卡中，可设置一页报表中的列数、行间距、列尺寸及列布局，如图 5-44 所示。设置完成后单击“确定”按钮，返回“打印”对话框，单击“确定”按钮，即开始打印。

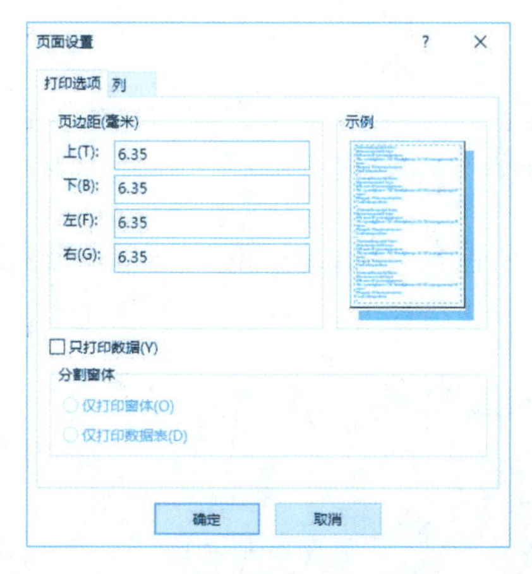

图 5-43 “页面设置”对话框

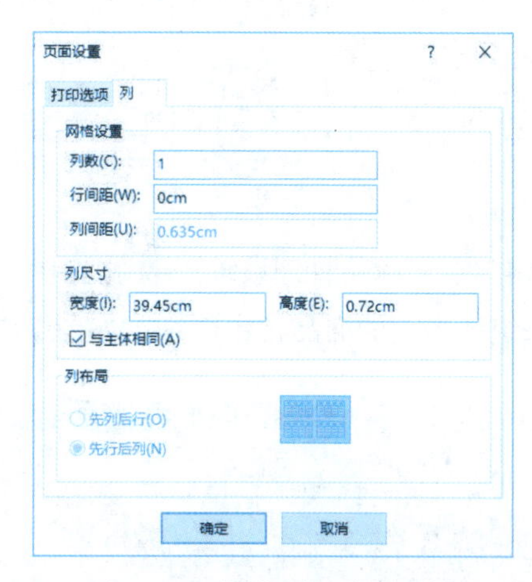

图 5-44 “列”选项卡的设置

自 我 测 评

下列查询均在“项目二”的“自我测评”中创建的数据库“商品管理系统”中创建。为了能更好地体验查询效果，请自行在数据表中添加实验数据。

1. 在“商品管理系统”数据库中，以“商品表”为数据源，利用“报表”按钮创建报表，保存为“商品基本信息报表”。

2. 在“商品管理系统”数据库中，以“商品表”为数据源，利用“报表向导”按钮创建“表格”布局的报表，保存为“商品表”，如图 5-45 所示。

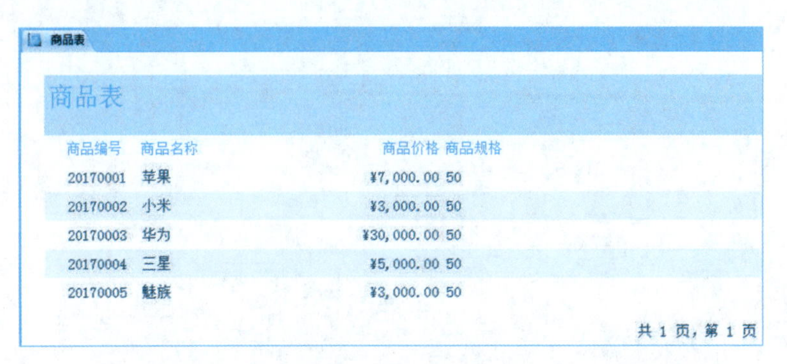

商品表

商品编号	商品名称	商品价格	商品规格
20170001	苹果	¥7,000.00	50
20170002	小米	¥3,000.00	50
20170003	华为	¥30,000.00	50
20170004	三星	¥5,000.00	50
20170005	魅族	¥3,000.00	50

共 1 页，第 1 页

图 5-45 “商品表”报表

3. 在“商品管理系统”数据库中，以“商品表”为数据源，利用“标签”按钮创建报表，保存为“商品价格表”，如图 5-46 所示。

商品编号 0001
商品名称 苹果
商品价格 7000

商品编号 0002
商品名称 小米
商品价格 3000

商品编号 0003
商品名称 华为
商品价格 30000

商品编号 0004
商品名称 三星
商品价格 5000

商品编号 0005
商品名称 魅族
商品价格 3000

图 5-46 “商品价格表”报表

4. 在“商品管理系统”数据库中，创建一个报表，命名为“商品销售日报表”，用来统计当天的商品销售明细，如图 5-47 所示。设计如下：

商品销售日报

商品销售日报表

2017年6月18日

商品编号	商品名称	商品价格	销售时间	销售数量	销售编号
20170001	苹果	¥7,000.00	2017/4/13	12	1704130001
20170001	苹果	¥7,000.00	2017/4/15	20	1704150002
20170002	小米	¥3,000.00	2017/4/13	5	1704130002
20170003	华为	¥30,000.00	2017/4/15	8	1704150001
20170005	魅族	¥3,000.00	2017/4/16	6	1704160001

图 5-47 商品销售日报表

① 可综合使用报表向导、报表设计等各种方法。

② 设置报表的数据源为“商品销售日报查询”，将“商品编号”、“商品名称”、“商品价格”、“销售时间”、“销售数量”及“销售编号”字段添加到报表中。

③ 在“报表页眉”节添加一个标签控件，命名为“Title”，设置控件的属性，高度为 1 cm，宽度为 6 cm，标题为“商品销售日报表”

④ 在“报表页眉”节添加一个文本控件，命名为“Date”，该控件显示当前的日期。

⑤ 在“页面页脚”节添加一个文本控件，显示页码。

注 意

上述操作步骤中要添加的控件，可能已经存在于向导创建的报表中。即使已存在，仍然需要按照要求进行属性值的修改。

5. 在“商品管理系统”数据库中，创建一个报表，命名为“商品日销售情况报表”，用来统计各商品销售数量和销售额，要求以“商品名称”字段作为分组依据，完成结果如图 5-48 所示。

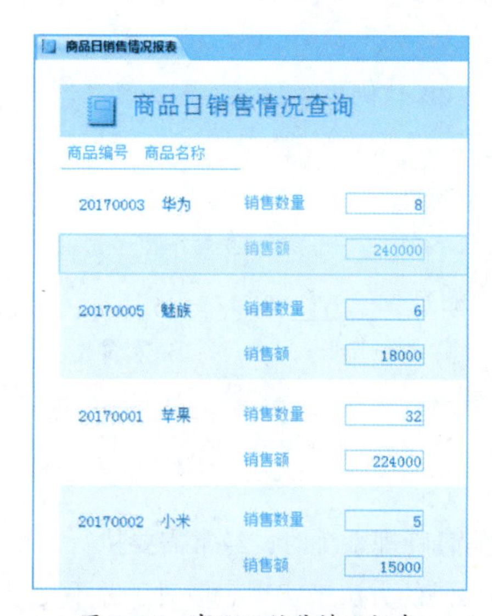

图 5-48　商品日销售情况报表

项目六

创建学生管理系统宏

课前学习工作页

1. 查阅相关技术资料，回答下列问题：

① 什么是宏？宏在 Word、Excel 中是如何使用的？

② 宏和宏组有何区别？

2. 扫描二维码观看视频 6-1，并完成下列题目：

视频 6-1　创建简单的宏

① 创建的宏________。

A. 可以转换为 VBA 代码再运行

B. 可以直接运行

C. 继续添加新的操作

D. 以上都正确

② 下列不属于宏操作的是________。

A. 窗口管理　　B. 宏命令

C. 数据导入 / 导出　　D. Group

课堂学习任务

在使用 Access 设计信息管理系统时，经常需要执行一个或多个操作或命令，这可以利用编写 VBA 程序代码的方法来实现。但对于并不复杂的操作和命令，更为简单的方法是利用宏。

本项目利用宏来帮我们在学生成绩管理系统中完成一些简单的功能。

学习目标与重点难点

学习目标	掌握宏的基本概念和功能 掌握宏和宏组的创建 掌握子宏的创建 掌握条件宏的创建 掌握利用事件触发宏的方法
重点难点	能理解和创建各类宏（重点） 能根据需求合理创建宏（难点）

任务一　认识宏和宏组

宏是一个或多个操作或命令的组合，其中的每个操作或命令能实现指定的功能。当执行一个宏时，操作或命令按其在宏中的排列顺序执行。

宏可以单独执行，也可通过触发窗体、报表自身或控件的某个事件执行。

一、创建宏

1. 创建独立的宏

例 6.1　创建一个宏，功能是先弹出提示对话框“欢迎查询学生资料”，用户单击对话框上的“确定”按钮后，打开数据表视图显示“学生表”的所有资料。

操作步骤：

① 选择“创建”选项卡，单击“宏与代码”组中的“宏”按钮，打开宏设计窗口，如图 6-1 所示。

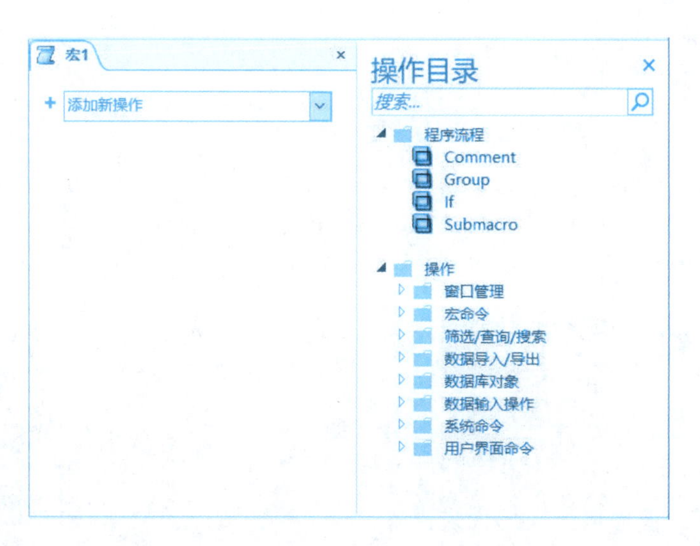

图 6-1　宏设计窗口

② 单击窗口左边的“添加新操作”下拉按钮，在列出的宏操作命令中选择“MessageBox”命令，该命令的功能是弹出一个消息对话框，如图 6-2 所示，设置该命令的相关参数值。其中“类型”表示在对话框上将要显示的提示图标。单击右上角的按钮，即可删除该命令。

③ 继续单击窗口左边的“添加新操作”下拉按钮，在列出的宏操作命令中选择“OpenTable”命令，该命令的功能是在指定视图下打开指定的数据表，如图 6-3 所示，设置该命令的相关参数值。其中，“数据模式”设置为“只读”，表示“学生表”打

开时，只能查看，不能编辑。如果希望将该命令向前移动，以便提前执行，则单击右上角的⬆按钮。

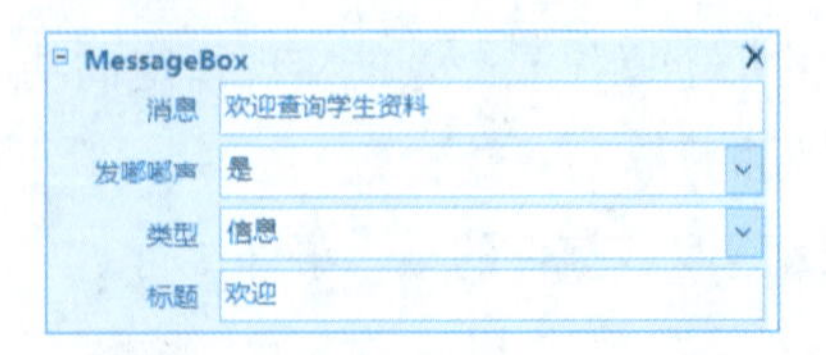

图 6–2 MessageBox 命令参数设置

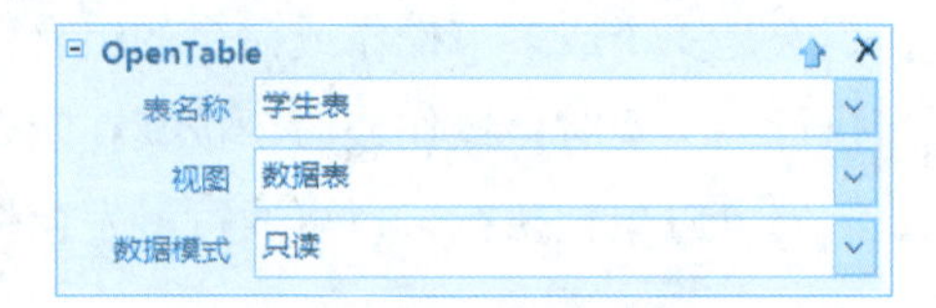

图 6–3 OpenTable 命令参数设置

④ 单击快速访问工具栏中的“保存”按钮，弹出图 6–4 所示的对话框，填写宏名称为“查询学生资料宏”，单击“确定”按钮，将宏保存。此时，在 Access 对象导航窗格“宏”列表中即显示该宏。

⑤ 运行创建的宏。单击“设计”选项卡“工具”组中的“运行”按钮❗，会首先弹出图 6–5 所示的对话框，单击“确定”按钮，“学生表”在数据表视图中被打开，但只能查看，不能编辑。

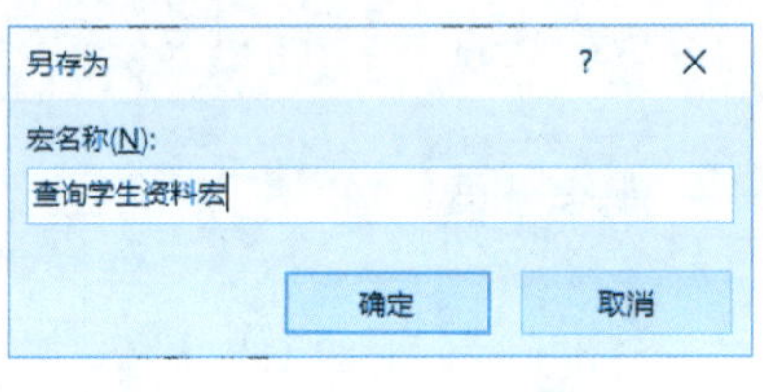

图 6–4 “另存为”对话框

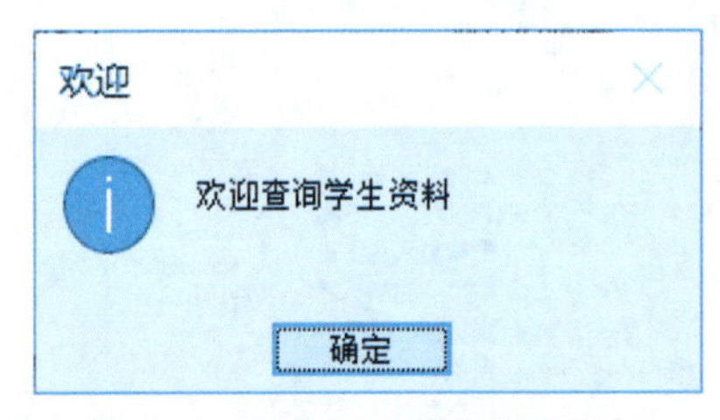

图 6–5 宏运行时弹出的对话框

2. 使用“操作目录”添加宏操作

在前面的例子中，都是通过在“添加新操作”下拉列表中选择命令添加宏操作，这里使用“操作目录”窗格添加宏操作命令。

如图 6–6 所示，在“操作目录”窗格中，可看到三个主目录，分别为“程序流程”、“操作”和“在此数据库中”。其中“操作”目录下是按照功能分类列出的所有宏操作命令。双击其中的某个命令，或者用鼠标左键拖动某个命令到宏设计窗口，即可创建该宏命令。

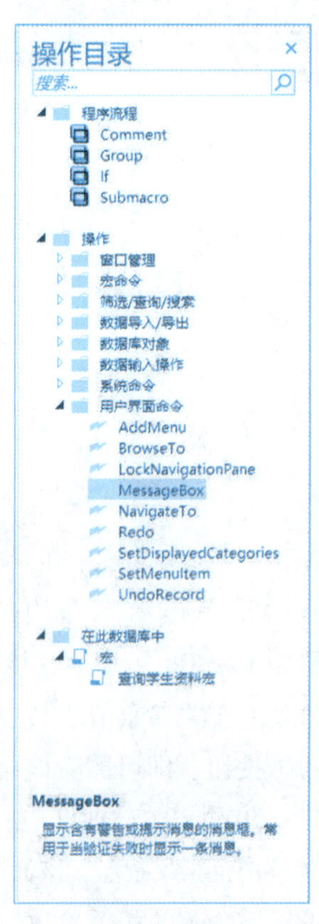

图 6–6 “操作目录”窗格

二、创建宏组

宏组是将多个宏分为一个组，目的是为了帮助用户更好地管理宏。宏组也有自己的名称。注意：宏组不能单独调用或者运行。

例 6.2　创建一个宏，名为“GroupMacro”，其中包含两个宏组，分别为“Macro1”和“Macro2”，功能如表 6-1 所示。

表 6-1　宏“GroupMacro”中包含的宏组

宏组名	宏操作	功　　能
Macro1	Beep	发出嘟嘟声
	OpenForm	在“窗体”视图中打开“查询学生资料”窗体
	MaxmizeWindow	使活动窗口最大化
Macro2	MessageBox	弹出信息对话框
	OpenTable	在打印预览视图中打开“课程表”

1. 宏已创建

如果这些宏已经创建完成，创建宏组的操作步骤如下：

操作步骤（扫码观看视频 6-2）：

视频 6-2　创建宏组

① 新建一个宏，在宏设计窗口中选择要进行分组的宏操作（可以按住【Shift】键选择连续的操作，也可按住【Ctrl】键选择不连续的操作）。

② 右击所选的宏操作，在弹出的快捷菜单中选择“生成分组程序块”命令。

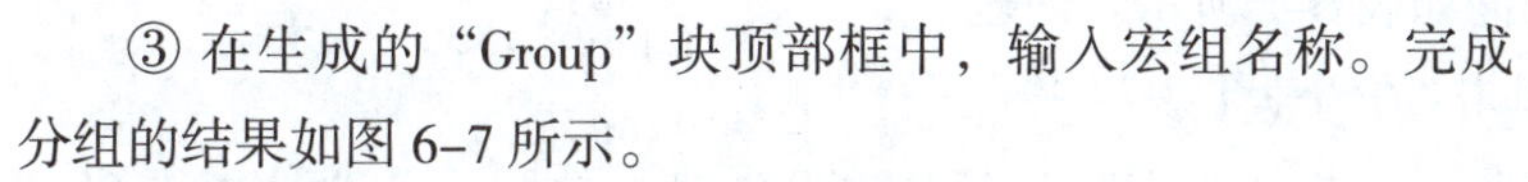

③ 在生成的“Group”块顶部框中，输入宏组名称。完成分组的结果如图 6-7 所示。

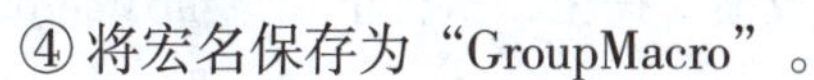

④ 将宏名保存为“GroupMacro”。

2. 宏未创建

如果宏还没有创建，那么创建宏组的操作步骤如下：

操作步骤：

① 新建一个宏，在图 6-6 所示的“操作目录”窗格中，双击“Group”块（也可将“Group”块拖入宏设计窗口中）。

② 在生成的“Group”块顶部框中，输入宏组名称。

③ 将宏操作从操作目录拖入“Group”块中（也可使用以下两种方法：① 在该块

中的“添加新操作”下拉列表中选择操作；② 先在“Group”块中选择要插入宏操作的位置，然后在图 6-6 所示的“操作目录”窗格中双击或拖入宏操作）

④ 将宏名保存为“GroupMacro”。

图 6-7 宏组设计结果

任务二 创建子宏

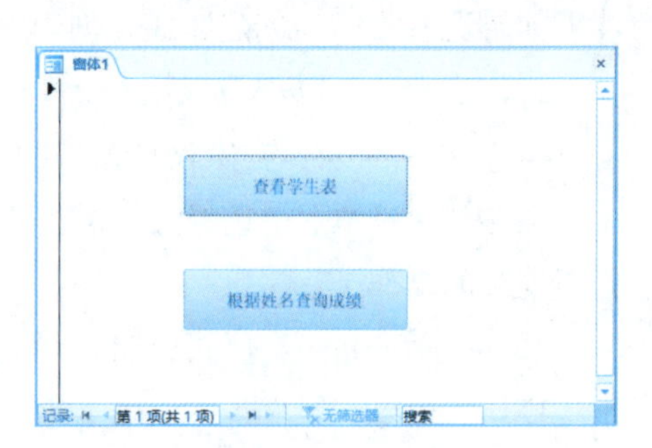

图 6-8 执行子宏窗体

一个宏可以包含多个子宏，子宏可以被单独调用或执行，方法是：宏名 . 子宏名。

例 6.3 创建一个宏，名为“MainMacro”，其中包含了两个子宏，分别为“subMacro1”和“subMacro2”，功能如表 6-2 所示。创建图 6-8 所示的窗体，单击“查看学生表”按钮，执行子宏“subMacro1”；单击“根据姓名查询成绩”按钮，执行子宏“subMacro2”。

表 6-2 宏“MainMacro”中包含的子宏

子宏名	宏操作	功　　能
subMacro1	OpenTable	在打印预览视图中打开“学生表”
	MaxmizeWindow	使活动窗口最大化
subMacro2	OpenQuery	在“数据表”视图中打开“例 3.15”中创建的查询“根据姓名查询成绩”
	MaxmizeWindow	使活动窗口最大化

1. 宏已创建

如果宏操作已经创建完成，创建子宏的操作步骤如下：

操作步骤（扫码观看视频 6–3）：

视频 6–3　创建子宏

① 新建一个宏，在宏设计窗口中选择要进行放入子宏的宏操作（可以按住【Shift】键选择连续的操作，也可按住【Ctrl】键选择不连续的操作）。

② 右击所选的宏操作，在弹出的快捷菜单中选择“生成子宏程序块”命令。

③ 在生成的“子宏”块顶部框中，输入子宏名称。完成分组的结果如图 6–9 所示。

④ 将宏名保存为“MainMacro”。

图 6–9　子宏设计结果

2. 宏未创建

如果宏操作还没有创建，创建子宏的操作步骤如下：

操作步骤：

① 新建一个宏，在图 6–6 的“操作目录”窗格中，双击“Submacro”块（也可将“Submacro”块拖入宏设计窗口中）。

② 在生成的“子宏”块顶部框中，输入子宏名称。

将宏操作从操作目录拖入“子宏”块中（也可以使用以下两种方法：一是在该块中的“添加新操作”列表中选择操作；二是先在“子宏”块中选择要插入宏操作的位置，然后在图 6–6 的“操作目录”窗格中双击或拖入宏操作）。

③ 将宏名保存为“MainMacro”。

创建好包含子宏的宏后，创建图 6-8 所示的窗体，在窗体的设计视图下选中按钮“查看学生表”，在“属性表”窗格中选择“事件”选项卡，在“单击”事件选择要执行的项目为“MainMacro.subMacro1”，如图 6-10 所示。用相同的方法为按钮“查看课程表”设置“单击”事件要执行的项目为“MainMacro.subMacro2”。

图 6-10　为按钮单击事件设置执行子宏

任务三　创建条件宏

如果只有当某个条件满足时才执行一个宏，那么就可以通过创建条件宏实现。条件宏使用“If”、“Else If”和“Else”块进行程序流程控制。

在输入条件表达式时，可能会引用窗体、报表或相关控件的值。表达式格式为：

① 引用窗体时，以“Forms”开头，后面跟窗体名称，中间用“!”连接；引用报表时，以“Reports”开头，后面跟报表名称，中间用“!”连接。

② 如果在窗体名、报表名后面加上控件名，表示引用该控件，中间用“!”连接。

③ 如果在控件名后面加上属性名，表示引用该控件的某个属性，中间用“.”连接。

④ 窗体名、报表名、控件名都用“[]”括起来。

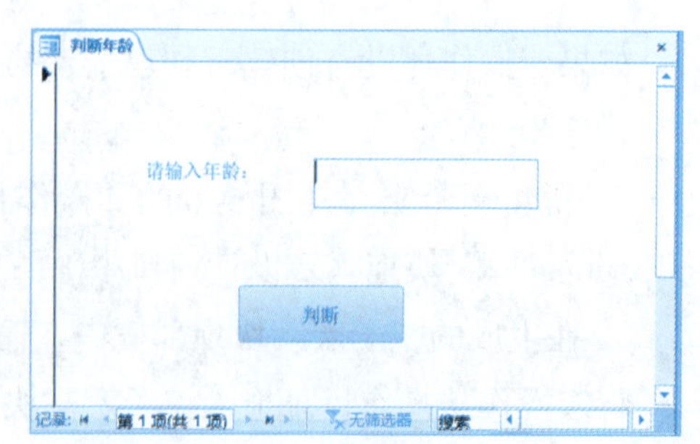

图 6-11　“判断年龄”窗体

例 6.4　创建图 6-11 所示的窗体，窗体名为“判断年龄”，文本框名为“age”。当用户在文本框中输入一个小于或等于 0 的数时，单击“判断”按钮，弹出“年龄不能小于或等于 0”对话框；当用户在文本框中输入一个大于 100 的数时，单击“判断”按钮，弹出“年龄不能大于 100”对话框。

视频 6-4　创建条件宏

操作步骤（扫码观看视频 6-4）：

① 创建图 6-11 所示的窗体。窗体命名为“判断年龄”，文本框命名为“age”。

② 新建一个宏，在图 6-6 所示的“操作目录”窗格中，双击“If”块（也可将“If”块拖入宏设计窗口中）。

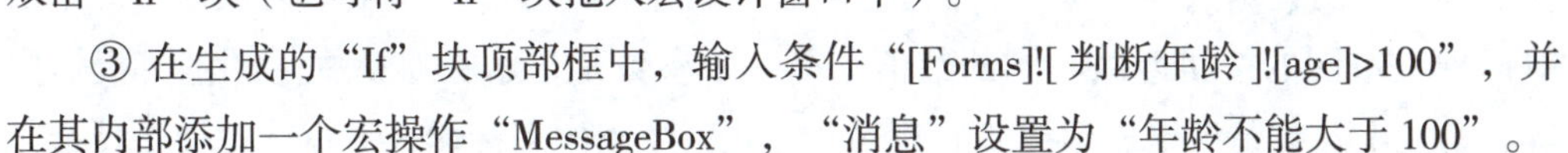

③ 在生成的“If”块顶部框中，输入条件“[Forms]![判断年龄]![age]>100”，并在其内部添加一个宏操作“MessageBox”，“消息”设置为“年龄不能大于 100”。

④ 在该“If”块的右下方，单击“添加 Else If”按钮，在出现的“Else If”块顶部框中，输入条件“[Forms]![判断年龄]![age]<=0”，并在其内部添加一个宏操作“MessageBox”，“消息”设置为“年龄不能小于或等于 0”，如图 6-12 所示。

⑤ 保存宏名为“ageMacro”。

⑥ 单击“判断年龄”窗体中的“判断”按钮，设置“单击”事件要执行的项目为“ageMacro”。

例 6.5　创建图 6-13 所示的窗体，窗体名为“关闭窗体”。当用户单击窗体上的“退出”按钮时，系统弹出图 6-14 所示的提示对话框，单击“是”按钮，窗体即被关闭。

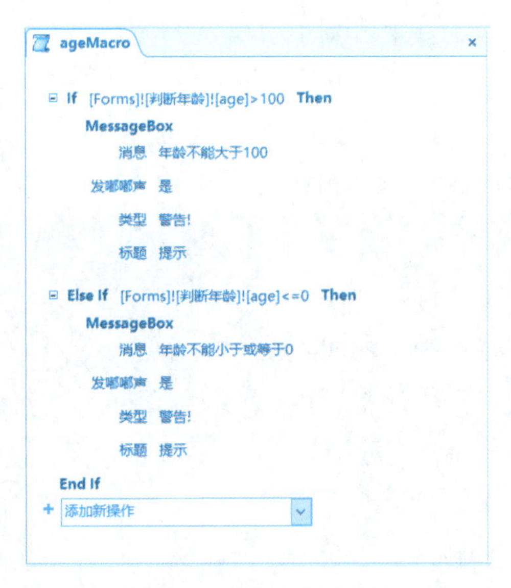

图 6-12　条件宏设计结果

图 6-13　“关闭窗体”窗体

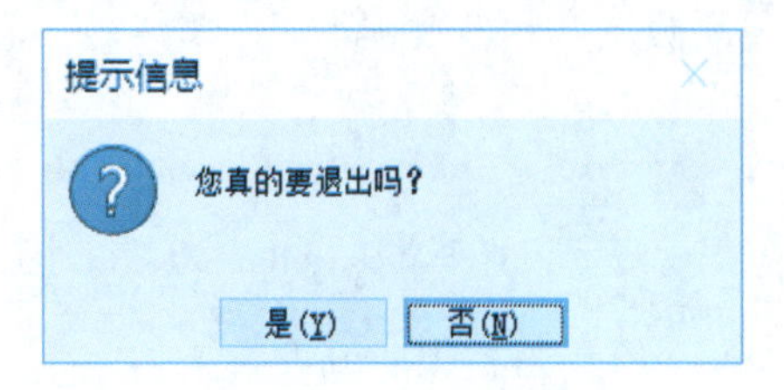

图 6-14　提示对话框

操作步骤：

① 创建图 6-13 所示的窗体，窗体命名为“关闭窗体”。

② 新建一个宏，在宏中创建一个“If”块。在生成的“If”块顶部框中，输入条件“MsgBox(" 您真的要退出吗？ ",4+32+256," 提示信息 ")=6”。

③ 在“If”块内部添加一个宏操作“CloseWindow”，“对象类型”选择“窗体”，“对象名称”选择“关闭窗体”窗体。

④ 保存宏名为“exitMacro”。

⑤ 单击“关闭窗体”窗体中的“退出”按钮，设置“单击”事件要执行的项目为“exitMacro”。

其中，内置函数 MsgBox 的功能是弹出一个提示对话框。该函数会根据用户单击对话框上不同的按钮返回不同的数值，第一个参数是显示在对话框上的消息提示内容，第二个参数是指定显示按钮的数目及形式、使用的图标样式、默认按钮是什么以及消息框的强制回应等。这里设置为“4+32+256”，其中 4 表示显示“是”和“否”按钮，32 表示显示 图标，256 表示第二个按钮默认被选择。第三个参数是要在对话框的标题栏上显示的消息。单击“是”按钮，该函数返回值为 6；单击“否”按钮，该函数返回值为 7。关于 MsgBox 函数的详细用法请参考本书项目七的相关内容。

自 我 测 评

下列宏均在“项目二”的“自我测评”中创建的数据库“商品管理系统”中创建。为了能更好地体验查询效果，请自行在数据表中添加实验数据。

1．创建一个宏“Macro1”，使其能在打印预览视图中打开“商品表”。

2．创建一个宏“Macro2”，内部有两个宏组，名称分别为“Group2_1”和“Group2_2”。功能如表 6-3 所示。

表 6-3　宏“Macro2”中包含的宏组

宏组名	宏操作	功　能
Group2_1	Beep	发出嘟嘟声
	OpenForm	在“窗体”视图中打开“查询商品资料”窗体（自行创建该窗体）
	MaxmizeWindow	使活动窗口最大化
Group2_2	MessageBox	弹出信息对话框
	OpenTable	在打印预览视图中打开“销售表”

3. 创建一个宏“Macor3”，内部有两个子宏，名称分别为“subM3_1”和“subM3_2”。功能如表 6-4 所示。并创建一个窗体，在窗体上添加“查询商品”和“根据商品名

称查询销售记录”两个按钮，并分别调用子宏“subM3_1”和“subM3_2”。

表 6-4　宏“Macor3”中包含的子宏

子宏名	宏操作	功　能
subM3_1	OpenTable	在打印预览视图中打开“商品表”
	MaxmizeWindow	使活动窗口最大化
subM3_2	OpenQuery	在数据表视图中打开创建的查询“根据商品名称查询销售记录”
	MaxmizeWindow	使活动窗口最大化

4. 创建一个宏“Macor4”，在内部有两个子宏，名称分别为“subM4_1”和“subM4_2”。功能如表 6-5 所示。并创建一个图 6-15 所示的窗体，其中按钮“登录”和“退出”分别调用子宏“subM4_1”和“subM4_2”。

表 6-5　宏“Macor4”中包含的子宏

子宏名	宏操作	功　能
subM4_1	MessageBox	窗体中“用户名”和“密码”两个文本框中只要有一个没有填写，单击“登录”按钮时就弹出对话框，提示“请填写用户名或者密码”
subM4_2	CloseWindow	单击窗体中的“退出”按钮时，弹出提示对话框，询问是否要退出

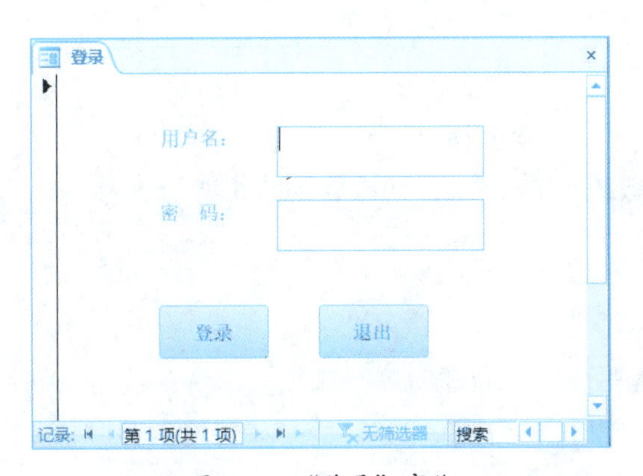

图 6-15　“登录”窗体

项目七

用 VBA 创建学生管理系统其他功能

课前学习工作页

1. 复习前一个项目或上网查找有关宏和 VBA 方面的技术资料，回答下列问题：

① 在宏的学习、使用过程中出现了哪些局限性？有些问题如果用纯代码的形式解决是否会灵活很多，方便很多？

② 通过项目六的学习，是否发现某些功能还不能单纯用宏完美解决？

视频 7–1　创建 VBA 模块

2. 扫描二维码观看视频 7–1 和视频 7–2，并完成下列题目：

① 利用 VBA 的开发环境进行程序开发时，其代码一般写在＿＿＿＿＿＿。

A. 工程管理区　　B. 属性区　　C. 代码区　　D. 交互区

视频 7–2　创建含有运算功能的窗体

② VBA 中定义符号常量可以用＿＿＿＿＿＿关键字。

A. Const　　B. Dim　　C. Public　　D. Static

③ 定义了二维数组 A(2 to 5,5)，则该数组的元素个数为＿＿＿＿＿＿。

A. 25　　B. 36　　C. 20　　D. 24

课堂学习任务

1. 熟悉 VBA 编写环境，新建窗体，添加一个命令按钮，创建该命令按钮的“单击”事件响应过程。

2. 定义变量并赋值。自定义一个学生信息数据类型。

3. 学会用 VBA 语句完成窗体中、对象间数据的计算功能和流程判断。

4. VBA 模块的常用操作。

① 打开关闭窗体和报表。

② 输入和输出。

③ 鼠标事件。

学习目标与重点难点

学习目标	认识 VBA 编程环境 掌握 VBA 基础知识 掌握 VBA 流程控制语句 掌握 VBA 常用操作
重点难点	VBA 基础语法、流程控制语句（重点） VBA 流程控制语句、常用操作（难点）

任务一　认识 VBA

在创建一个新的数据库时，通常先创建多个数据库对象，如表、窗体和报表。其后，为了自动执行某些过程或者在各个数据库对象中进行切换，可进行一些编程。在 Access 中，编程是使用 Access 宏或 Visual Basic for Applications（VBA）代码添加到数据库的过程。例如，已创建了窗体和报表，可在窗体中添加一个命令按钮，单击时，打开报表。VBA 代码存放在“模块”对象中，模块一般有“标准模块”和“类模块”，过程是模块的主要组成单元。

多数情况下，使用 Access 宏能做到的事情 VBA 都能做到。下列操作只能用 Visual Basic for Applications（VBA）代码：

① 使用内置函数，或创建自定义函数。

② 创建或操作对象。

③ 系统级别执行的操作。

④ 单步执行一组操作记录中的一条。

Access 数据库中利用模块对象中的 VBA 编程可以组织管理其他 Access 对象，如表、查询、窗体、报表等。

一、进入 VBA 环境的方式

1. 直接进入 VBA 环境

选择“数据库工具”选项卡，在“宏”组中单击“Visual Basic”按钮，如图 7-1 所示。

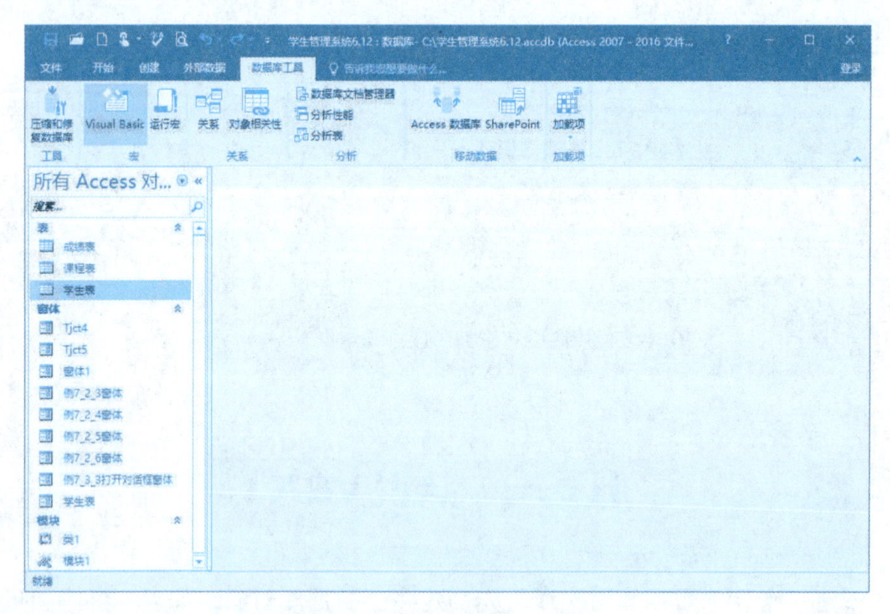

图 7-1　直接进入 VBA 环境

2. 通过创建模块进入 VBA 模块

选择“创建”选项卡，在“宏与代码”组中单击“Visual Basic”按钮，如图 7-2 所示。

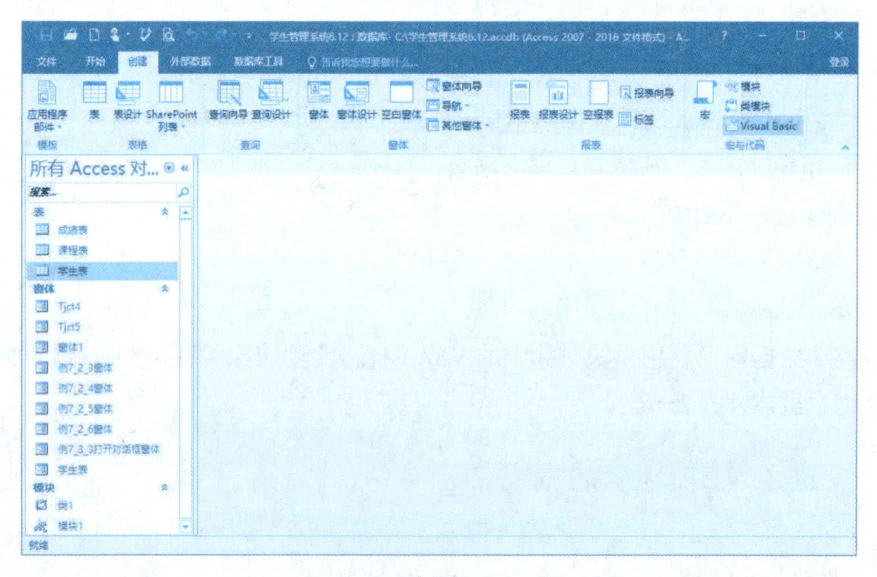

图 7-2　通过创建模块进入 VBA 模块

3. 通过窗体和报表等对象的设计进入 VBA 环境

通过控件的事件响应，选择“代码生成器”进入代码编辑，如图 7-3 所示。进入 VBA 编程环境的界面如图 7-4 所示。

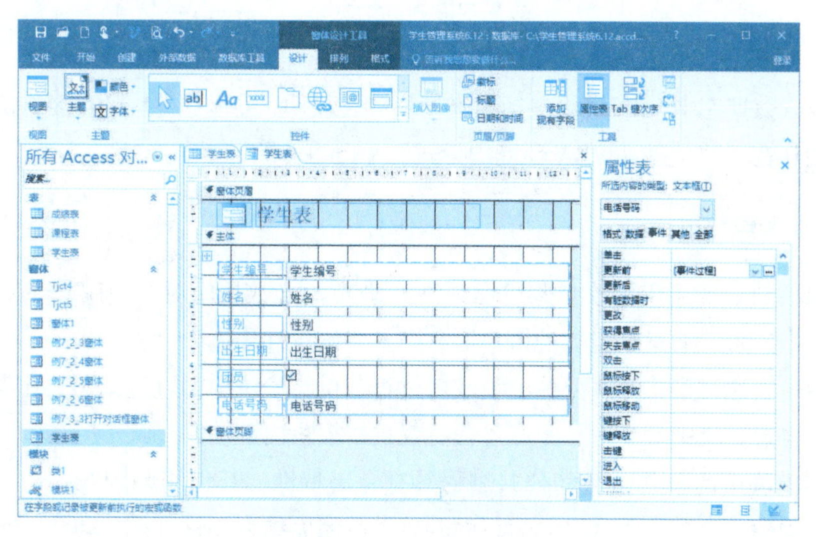

图 7-3　通过窗体和报表等对象的设计进入 VBA 环境

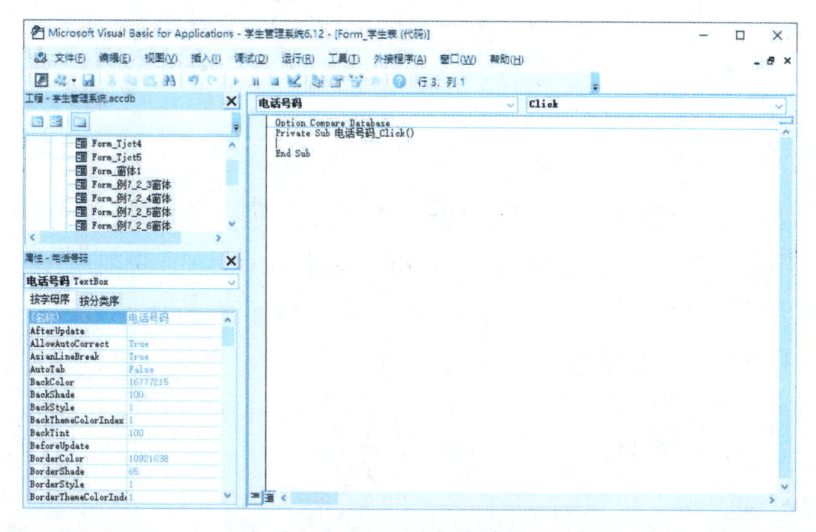

图 7-4　VBA 编程环境界面

小贴士

可以把 Visual Basic for Applications（VBA）代码添加到 Web 数据库；但是，不能在 Web 浏览器中运行数据库时运行该代码。如果 Web 数据库中包含 VBA 代码，必须在运行代码之前使用 Access 打开 Web 数据库。若要在 Web 数据库中执行编程任务，应使用 Access 宏。

二、VBA 模块介绍

Access 数据库中 VBA 模块包括标准模块和类模块，过程是模块的主要组成单元。模块的创建在“一、进入 VBA 环境的方式”中已有介绍。

1. 标准模块

标准模块一般用于存放公共过程，供其他 Access 数据库对象使用。在 Access 数据库系统中，可以通过创建新的模块对象进入代码设计环境。

标准模块通常安排一些公共变量或者过程，供类模块中的过程调用。在各个标准模块内部也可定义私有变量和私有过程，仅供本模块内部使用。

标准模块中的公共变量和公共过程具有全局特性，其作用范围在整个应用程序中，生命周期是伴随应用程序的运行而开始、关闭而结束。标准模块包含：

（1）Sub 子过程

Sub 子过程又称子过程，执行一系列操作，无返回值。定义格式如下：

```
Sub 过程名
[ 程序代码 ]
End Sub
```

可以引用过程名调用该子过程。此外，VBA 提供了一个关键字 Call，可显示调用的一个子过程。在过程名前加上 Call 是很好的程序设计习惯。例如：

```
Call  过程名
```

（2）Function 函数过程

Function 函数过程又称函数过程，执行一系列操作，有返回值。定义格式如下：

```
Function 过程名 As（返回值）类型
[ 程序代码 ]
End Function
```

函数过程不能使用 Call 调用执行，需直接引用函数过程名，并由接在函数过程名后的括号所辨别。

进入标准模块编辑界面后如图 7-5 所示。

2. 类模块

窗体模块和报表模块都属于类模块，它们从属于各自的窗体或报表。窗体模块和报表模块具有局限性，其作用范围局限在所属窗体或报表内部，而生命周期则是伴随窗体或报表的打开而开始、关闭而结束。

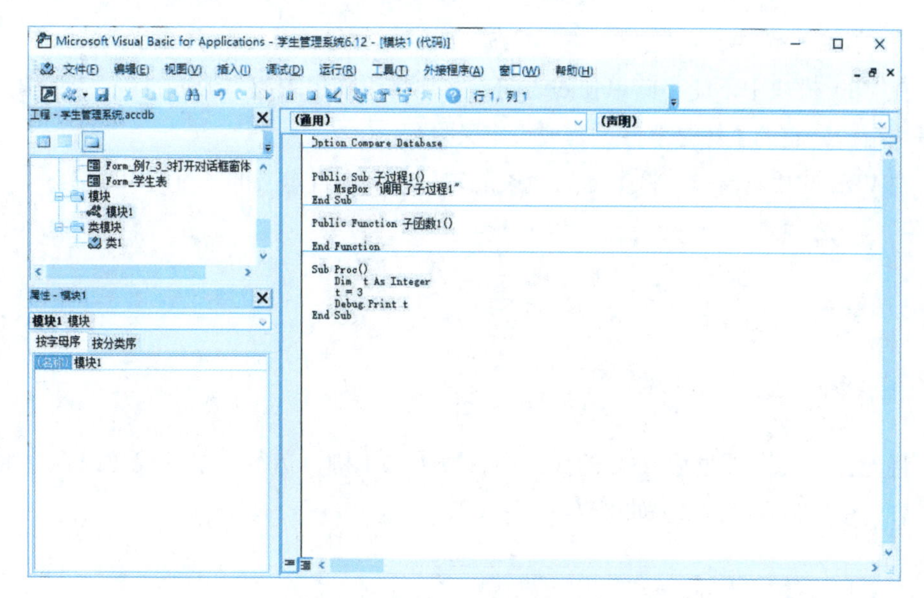

图 7-5　标准模块编辑界面

类模块包含：系统对象模块、窗体对象模块和报表对象模块等、用户定义类模块等。类模块编辑界面如图 7-6 所示。

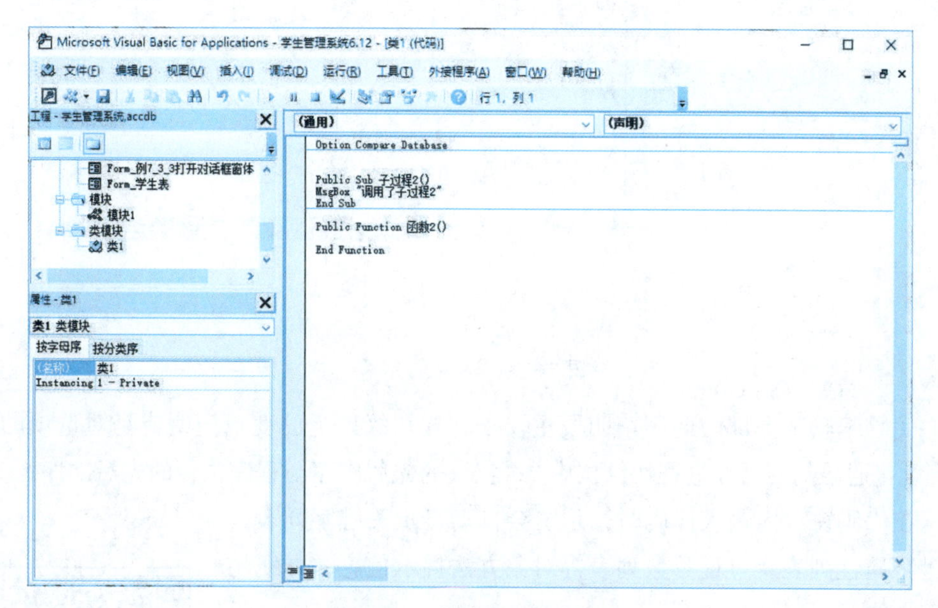

图 7-6　类模块编辑界面

三、在 VBE 环境中编写 VBA 代码

VBA 代码是由语句组成的，一条语句就是一行代码，例如：

```
t=3                    '将 3 赋值给变量 t
```

```
Debug. Print  t       '在立即窗口打印变量 t 的值 3
```

在 VBA 模块中不能存储单独的语句，必须将语句组织起来形成过程，即 VBA 程序是块结构，它的主体是事件过程或自定义过程。

在 VBE 的代码窗口，将上面的两条语句写入一个自定义的子过程 Proc：

```
Sub Proc()
        Dim t As Integer
        t=3
        Debug.Print t
End Sub
```

将光标定位在子过程 Proc 的代码中，按【F5】键，运行子过程代码，在立即窗口会看到程序运行结果 3，如图 7-7 所示。

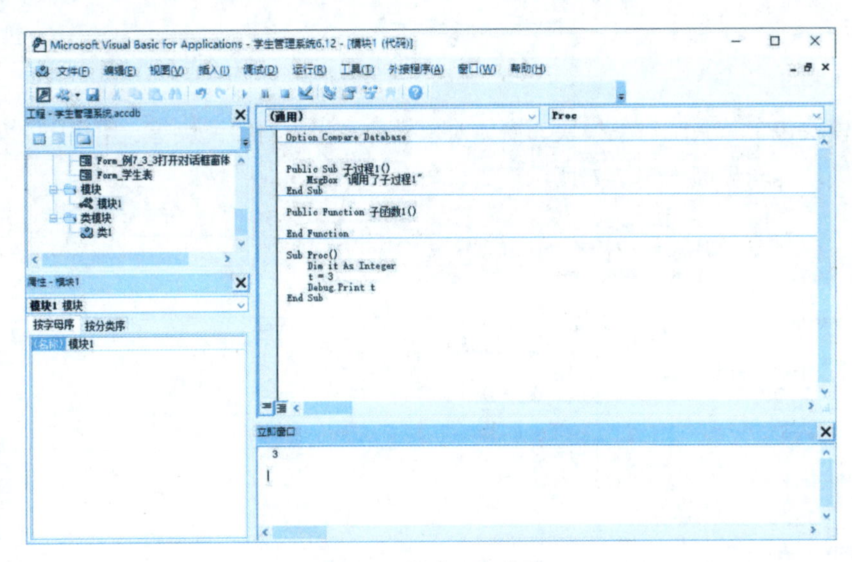

图 7-7 程序运行结果

代码编辑区上部的通用声明段主要书写模块级以上的变量声明或是对选项的设置等，普通语句要写在过程块结构中。过程块的先后次序与程序执行的先后次序无关。

在代码窗口内输入代码时，系统会自动显示关键字列表、关键字属性列表及过程参数列表等对象方法提示信息，方便初学用户使用。

视频 7-3 创建窗体和 Test 按钮

例 7.1 新建窗体，添加一个命令按钮，创建该命令按钮的“单击”事件响应过程。

操作步骤（扫码观看视频 7-3）：

① 进入窗体的设计视图，在新建窗体上添加一个命令按钮并命名为“Test”，如图 7-8 所示。

② 选择“Test”命令按钮，打开“属性表”窗格，在“事件”选项卡中设置“单击”属性为“［事件过程］”，以便运行代码，如图 7-9 所示。

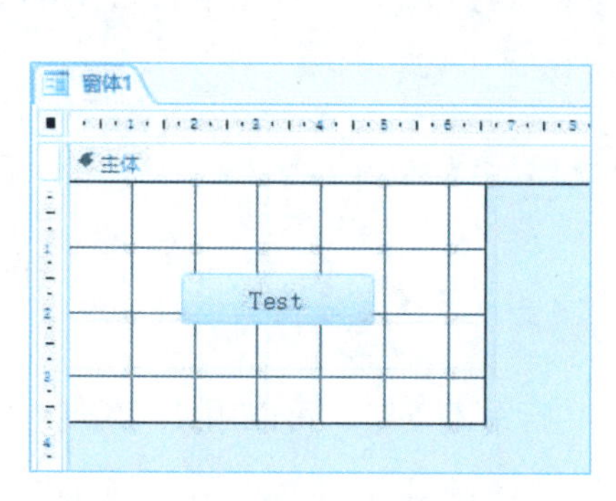

图 7-8　创建窗体和“Test”按钮

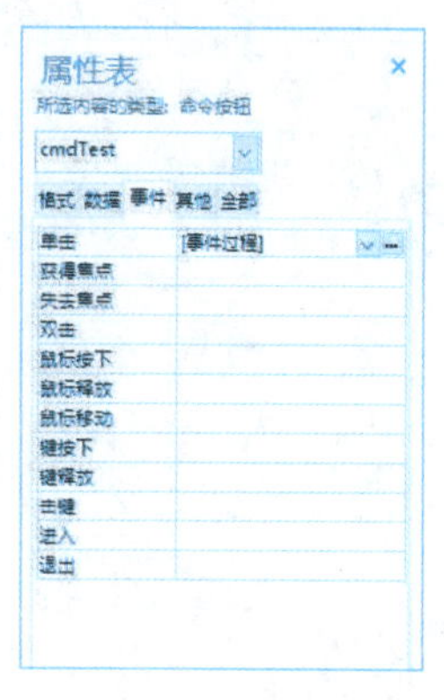

图 7-9　设置单击事件

③ 单击 ... 按钮，进入新建窗体的类模块代码窗口，如图 7-10 所示。在代码编辑区，可看见系统已经为该命令按钮的“单击”事件自动创建了事件过程的模板。

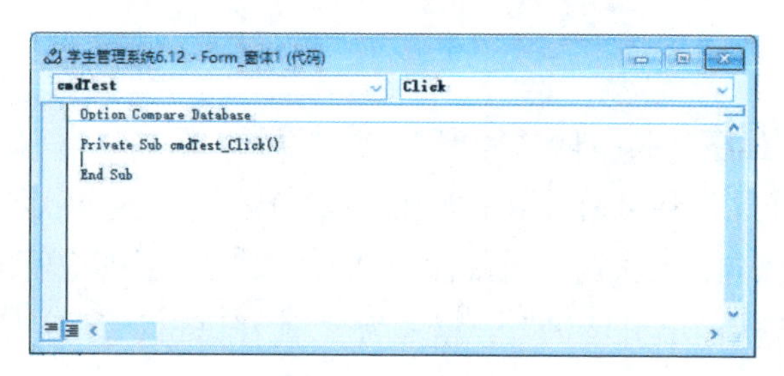

图 7-10　代码窗口

此时，只需在模板中添加 VBA 程序代码，这个事件过程即作为命令按钮的“单击”事件响应代码。这里，仅给出了一条语句“MsgBox "测试完毕!", vbInformation, "title"”，如图 7-11 所示。

切换到设计视图，运行窗体，单击“test”按钮即激活命令按钮的“单击”事件，系统会调用以上事件过程响应“单击”事件的发生，弹出“测试完毕！”消息框。响应代码运行效果如图 7-12 所示。

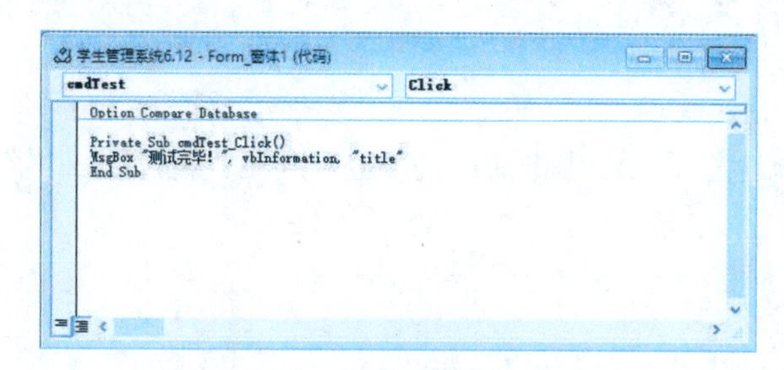

图 7-11　事件过程代码

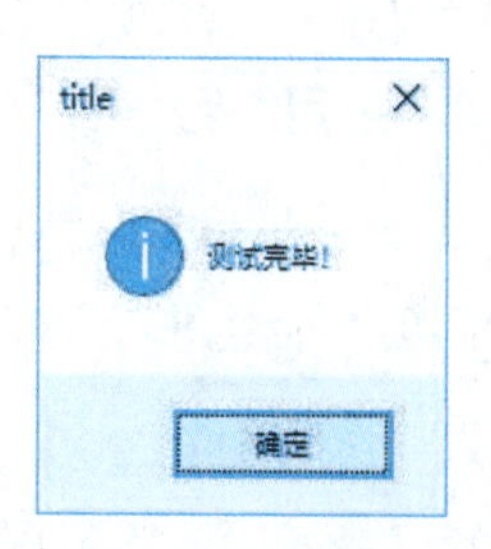

图 7-12　运行结果

小 贴 士

上述事件过程的创建方法适合于所有 Access 窗体、报表和控件的事件代码处理。其间，Access 会自动为每一个事件声明事件过程模板，并使用 Private 关键字指明该事件过程只能被同一模块中的其他过程访问。

四、程序语句书写原则

1. 语句书写规定

① 通常将一个语句写在一行。语句较长，一行写不下时，可以用续写符（_）将语句连续写在下一行。

② 可以使用冒号（:）将几个语句分隔写在一行中。

③ 当输入一行语句并按【Enter】键后，如果该行代码以红色文本显示（有时伴有错误信息出现），则表明该行语句存在错误，应更正。

2. 注释语句

一个好的软件程序一般都有注释语句。这对程序以后的运行、维护有很大的好处。在 VBA 程序中，注释可通过以下两种方式实现：

① 使用 Rem 语句，格式为“Rem 注释语句”（Rem 后面应留出空格）。

② 用英文输入法的单引号“'”，格式为“' 注释语句”。

例 7.2　定义变量并赋值。

```
Rem 定义两个变量
Dim Str1,Str2
Str1= "Dongguan": Rem 注释在语句之后要用冒号隔开
Str2= "Guangdong" '这也是一条注释。这时，无需使用冒号。
```

注释可以添加到程序模块的任何位置，并且默认以绿色文本显示。还可以利用“编辑”工具栏中的“设置注释块”按钮和“解除注释块”按钮，对大块代码进行注释或解除注释。

3. 采用缩写格式书写程序

采取正确的缩进格式可清晰地显示出流程中的结构。也可利用“编辑”→“缩进”或“凸出”命令进行设置。

4. F1 帮助信息

将光标停留在某个语句命令上，按【F1】键，系统会立刻提供相关的帮助信息。

任务二　VBA 基础知识

微软 Office 套装软件内置了 VBA 编程语言，它是从 VB 语言中迁移过来的，可以实现 Access 程序设计中一些特殊功能和复杂任务的编程问题。

一、数据类型

Access 数据库系统创建表对象时所用到的字段数据类型（除了 OLE 和备注数据类型）在 VBA 中都有数据类型与之对应。

1. 标准数据类型

在 VBA 中，可以用“类型标识”和“符号”定义数据类型，二选一均可。如表 7-1 所示在数据交换过程中，数据类型必须符合数据库对象中对应的字段属性。

表 7-1　数据类型列表

数据类型	类型标识	符　号	字段类型	取值范围
整数	Integer	%	字节 / 整数 / 是 / 否	-32768 ~ 32767
长整数	Long	&	长整数 / 自动编号	-2147483648 ~ 2147483647
单精度数	Single	!	单精度数	负数 -3.402823E38 ~ -1.401298E-45 正数 1.401298E-45 ~ 3.402823E38
双精度数	Double	#	双精度数	负数 -1.79769313486232E308 ~ -4.94065645841247E-324 正数 4.94065645841247E-324 ~ 1.79769313486232E308
货币	Currency	@	货币	-922337203685477.5808 ~ 922337203685477.5807
字符串	String	$	文本	0 字符 ~ 65500 字符
布尔型	Boolean		逻辑值	True 或 False
日期型	Date		日期 / 时间	1000 年 1 月 1 日 ~ 9999 年 12 月 31 日
变体类型	Variant	无	任何	January1/10000（日期）数字和双精度同，文本和字符串同

（1）布尔型数据

布尔型数据只有 True 和 False 两个值，也可以表示为 -1 和 0；其他类型数据转换过来时只有 0 转换为 False，其他值均转为 True。

（2）日期型

日期型数据必须前后都加“#”号，如 #2017/10/18#。

（3）变体类型

变体类型比较特殊，除了长字符串类型及用户自定义类型外，可以包含其他任何类型的数据。变体类型可包含 Null、Error、Nothing 等特殊值。在 VBA 中没有明显定义的数据类型都默认为变体类型。它使用灵活但可读性差，即无法直接通过代码明确数据类型。

2. 用户自定义数据类型

用户可通过自定义的方式建立数据类型，称为自定义数据类型。自定义数据类型可在 Type…End Type 关键字中进行定义。格式如下：

```
Type [ 数据类型名 ]
< 域名 > as < 数据类型 >
< 域名 > as < 数据类型 >
< 域名 > as < 数据类型 >
……
End Type
```

例 7.3　定义一个学生信息数据类型。

```
Type NewStudent
txtNo As String * 7        '学号，7 位定长字符串
txtName As String          '姓名，变长字符串
txtSex As String*1         '性别，1 位定长字符串
txtAge As Integer          '年龄，整型
End Type
```

上述例子定义了由 txtNo（学号）、txtName（姓名）、txtSex（性别）和 txtAge（年龄）4 个分量组成的名为 NewStudent 的类型。

当需要建立一个变量保存包含不同数据类型字段的数据表的一条或多条记录时，用户定义数据类型就特别有用。

一般用户定义数据类型时，首先要在模块区域中定义用户数据类型，然后以 Dim、Public 或 Static 关键字定义此用户类型变量。

用户定义类型变量的取值可指明变量名及分量名，两者之间用句号分隔。定义一个学生信息类型变量 NewStud 并操作分量的例子如下：

```
Dim NewStud as NewStudent
```

```
NewStud.txtSno="170306"
NewStud.txtName=" 李明 "
NewStud.txtSex=" 女 "
NewStud.txtAge=20
```

可以用关键字 With 简化程序中重复的部分。例如，为 NewStud 变量赋值可以用：

```
With NewStud
.txtSno="170306"
.txtName=" 李明 "
.txtSex=" 女 "
.txtAge=20
End Age
```

二、变量和常量

变量是指程序运行时值会发生变化的数据。变量名的命名，与字段命名相同，变量命名不能包含有空格，不能包含有除下画线字符（_）外的任何其他标点符号，其长度不得超过 255 个字符。

变量命名不能使用 VBA 的关键字。VBA 中的变量命名通常采用大写与小写字母相结合的方式，使其更具可读性。在 VBA 中，变量命名大小写，如“NewVar”和“newvar”代表的是同一个变量，没有大小写之分。

常量是在程序中可以直接引用的实际值，其值在程序运行中不变。不同的数据类型，常量的表现形式也不同，在 VBA 中有三种常量：直接常量、符号常量和系统常量。

1. 变量声明

变量声明就是定义变量名称及类型，使系统为变量分配存储空间。VBA 声明变量有两种方法：

（1）显式声明

变量先定义后使用是一种好习惯，在 C、C ++ 和 Java 等编程语言中，都要求在使用变量前先定义该变量。

定义变量最常用的方法是使用 Dim…[As <VarType>] 结构，其中，As 后指明数据类型，也可在变量名称后附加类型说明字符指明变量的数据类型。这种方式是显式定义变量。

例如：

```
Dim NewVar_1 As Integer 'NewV_1 为整型变量
```

```
Dim NewVar_2%,sum!        'NewVar_2 为整型变量，sum 为单精度型变量
```

Dim NewVar_2%,sum! 相当于 Dim NewVar_2 As Integer,sum As Single。

（2）隐式声明

隐式声明通常默认为 Variant 数据类型的三种情况：① 没有直接定义而通过一个值指定给变量名。② Dim 定义中省略了 As <VarType> 短语的变量。③ 在变量名称后没有附加类型说明字符指明隐含变量的数据类型时。例如：

```
Dim m,n                   'm、n 为 Variant 变量
NewVar=52                 'NewVar 为 Variant 类型变量，值是 52
```

2. 强制声明

默认情况下，允许在代码中使用未声明的变量，如果在模块设计窗口的顶部“通用－声明”区域中，加入语句：

```
Option Explicit
```

则强制要求所有变量必须定义才能使用。这种方法只能为当前模块设置自动变量声明功能，如果想为所有新模块都启用此功能，可以选择“工具”→“选项”命令，在弹出的对话框中选中“要求变量声明”选项即可。

3. 变量的作用域

在 VBA 编程中，变量定义的位置和方式不同，则它存在的时间和起作用的范围也有所不同，这就是变量的作用域与生命周期。Visual Basic 中变量的作用域有 3 个层次:

（1）局部范围（Local）

局部范围是指变量定义在模块的过程内部，过程代码执行时才可见。在子过程或函数过程中定义的或直接使用的变量作用范围都是局部的。在子过程或函数内部使用 Dim、Static... As 关键字说明的变量其作用域就是局部范围。

（2）模块范围（Module）

模块范围是指变量定义在模块的所有过程之外的起始位置，运行时在模块包含的所有子过程和函数过程中可见。在模块的通用说明区，用 Dim、Static、Private... As 关键字定义的变量作用域都是模块范围。

（3）全局范围（Public）

全局范围是指变量定义在标准模块的所有过程之外的起始位置，运行时在所有类模块和标准模块的所有子过程与函数过程中都可见。在标准模块的变量定义区域，用 Public... As 关键字说明的变量其作用域属于全局范围。

变量还有一个特征，称为持续时间或生命周期。变量的持续时间是从变量定义语句所在的子过程第一次运行，到程序代码执行完毕并将控制权交回调用它的过程为止

的时间。每次子过程或函数过程被调用时，以 Dim... As 语句说明的局部变量会被设定为默认值，数值数据类型为 0，字符串变量则为空字符串（" "）。这些局部变量有着与子过程或函数过程登场的持续时间。

要在过程的运行时保留局部变量的值，可以用 Static 关键词代替 Dim 定义静态变量。静态（Static）变量的持续时间是整个模块执行的时间，但它的有效作用范围是由其定义位置决定的。

4. 数据库对象变量

Access 建立的数据库对象及其属性，均可被看成是 VBA 程序代码中的变量及其指定的值来加以引用。例如，Access 中窗体与报表对象的引用格式为：

```
Forms！窗体名称！控件名称［.属性名称］
```

或

```
Reports！报表名称！控件名称［.属性名称］
```

关键词 Forms 或 Reports 分别表示窗体或报表对象集合；感叹号“!”分隔对象名称和控件名称；“属性名称”部分缺省，则为控件基本属性。

如果对象名称中含有空格或标点符号，就要用方括号把名称括起来。

下面举例说明含有学生编号信息的文本框操作：

```
Forms！学生管理！编号 ="170306"
Forms！学生管理！[编号] ="170306"          '对象名称含空格时用[ ]
```

此外，还可使用 Set 关键字建立控件对象的变量。当需要多次引用对象时，这样处理很方便。例如，要多次操作引用窗体“学生管理”中控件“姓名”中的值时，可使用以下处理方式：

```
Dim txtName As Control                  '定义控件类型变量
Set txtName = Forms！学生管理！姓名      '指定引用窗体控件对象
txtName =" 李明 "                        '操作对象变量
```

借助将变量定义为对象类型并使用 Set 语句将对象指派到变量的方法，可将任何数据库对象指定为变量的名称。当指定给对象一个变量名时，不是创建而是引用内存的对象。

5. 数组

数组是在有规则的结构中包含一种数据类型的一组数据，也称数组元素变量。数组变量由变量名和数组下标构成，常用 Dim 语句定义数组，定义格式如下：

```
Dim 数组名（[下标下限 to] 下标上限）
```

默认情况下，下标下限为 0，数组元素从“数组名(0)”至“数组名(下标上限)”；

如果使用 to 选项，则可安排非 0 下限。

例如：

```
Dim NewArrary(10) As  integer
                         '定义了 11 个整型数构成的数组，数组元素为
                         'NewArray(0) 至 NewArray(10)
Dim NawArray (1 To 10) As integer
                         '定义了 10 个整型数构成的数据，数组元素为
                         'NewArray（1）至 NewArray（10）
```

VBA 也支持多维数组。可以在数组下标中加入多个数值，并以逗号分开，由此建立多维数组，最多可定义 60 维数组。下面定义一个三维数组 NewArray：

```
Dim NewArray(5,5,5) As integer '有 6*6*6=216 个元素
```

VBA 还支持动态数组。定义和使用方法是：先用 Dim 显示定义数组但不指名数组元素数目，然后用 ReDim 关键字决定数组包含的元素数，以建立动态数组。

下面举例说明动态数组的创建方法：

```
Dim NewArray() As Long       '定义动态数组
…
ReDim NewArray(9,9,9)        '分配数组空间大小
…
```

实际软件开发过程中，当预先不知道数组定义需要多少元素时，动态数组是很有用的。而且不再需要动态数组包含的元素时，可以使用 ReDim 将其设为 0 个元素，即释放该数组占用的内存。

数组与传统变量的作用域和生命周期的规则与关键字的使用方法相同。

6. 变量标识命名法则

在编写 VBA 程序代码时，会用到大量的变量名称和不同的数据类型。对于控件对象，可以用 VBA 的 Set 关键字将每个命名的控件对象指定为一个变量名称。但随着程序代码的增多，要记住所有变量的数据类型，就变成很困难的事情。

VB 和 VBA 均推荐使用 Hungarian 符号法来作为变量命名的法则，该方法也被广泛用在 C 和 C++ 等程序设计中。

Hungarian 符号法使用一组代表数据类型的码，用小写字母作为变量名的前缀。例如，代表文本框的字首码是 txt，那么，文本框变量名为 txtName。表 7–2 列出了最常用的控件变量标识符的前缀。编写程序时，使用上述变量标识命名法则，可使代码易于阅读与理解。

表 7-2　常用的控件变量标识符的前缀

控　件	控件变量标识符的前缀	控　件	控件变量标识符的前缀
Button（按钮）	btn	MainMenu（主菜单）	mnu
ComboBox（组合框）	cbo	RadioButton(单选按钮）	rdb
CheckBox（复选框）	chk	PictureBox（图形框）	pic
Label (标签)	lbl	TextBox（文本框）	txt
ListBox（列表框）	lst		

7. 符号常量

在 VBA 编程过程中，对于一些使用频度较多的常量，可以用符号常量形式表示。符号常量使用关键字 Const 来定义，格式如下：

```
Const 符号常量名称 = 常量值
```

例如，Const PI =3.14159 定义了一个符号常量 PI。

若是在模块的声明区中定义符号常量，则建立一个所有模块都可使用的全局符号常量。一般是 Const 前面加上 Global 或 Public 关键词。

```
Global Const PI =3.14159
```

这一符号常量会涵盖全局或模块级的范围。

符号常量定义时不需要为常量指明数据类型，VBA 会自动按存储效率最高的方式确定其数据类型。符号常量一般要求用大写命名，以便于变量区分。

8. 系统常量

除了用户通过声明定义符号常量外，Access 系统内部包含有若干个启动时就建立的系统常量，有 True、False、Yes、No、On、Off 和 Null 等。系统常量位于对象库中，在 VBA 代码生成器中选择“视图”→“对象浏览器”命令，可以在“对象浏览器”中查看到 Access、VBA 等对象库中提供的常量，在编写代码时可以直接使用。

例如，在“对象浏览器”对话框中，选择“工程 / 库”下拉列表的“Access”选项，再在“类”列表框中选择“AcCommand”选项，Access 就会列出内部常量，如图 7-13 所示。

在“成员”列中选择一个常量后，它的数值将出现在“对象浏览器”对话框的底部，如图 7-13 所示的“Const acCmdSaveAs = 21”。好的编程习惯是尽可能地使用常量名字，而避免使用它们的数值。不能将内部常量的名字作为用户自定义常量或变量的名字。

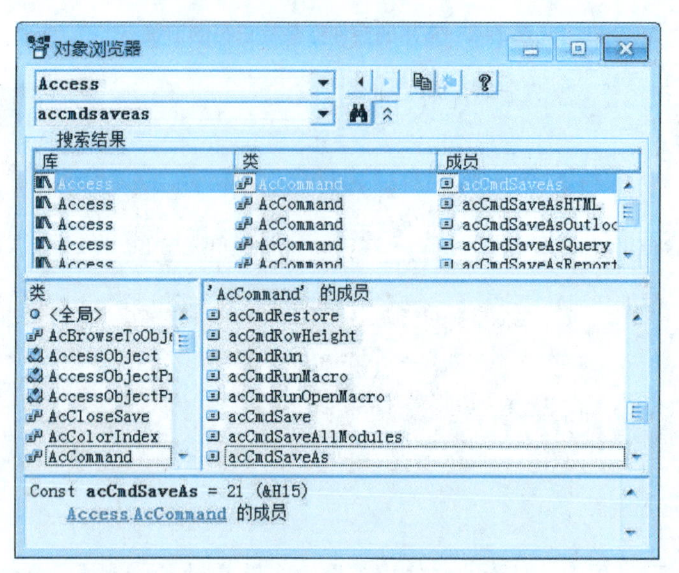

图 7-13　对象浏览器显示内部常量

小贴士

可以在模块的说明区域加入 Global 或 Dim 语句。然后在程序中使用 ReDim 语句，以说明动态数组是全局范围还是模块级范围。如果以 Static 取代 Dim 说明数组，数组可在程序运行时保留上次运行时的值。

三、常用标准函数

在 VBA 中，系统提供了一个比较完善的函数库，函数库中有一些常用的且被定义的函数供用户直接调用。这些由系统提供的函数称为标准函数。实际上，函数也可看作是一类特殊的运算符。

1. 数学函数

数学函数与数学中的定义一致，如表 7-3 所示。

表 7-3　常用数学函数

函　数	功　能	说　明
Abs(x)	求 x 的绝对值	x 为实数
Sin(x)	求 x 的正弦函数值	x 为弧度值
Cos(x)	求 x 的余弦函数值	x 为弧度值
Tan(x)	求 x 的正切函数值	x 为弧度值

续表

函　数	功　能	说　明
Log(*x*)	求自然对数 lnx	*x* >= 0
Exp(*x*)	求 e 的 *x* 次幂	e^x
Sgn(*x*)	符号函数	*x* 大于 0 返回 1 *x* 等于 0 返回 0 *x* 小于 0 返回 -1
Sqr(*x*)	求 *x* 的平方根	*x* >= 0
Rnd	产生随机数	0 ~ 1 间的随机数

说明：

① 函数的参数可以是常量、变量或含有常量和变量的表达式。如：

```
Dim a,b As Single
a=3.1415926
b=Sin (a/4)
```

② 标准函数不能脱离表达式而独立地作为语句出现。

③ 对于随机函数 Rnd，返回的是 [0,1) 范围内的双精度数。该随机数的产生取决于称为种子（Seed）的初值。默认情况下，每次运行应用程序，VB 都提供相同的种子，即如果把同一个程序运行多遍，则每次产生的随机数相同，有时为了产生不同的随机数，可以采用 Randomize 语句。

格式为 Randomize [number]，其中 number 用来给随机数生成器初始化，这个参数可以省略。

2. 转换函数

转换函数用于在不同类型操作数间的转换，如表 7-4 所示。

表 7-4　常用转换函数

函　数	功　能	说　明
ASC (*x*)	字符转换为 ASCII 码值	*x* 为字符，如 Asc ("A") = 65
Chr (*x*)	ASCII 码值转换为字符	*x* 为整数，如 Chr (66) = "B"
Fix (*x*)	截取 *x* 的整数部分	Fix (3.1) = 3　Fix (-3.1) = -3
Int (*x*)	取不大于 *x* 的最大整数	Int (3.1) = 3　Int (-3.1) = -4
LCase (*x*)	大写字母转换为小写字母	LCase ("AbcD") = "abcd"
UCase (*x*)	小写字母转换为大写字母	UCase ("ABcD") = "ABCD"

续表

函　　数	功　　能	说　　明
Str (x)	数值型转换为字符型	Str (123.45) = "123.45"
Val (x)	数字字符串转换为数值	Val ("12Ab34") = 12

3. 字符串函数

字符串函数主要用于对字符串的查找、定位等操作，如表 7–5 所示。

表 7–5　字符串函数

函数	功　　能	说　　明
Left(x,n)	取出字符 x 左边的 n 个字符	Left("Study",2) = "St"
Right(x,n)	取出字符 x 右边的 n 个字符	Right("Study",2) = "dy"
Mid(x,n1,n2)	对 x 字符串从第 n1 个字符开始取 n2 个字符	Mid("Study",2,2) = "tu"
Len(x)	字符串的长度	Len(" 国家 ") = 2
LenB(x)	字符串所占的字节数	LenB(" 国家 ") = 4
LTrim(x)	去掉字符串左边的空格	LTrim("Hello") = "Hello"
RTrim(x)	去掉字符串右边的空格	RTrim("Hello") = "Hello"
Trim(x)	去掉字符串左右两边的空格	Trim("Hello") = "Hello"
Space(x)	产生 n 个空格组成的字符串	Space(3) = "　"

4. 日期函数

常用日期函数如表 7–6 所示。

表 7–6　日期函数

函数	功　　能	说　　明
Date()	返回系统日期	2017–05–15
Now()	返回系统当前日期与时间	2017–05–15 13:08:38
Time()	返回系统时间	13:08:38
Year(x)	返回年份代号	Year ("2017–05–15") = 2017
Month(x)	返回月份代号	Month ("2017–05–15") = 5
Day(x)	返回日期代号	Day ("2017–05–15") = 15

5. 格式输出函数

格式输出函数可以使用 Format 与 Print 语句实现，它可使数值、日期或字符串按指定的格式输出。其中 Format 的使用更为广泛，其格式为：

Format（表达式，[格式字符串]）

表达式：要格式化输出的数值、日期和字符串类型表达式。

格式字符串：指定的样式。

（1）数值格式化输出

格式字符串是一个串常量或串变量，由专门的格式说明字符组成，这些字符决定了数据项的显示格式和长度，如表 7–7 所示。

表 7–7　格式说明字符

字符	作　用	字符	作　用
#	数字，不在输出前后补 0	%	百分比符号
0	数字，在输出前后补 0	$	美元符号
.	小数点	+,–	正、负号
,	千分位分隔符	E+,E–	指数符号

① #: 表示一个数字位，如果要显示的数据位数多于 # 号个数，则保持原位数显示，若少于 # 号个数，则在指定区域内左对齐显示数据项。

② 0：与 # 功能相同，但当要显示的数据位数少于 0 的个数时，多余的位在高位以 0 补齐，再左对齐显示该数据项。

③ 小数点：小数点与 # 或 0 结合使用，可以放在格式字符串的任何位置，根据格式字符串的位置，小数部分多余的数字按四舍五入处理。

④ 逗号：在格式字符串中插入逗号，起“分位”作用，即数据项从小数点左边一位开始，每 3 位用一个逗号分开，因此又称“千位分隔逗点”。

⑤ %：通常放在格式字符串的尾部，用来输出百分号。

⑥ $：放在格式字符串的首部，输出的数字前面加上美元符号。

⑦ +,–：放在格式字符串的首部，为输出数据添加正、负号。

（2）日期和时间格式化

日期和时间格式化是将日期类型表达式的值或数值表达式的值以日期、时间的序数值按“格式字符串”指定的格式输出，如表 7–8 所示。

表 7–8　常用日期和时间格式字符

符号	作　用	符号	作　用
d	显示日期（1 ~ 31），个位前不加 0	dd	显示日期（1 ~ 31），个位前加 0

续表

符号	作　用	符号	作　用
ddd	显示星期缩写（Sun ~ Sat）	dddd	显示星期全名（Sunday ~ Saturday）
ddddd	显示完整日期（日、月、年） 缺省格式为 mm/dd/yy	ww	一年中的星期数（1 ~ 53）
w	星期为数字（1 ~ 7，1 是星期日）	mm	显示月份（01 ~ 12），个位前加 0
m	显示月份（01 ~ 12），个位前不加 0	mmmm	月份全名（January ~ December）
mmm	显示月份缩写（jan ~ Dec）	yy	两位数显示年份（00 ~ 99）
y	显示一年中的天（1 ~ 366）	q	季度数（1 ~ 4）
yyyy	四位数显示年份（0000 ~ 9999）		

四、运算符和表达式

表达式是由运算符、函数和数据等内容组合而成的。在 VBA 编程中，表达式是不可缺少的。根据表达式中运算符的类型，通常可将表达式分成五种：算术表达式、关系表达式、逻辑表达式、字符串表达式和对象表达式。

1. 运算符

（1）算术运算符

算术运算符用于数值的计算，常用的算术运算如表 7–9 所示。由算术运算符和数值构成的表达式称为算术表达式。

表 7–9　算术运算符

运算符	含　义	举　　例
–	负号运算	–2 表示负数 2
^	乘方	2^4 表示 2 的 4 次方，即结果为 16
* /	乘 除	2*4 表示 2 × 4 结果为 8，5/4 表示 5 ÷ 4 结果为 1.25
\	整除	8\3 表示 8 ÷ 3 对结果取整数部分，即 2
Mod	求余	7 mod 3 表示 7 ÷ 3 取余数部分，即 1
+ –	加 减	4+2、4–2 分别表示两数相加或相减运算

对于以上几种算术运算符，只需要对整除运算符和求余运算符进行说明。

① 整除运算符。如果被除数和除数都是整数，则取商的整数部分。如果被除数和除数有一个是实数，则先将实数四舍五入取其整数部分，再求商，求商的过程与整数之间整除求商的过程相同。

② 求余运算符。如果被除数和除数都是整数，则直接求两者的余数。如果被除

数和除数至少有一个是实数，则先将实数四舍五入取其整数部分，再求余。

算术运算符之间存在优先级，它们之间的优先级决定算术表达式的运算顺序的原则，其优先关系如表 7–9 所示，从上到下，优先级从高到低。其中括号运算符高于上述所有算术运算符。

例 7.4　求 –2 + 4 * 3 mod 2 * 2 ^ 3 \ 3。

计算过程步骤如下：

① 求算式 2^3 的结果，结果为 8，所以原式进一步化为 –2 + 4 * 3 mod 2 * 8 \ 3。

② 求算式 4*3 的结果，结果为 12，原式进一步化为 –2 + 12 mod 2 * 8 \ 3。

③ 求算式 2*8 的结果，结果为 16，原式进一步化为 –2 + 12 mod 16 \ 3。

④ 求算式 16\3 的结果，结果为 5，原式进一步化为 –2 + 12 mod 5。

⑤ 求算式 12 mod 5 的结果，结果为 2，原式进一步化为 –2 + 2。

⑥ 求出最终结果为 0。

（2）关系运算符

关系运算符用于在常数以及表达式之间进行比较，从而构成关系表达式。其运算结果只能有两种可能，即真（True）或假（False）。VBA 中的关系运算符如表 7–10 所示。

表 7–10　关系运算符

运算符	含　义	举　　例
>	大于	4+5>8　（True）
<	小于	5+2<6　（False）
=	等于	6*8–40=8（True）
>=	大于或等于	5+2>=6　（True）
<=	小于或等于	5+2<=6　（False）
<>	不等于	5+2<>6　（True）

表 7–10 中的六个关系运算符的优先级是相同的，但低于算术运算符的优先级。如果它们出现在同一个表达式中，按照从左到右的顺序依次运算。

有一点需要说明，VBA 是以 Basic 语言为基础的，所以其赋值号和等于号用的都是“=”符号，因此要能够从“=”所出现的位置来判断其代表的真正含义。大致来说，“=”作为等号出现时，一般是包含在其他语句中；而“=”作为赋值号出现时，常作为单独的赋值标记。例如：

```
a=8
b=9
c=15
```

```
print a+b=c
```

在这个程序的前三行中，“=”均作为赋值号出现，作用是把 8、9 和 15 这三个数值分别赋给变量 a、b 和 c。计算机执行了这三个语句之后，变量 a、b 和 c 的值均由 0 分别变成了 8、9 和 15。在本程序的第四行，“=”是作为等号出现的。Print 的作用是打印输出表达式 a + b = c 的结果。在这个等式的左边结果是 17，右边结果是 15。很显然，等式不成立，返回一个假值。所以打印的结果为 False。

（3）逻辑运算符

逻辑运算符被称为布尔运算符，用来完成逻辑运算。逻辑运算符和数值组成的表达式称为逻辑表达式。常用的逻辑运算符有“非”运算符（Not）、“与”运算符（And）和“或”运算符（Or），其运算关系如表 7-11 所示（其中 T 表示 True，F 表示 False）。

表 7-11　逻辑运算符之间的运算关系

X	Y	X And Y	X Or Y	Not X
T	T	T	T	F
T	F	F	T	F
F	T	F	T	T
F	F	F	F	T

逻辑运算符的优先级低于关系运算符。这三个逻辑运算符之间的优先级为 Not > And > Or。

除此之外，还有一些不常用的逻辑运算符，如异或运算符（Xor）、等价运算符（Eqv）和蕴含运算符（Imp）等。具体使用方法可查阅相关手册。

（4）字符串连接符

在 VBA 中，字符串连接符有两个，分别是“+”和“&”。用于连接字符串，从而构成字符串表达式，它们的作用相同。例如：

```
a $ = "Wel"
b $ = "come"
c $ =a $ &b $
```

则字符串变量 c $ 所存放的内容是字符串 "Welcome"。“+”符号的用法与“&”符号的用法相同。

（5）对象运算符

在 VBA 中，对象运算符有两个，分别是“!”和“.”，用于引用对象或对象的属性，从而构成对象表达式。

符号“!”的作用是随后为用户定义的内容，如：

```
Form![学生成绩单]
```

这里所表示的是打开“学生成绩单”窗体。

符号“.”的作用是随后为 Access 定义的内容，如：

```
Cmd.Caption
```

这里所表示的是引用命令按钮 Cmd 的 Caption 属性。

2. 表达式

将常量和变量用上述运算符连接在一起构成的式子就是表达式。例如，a+b>d 就是一个表达式。在 VBA 中，逻辑量在表达式中进行算术运算，True 值被当成 -1、False 值被当成 0 处理。

当一个表达式由多个运算符连接在一起时，运算进行的先后顺序是由运算符的优先级决定的。优先级高的运算先进行计算，优先级相同的运算依照从左向右的顺序进行计算。常用运算符的优先级划分如表 7-12 所示。

表 7-12　运算符的优先级划分

优先级	高←——低			
高	算数运算符	连接运算符	比较运算符	逻辑运算符
↑	指数运算 (^)	字符串连接 (&)	相等 (=)	Not
↑	负数 (-)	字符串连接 (+)	不等 (<>)	And
↑	乘法和除法 (*、/)		小于 (<)	Or
↑	整数除法 (\)		大于 (>)	
↑	求模运算 (Mod)		小于相等 (<=)	
低	加法和减法 (+、-)		大于相等 (>=)	

关于运算符的优先级说明如下：

① 优先级：算术运算符>连接运算符>比较运算符>逻辑运算符。

② 所有比较运算符的优先级相同；也就是说，按从左到右的顺序进行计算。

③ 算术运算符和逻辑运算符必须按表 7-12 所示的优先顺序进行计算。

④ 括号优先级最高。可以用括号改变优先顺序，强令表达式的某些部分优先运行。

五、VBA 流程控制语句

一个语句是能够完成某项操作的一条命令。VBA 程序就是由大量的语句构成的。VBA 程序语句按照其功能不同分为两大类型：一是声明语句，用于给变量、常量或过程定义命名；二是执行语句，用于执行赋值操作、调用过程、实现各种流程控制。

执行语句可分为三种结构：

① 顺序结构：按照语句顺序执行，如赋值语句、过程调用语句等。

② 分支结构：又称选择结构，根据条件选择执行路径。

③ 循环结构：重复执行某一段程序语句。

1. 顺序结构

顺序结构是一种最简单的算法结构，也是程序设计中最简单、最常用的基本结构。其特点是算法的每一个操作按照各自出现的先后顺序从上到下线性执行。

赋值语句是编程中最重要的、使用最频繁的语句。用赋值语句可以把指定的值赋给某个变量或设置某个对象的属性，它是为变量和对象属性赋值的主要办法。其格式是：

变量 = 表达式

在使用赋值语句时应当注意："="为赋值运算符，应该理解成"把表达式的值赋给变量"。右边表达式可以是常量值，也可以是变量、函数等，还可以是各种运算符连接起来的复杂表达式。赋值符号的左边必须是变量，不能是常量或表达式，只有变量才能接受值。

例如：

```
txtAge=15
txtAge=txtAge +1
txtS="WelCome"
```

形如 txtAge = txtAge +1 的赋值语句，如果反复执行，那么每执行一次此语句，txtAge 的值就递增 1，这起到计数的作用。

2. 分支结构

在实际应用中，仅仅使用顺序结构是不能解决复杂问题需求的。若想编写灵活的 VBA 程序，就要理解分支和循环的概念，分支结构使 VBA 能够根据条件判断做相关的决策，这种语句称为条件语句。

（1）行 If 结构

这是 VBA 中最常用的一个语句，它和人们的思维习惯是一致的。其语句格式有如下两种：

① If < 条件 > Then <语句 1>。

其含义是：如果（if）条件成立，那么（then）执行语句 1；如果条件不成立，则该 if 语句不被执行。

② If < 条件 > Then < 语句 1> Else < 语句 2>。

其含义是：如果（if）条件成立，那么（then）执行语句 1；否则（Else），条件不成立执行语句 2。

在行 If 语句中，应当注意的是条件语句的嵌套使用。如果程序中有两个或两个以上的 Else，那么每一个 Else 应当和哪个 If ... Then 进行匹配？在 VBA 中规定，每一个 Else 与它前面、最近的且没有被匹配过的 If ... Then 配对。

例 7.5　向一个文本框中输入成绩，单击“判断”按钮，在另一个文本框中显示是否及格。

操作步骤（扫码观看视频 7–4）：

视频 7–4　判断成绩是否合格

操作步骤可参照例 7.1，程序代码略有不同。

程序代码如下：

```
Private Sub Command1_Click()
    Dim ax As Single
    Me.Text1.SetFocus
    ax=Me.Text1.Text
    Me.Text2.SetFocus
     If ax>=60 Then Me.Text2.Text=" 及格 "  Else  Me.Text2.Text=" 不及格 "
End Sub
```

程序结果如图 7–14 所示。

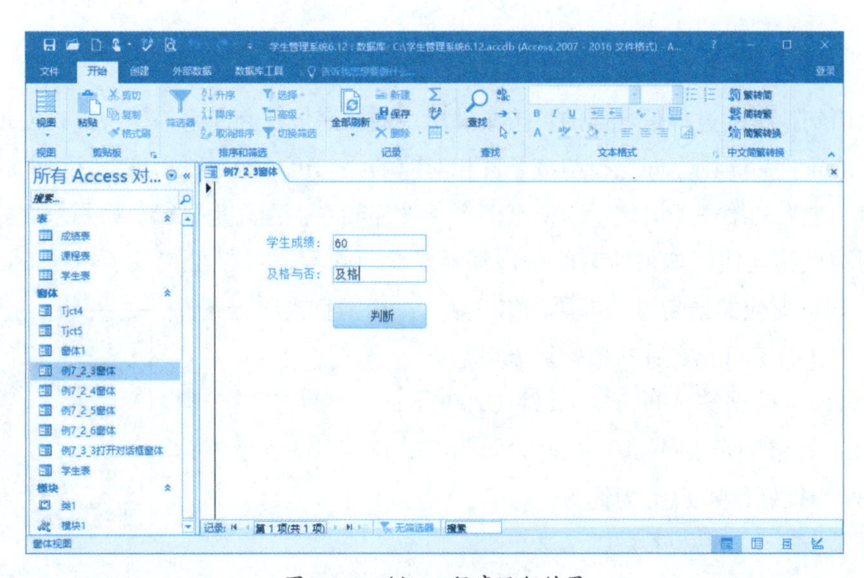

图 7–14　例 7.5 程序运行结果

（2）块 If 语句

在行 If 语句中，如果针对某一个执行条件需要编写多条语句，那么就需要用块 If 语句来完成。块 If 语句的格式有如下两种：

① 常用的、非嵌套的块 If 语句，语法格式为：

```
If  <条件>  Then
    <语句组 1>
[Else
    <语句组 2> ]
End If
```

当条件为真时，执行语句组 1；当条件为假时，执行语句组 2。其中一对 [] 表示可以省略 Else 子句，只存在条件真时执行。

② 嵌套的块 If 语句。其功能和下面将要介绍的多分支选择结构 Select Case 的功能相同，可以对多个条件进行判断。

```
If  <条件 1>  Then
    <语句组 1>
ElseIf  <条件 2>  Then
        <语句组 2>
…
ElseIf  <条件 n>  Then
        <语句组 n>
[Else
<语句组 n+1> ]
End If
```

该语句执行的过程是这样的：按条件出现的顺序依次判断每一个条件，发现第一个成立的条件后，则立即执行与该条件相对应的语句组。然后跳出该条件语句，去执行 End If 之后的第一条语句。即便有多个条件都成立，也只是执行与第一个成立的条件相对应的语句组。如果所有的条件都不成立，则看是否存在 Else 子句，若存在，则执行 Else 对应的语句组（即语句组 n+1），否则直接跳出条件语句，去执行 End If 之后的第一条语句。

视频 7–5　判断成绩等级

例 7.6　根据输入的学生成绩（100 分制）判断它属于哪个等级。等级划分如下：0 ~ 59 为不及格；60 ~ 69 为及格；70 ~ 89 为良好；90 以上为优秀。

操作步骤（扫码观看视频 7–5）：

操作步骤可参照例 7.1，程序代码略有不同。

程序如下：

```
Private Sub Command1_Click()
    Dim ax As Single,bx As String
    Me.Text1.SetFocus
    ax=Me.Text1.Text
    Me.Text2.SetFocus
    If ax>100 Then
           bx=" 不合理的成绩 "
    ElseIf ax>=90 Then
           bx=" 优秀 "
    ElseIf ax>=70 Then
           bx=" 良好 "
    ElseIf ax>=60 Then
           bx=" 及格 "
    ElseIf ax>=0 Then
           bx=" 不及格 "
    Else
           bx=" 不合理的成绩 "
    End If
    Text2.Text=bx
End Sub
```

程序结果如图 7-15 所示。

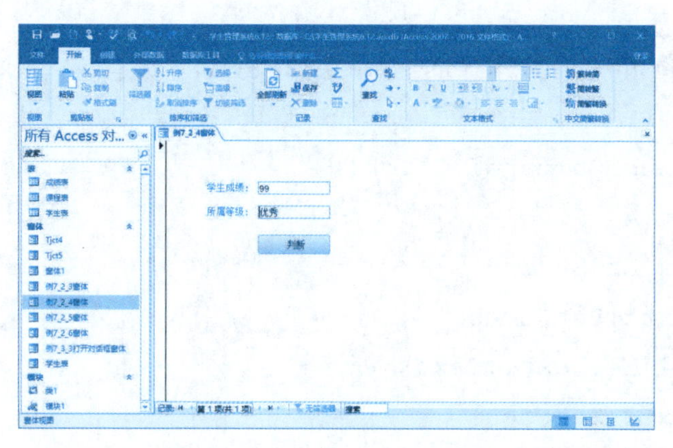

图 7-15　例 7.6 程序运行结果

（3）Select Case 语句

在 VBA 中，还提供了一种专门面向多个条件的选择结构，称为多分支选择结构。

其采用 Select Case 语句，语法格式如下：

```
Select Case  <表达式>
          Case  值 1
               语句组 1
          Case  值 2
               语句组 2
          …
          Case 值 n
               语句组 n
          [ Case Else
               语句组 n+1 ]
End Select
```

该语句的执行过程是：首先对表达式的值进行计算，然后将计算的结果和每个分支的值进行比较，一旦发现某个分支的值和表达式的值匹配，则执行该分支所对应的语句组，执行完成后立即跳出该选择结构，即便在该分支之后还有其他分支的值符合条件，也不再对程序的运行产生影响。如果所有分支后面的值均不与表达式的值相匹配，则看是否存在 Case Else 项，若存在，则执行 Case Else 项对应的语句组，否则跳出该分支结构。

Case 项后面的值可以有如下 3 种形式：

① 可以是单个值或者是几个值。如果是多个值，各值之间用逗号分隔。

② 可以用关键字 To 指定范围。如 Case 2 To 6，表示 2 ~ 6 之间的整数。

③ 可以是连续的一段值，这时要在 Case 后面加 Is。例如，Case Is >5，表示大于 5 的所有实数。

例 7.7　将例 7.6 的操作用 Select Case 实现。

程序如下：

```
Private Sub Command1_Click()
   Dim ax As Single
   Dim bx As String
   Me.Text1.SetFocus
   ax=Val(Me.Text1.Text)
   Me.Text2.SetFocus
   Select Case ax
         Case Is>100
              bx=" 不合理的成绩 "
```

```
        Case Is>=90
            bx="优秀"
        Case Is>=70
            bx="良好"
        Case Is>=60
            bx="及格"
        Case Is>=0
            bx="不及格"
        Case Else
            bx="不合理的成绩"
    End Select
    Me.Text2.Text=bx
End Sub
```

程序运行结果相同，通过比较可以发现：当可能出现的情况多于两种时，使用 Select Case 语句要比使用 If 语句更加方便。

3. 循环结构

循环结构采用可以重复执行的循环语句，多次运行一条或多条语句。VBA 支持以下循环语句结构：For–Next、Do–Loop 和 While–Wend 等，下面介绍两种常见的循环结构。

（1）For 循环结构

For 循环结构是一种常用的循环结构，在已知循环次数的前提下，通常使用 For 循环完成操作。格式如下：

```
For <循环变量> = <初值> to <终值> [Step 步长]
    循环体
    Exit For
Next [循环变量]
```

该循环结构所执行的过程是这样的：首先将初值赋给循环变量，然后判断它是否超出初值与终值之间的范围，如果超出了这个范围，则不执行循环体，直接跳出循环。如果没有超出这个范围，则执行循环体中的内容。执行完循环体后，将初值与步长相加后，结果赋给循环变量，然后再对当前的循环变量值进行判断，看它是否在初值与终值的范围之间。上述过程不断重复，直到循环变量的值超出初值和终值之间的范围，跳出循环为止。

在该循环结构中，需要说明 3 点：

① 当步长值为 1 时，可以省略步长的说明。如：

```
For K=1 to 7
    Print K
Next K
```

在此循环中，循环变量每次的增量是 1，所以不需要加步长说明。

② 步长既可以是正数，也可以是负数；既可以是整数，也可以是小数。

③ 如果想提前跳出循环，可以使用 Exit For 语句。该语句通常和 If 语句连用。通过预先设定的条件，判断是否提前跳出循环。

例 7.8　求 1 ~ 100 之间所有奇数之和。

程序如下：

```
Private Sub Command1_Click()
    Dim i As Integer,S As Integer
    For i=1 To 100 Step 2
    S=S+i
    Next i
    Me.Text1.SetFocus
    Me.Text1.Text=S
End Sub
```

程序结果如图 7-16 所示。

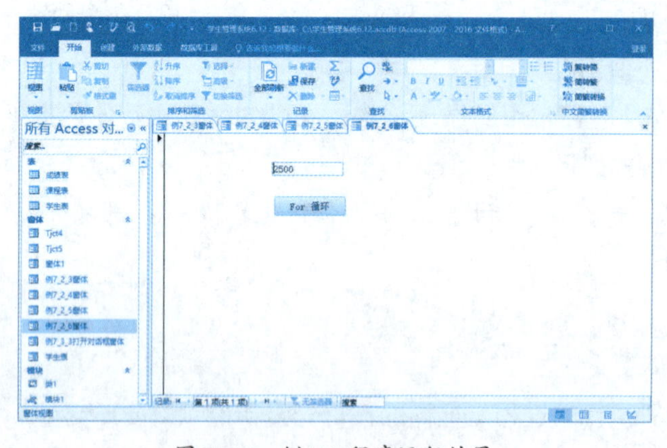

图 7-16　例 7.8 程序运行结果

（2）Do 循环条件

Do 循环结构也是一种常用的循环结构。该循环结构可以在不知道循环次数的前提下，通过对循环条件的判定，控制循环的执行。

Do 循环结构的格式如下：

格式 1：

```
Do [ While | Until <条件> ]
```

```
    [<循环体>]
    [Exit Do]
    Loop
```

格式 2:

```
Do
    [<循环体>]
    [Exit Do]
    Loop [ While | Until <条件> ]
```

功能：当循环“条件”为真（While 条件）或直到指定的循环结束“条件”为真之前（Until<条件>）重复执行循环体。

说明：

① While 是当条件成立时执行循环，而 Until 则是在条件成立时结束循环。

② 当只有 Do 和 Loop 两个关键字时，其格式简化为：

```
Do
    [<循环体>]
Loop
```

此为永真循环，为使循环能正常结束，循环体中必须使用 Exit Do 语句在满足一定条件下终止循环。

例 7.9　将例 7.7 用 Do 循环实现。

程序如下：

```
Private Sub Command1_Click()
    Dim i As Integer,S As Integer
    i=1
            Do While  i<=100
                    S=S+i
                            i=i+2
            Next i
            Me.Text1.SetFocus
            Me.Text1.Text=S
End Sub
```

六、过程调用和参数传递

本章开始部分已经介绍了 VBA 的子过程和函数过程两种类型模块过程及相应的创建方法。下面结合实例介绍过程的调用和过程的参数传递。

1. Sub 子过程

Sub 子过程的功能是将某些语句集成在一起，用于完成某个特定的功能，Sub 子过程也称过程。一般来说，子过程都是要包含参数的。通常它是依靠参数的传递完成相应的功能。也有些特殊的子过程不加参数，但在这种情况下，它们所得到的结果都是固定的，不具备很强的通用性。子过程的格式如下：

```
[Private|Public|Static] Sub 过程名（[参数[As 类型]，…]）
    [语句组]
    [Exit Sub]
    [语句组]
End Sub
```

其中，Private 和 Public 用于表示该过程所能应用的范围；Static 用于设置静态变量；Sub 代表当前定义的一个子过程；过程名后面的参数是虚拟参数，简称虚参，有时也称形式参数。虚参和形参虽然叫法不同，但表示的是同一个含义。虚参的作用用来和实际参数（简称实参）进行虚实结合。这样，通过参数值的传递完成子过程与主程序之间的数据传递。

在参数传递过程中，涉及值传递、地址传递的问题。值传递中，实参为常数，实参和虚参各自占用自己的内存单元。这样，实参可以影响虚参，但是虚参不能影响实参；地址传递中，实参是变量，实参和虚参共用同一个内存单元。也就是说实参和虚参可以互相影响。

2. Function 函数

在 VBA 中，除了系统提供的函数之外，还可以由用户自行定义函数。函数和子过程在功能上略有不同。主程序调用子过程后，是执行了一个过程；主程序调用 Function 函数后，是得到了一个结果。Function 函数的定义格式如下：

```
[Private|Public|Static] Function 过程名（[参数[As 类型]，…]
）[As 类型]
    [语句组]
    [Exit Function]
    [语句组]
End Function
```

Function 函数的定义格式中，各个关键字的含义与 Sub 子过程中对应的关键字的含义相同，对于初学者要特别注意一点：由于 Function 函数有返回值，所以在 Function 函数的函数体中，至少要有一次对函数名进行赋值。这是 Function 函数和

Sub 子过程的根本区别。

3. Property 过程

Property 过程主要用来创建和控制自定义属性，如对类模块创建只读属性时，就可以使用 Property 过程。该过程的定义格式如下：

```
[Private|Public|Static] Property {Get|Let|Set} 属性名 [参数 [As 类型]]
    [语句组]
End Property
```

关于 Property 过程的具体使用方法，涉及的内容较多，本书限于篇幅，只在类部分中有粗略的介绍，有兴趣的读者，可以参阅相关开发手册。

小贴士

一般来说，子过程都是要包含参数的。通常它是依靠参数的传递完成相应的功能。当然，也有些特殊的子过程不加参数，在这种情况下，它们所得到的结果都是固定的，不具备很强的通用性。

任务三　VBA 常见操作

一、打开和关闭操作

1. 打开窗体操作

一个程序中往往包含多个窗体，可以用代码的形式关联这些窗体，从而形成完整的程序结构。

命令格式如下：

```
DoCmd.OpenForm formname[,view][,filtername][,wherecondition][,datamode][,windowmode]
```

其中，filtername 与 wherecondition 两个参数用于对窗体的数据源数据进行过滤和筛选；windowmode 参数则规定窗体的打开形式。

例 7.10　以对话框形式打开名为“学生表”的窗体。

```
Docmd.OpenForm"学生表",,,,acDialog
```

参数可以省略，取默认值，但分隔符“,”不能省略。

2. 打开报表操作

命令格式如下：

```
Docmd.OpenReport reportname[,view][,filtername]
[,wherecondition]
```

例如，预览名为“学生表”报表的语句为：

```
Docmd.OpenReport"学生表",acViewPreView
```

参数可以省略，取默认值，但分隔符“,”不能省略。

3. 关闭操作

命令格式如下：

```
Docmd.Close[,objecttype][,objectname][,save]
```

实际上，由 DoCmd.Close 命令参数看到，该命令可广泛用于关闭 Access 的各种对象。省略所有参数的命令（DoCmd.Close）可以关闭当前窗体。

例 7.11　关闭名为“学生信息登录”的窗体。

```
DoCmd.Close acForm, "学生信息登录"
```

如果“学生信息登录”窗体就是当前窗体，则可使用 DoCmd.Close 语句。

二、输入和输出

1. 输入框

输入框(InputBox)用于在一个对话框中显示提示，等待用户输入正文并单击按钮、返回包含文本框内容的字符串数据信息。它的功能在 VBA 中是以函数的形式调用使用，其使用格式如下：

```
InputBox(prompt[,title][,default][,xpos][,ypos]
[,helpfile,context])
```

调用该函数，当中间若干个参数省略时，分隔符逗号“,”不能缺少。

图 7-17 显示的是打开输入对话框的一个例子。

调用语句为 strName=InputBox("请输入姓名：","Msg")。

图 7-17　打开输入对话框

2. 消息框

消息框（MsgBox）用于在对话框中显示消息，等待用户单击按钮，并返回一个整型值告诉用户单击哪个按钮。其使用格式如下：

```
MsgBox(prompt[,buttons][,title]
[,helpfile][,context])
```

图 7-18 显示的是打开消息对话框的一个例子。

调用语句为 MsgBox" 处理数据结束！ ",VbInformation," 消息 "。

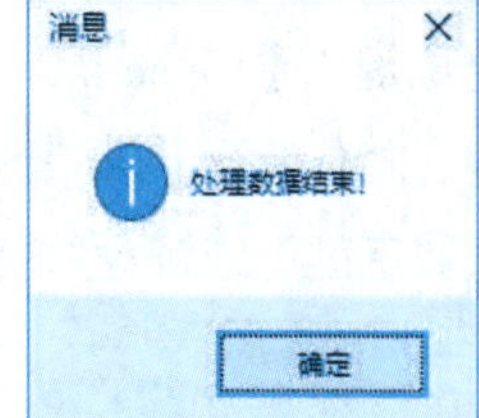

图 7-18　打开消息对话框

三、鼠标和键盘事件处理

在程序的交互式操作过程中，鼠标与键盘是最常用的输入设备。

1. 鼠标操作

涉及鼠标操作的事件主要有 MouseDown（鼠标按下）、MouseMove（鼠标移动）和 MouseUp（鼠标抬起）3 个事件，其事件过程形式为（××× 为控件对象名）：

```
×××_MouseDown(Button As Integer,Shift As Integer,X As
Single,Y As Single)
×××_MouseMove(Button As Integer,Shift As Integer,X As
Single,Y As Single)
×××_MouseUp(Button As Integer,Shift As Integer,X As
Single,Y As Single)
```

其中，Button 参数用于判断鼠标操作的是左中右哪个键，可以分别用符号常量 acLeftButton（左键 1）、acRightButton（右键 2）和 acMiddleButton（中键 4）比较。Shift 参数用于判断鼠标操作的同时，键盘控制键的操作，可以分别用符号常量 acAltMask（Shift 键 1）、acAltMask（Ctrl 键 2）和 acAltMask（Alt 键 4）比较。X 和 Y 参数用于返回鼠标操作的坐标位置。

2. 键盘操作

涉及键盘操作的事件主要有KeyDown(键按下)、KeyPress(单键按下)和KeyUp(键抬起) 3个，其事件过程形式为（×××为控件对象名）：

```
XXX_KeyDown(KeyCode As Integer,Shift As Integer)
XXX_KeyPress(KeyAscii As Integer)
XXX_KeyUp(KeyCode As Integer,Shift As Integer)
```

其中，KeyCode参数和KeyAscii参数均用于返回键盘操作键的ASCII值。这里，KeyDown和KeyUp的KeyCode参数常用于识别或区别扩展字符键（【F1】~【F12】）、定位键（【Home】、【End】、【PageUp】、【PageDown】、向上键、向下键、向左键、向左键及【Tab】）、键的组合和标准的键盘更改键（【Shift】、【Ctrl】或【Alt】）及数字键盘或键盘数字键等字符。

小贴士

KeyPress的KeyAscii参数常用于识别或区别英文大小写、数字及换行（13）和取消（27）等字符。Shift参数用于判断键盘操作的同时，控制键的操作。

自我测评

一、选择题

1. 利用VBA的开发环境进行程序开发时，其代码一般写在（　　）。

   A. 工程管理区　　B. 属性区

   C. 代码区　　D. 交互区

2. VBA中定义符号常量可以用关键字（　　）。

   A. Const　　B. Dim

   C. Public　　D. Static

3. 定义了二维数组A(2 to 5，5)，则该数组的元素个数为（　　）。

   A. 25　　B. 36

   C. 20　　D. 24

4. 函数Right(Left(Mid("Access DataBase",10,3),2),1)返回的值是(　　)。

   A. t　　B. 空格

   C. a　　D. B

5. 下面过程运行之后，则变量J的值为（　　）。

```
Private Sub Fun()
    Dim J as Integer
    J=2
    Do
        J=J*3
    Loop While J<15
End Sub
```

A. 2　　　　B. 6

C. 15　　　　D. 18

二、操作题

1. 用单分支条件语句完成：创建窗体 Tjct1，添加名为 Comm1 的命令按钮和两个名称分别为 T1、T2 的文本框，在 T1 中输入 0 ~ 100 的数字，如果输入数字大于等于 90，在 T2 中显示“优秀”，否则，什么也不做。

2. 用双分支条件语句完成：创建窗体 Tjct2，添加名为 Comm1 的命令按钮和两个名称分别为 T1、T2 的文本框，在 T1 中输入 0 ~ 100 的数字，如果输入数字大于等于 90，在 T2 中显示“优秀”，否则，在 T2 中显示“合格”。

3. 用多分支条件语句完成：创建窗体 Tjct3，添加名为 Comm1 的命令按钮和两个名称分别为 T1、T2 的文本框，在 T1 中输入 0 ~ 100 的数字，如果输入数字大于等于 90，在 T2 中显示“优秀”；大于等于 80 且 小于 90，在 T2 中显示“良好”；大于等于 70 且 小于 80，在 T2 中显示“中等”；大于等于 60 且 小于 70，在 T2 中显示“及格”；否则，显示“不及格”。

4. 用嵌套分支条件语句完成第 3 题的要求，所建窗体命名为 Tjct4，如图 7-19 所示，用嵌套分支条件语句实现条件判断。

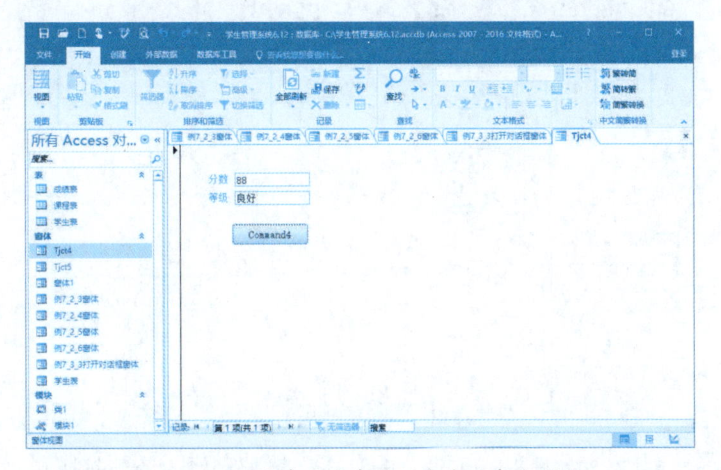

图 7-19　用嵌套分支条件语句实现条件判断

命令按钮的事件过程代码：

```
Private Sub Command4_Click()
   If Me!t1>=90 And Me!t1<=100 Then
        Me!t2=" 优秀 "
   Else
        If Me!t1 >= 80 And Me!t1<=89 Then
           Me!t2=" 良好 "
        Else
           If Me!t1>=70 And Me!t1<=79 Then
              Me!t2=" 中等 "
           Else
              If Me!t1>=60 And Me!t1<=69 Then
                 Me!t2=" 及格 "
              Else
                 Me!t2=" 不及格 "
              End If
           End If
      End If
   End If
End Sub' 注意 If 与 End If 的配对，要注意书写结构
```

5. 用 Select Case... End Select 条件语句完成第 3 题的要求，所建窗体命名为 Tjct5，如图 7-20 用 Select Case... End Select 条件语句实现条件判断。

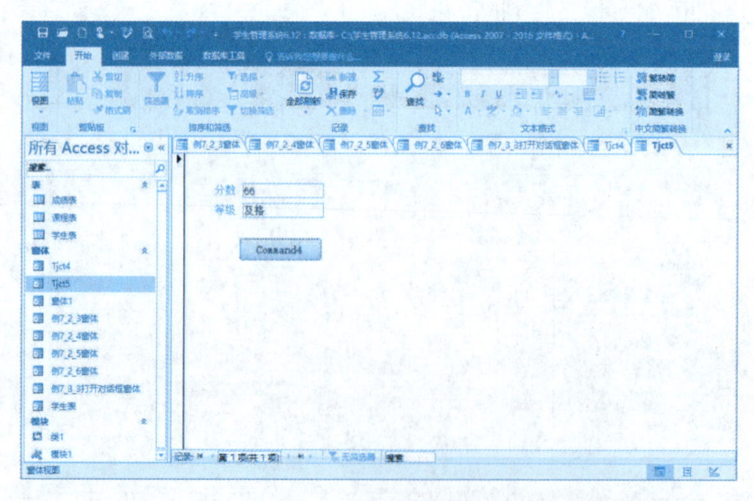

图 7-20　用 Select Case... End Select 条件语句实现条件判断

命令按钮的事件过程代码：

```
Private Sub Command4_Click()
    Select Case Me!t1
      Case 90 To 100
           Me!t2=" 优秀 "
      Case 80 To 89
           Me!t2=" 良好 "
      Case 70 To 79
           Me!t2=" 中等 "
      Case 60 To 69
           Me!t2=" 及格 "
      Case Else
           Me!t2=" 不及格 "
    End Select
End Sub
```

素养园地

计算思维

2006 年 3 月，美国卡内基梅隆大学计算机系周以真教授在美国计算机权威杂志 *Communication of the ACM* 上发表并定义了计算思维（Computational Thinking）。她指出，计算思维是每个人的基本技能，不仅属于计算科学家，要把计算机这一从工具到思维的发展提炼到与“3R（读、写、算）”同等的高度和重要性，成为适合与每一个人的“一种普遍的认识和一类普适的技能”。《Access 数据库应用技术项目化教程》一书综合应用计算思维来解决问题，广泛使用的计算思维概念运用计算机科学的基础概念去求解问题、设计学生成绩管理系统，是一类解析思维，综合了数学思维（求解问题的方法）、工程思维（设计、评价大型复杂系统）和科学思维（理解可计算性、智能、心理和人类行为），涵盖了计算机科学之广度的一系列思维活动。

参考文献

[1] 亚历山大，库斯莱卡 . 中文版 Access 2016 宝典 [M]. 张洪波，译 . 北京：清华大学出版社，2016.

[2] 蒲东兵，罗娜，韩毅，等. Access 2016 数据库技术与应用: 微课版 [M]. 北京: 人民邮电出版社，2021.

[3] 陈雷，陈朔鹰．全国计算机等级考试二级教程 [M]．北京：高等教育出版社，2016.

[4] 王珊，萨师煊．数据库系统概论 [M]．4 版．北京 : 高等教育出版社，2006.

[5] 西尔伯沙茨．数据库系统概念 [M]．北京：机械工业出版社，2012.

[6] 李勇帆，廖瑞华，胡恩博，等．Access 数据库程序设计与应用教程 [M]. 北京：人民邮电出版社，2014.

[7] 赖利君．Access 2016 数据库基础与应用项目式教程 [M]. 北京：人民邮电出版社，2020.

[8] 辛明远．Access2016 数据库应用案例教程 [M]. 北京：清华大学出版社，2019.

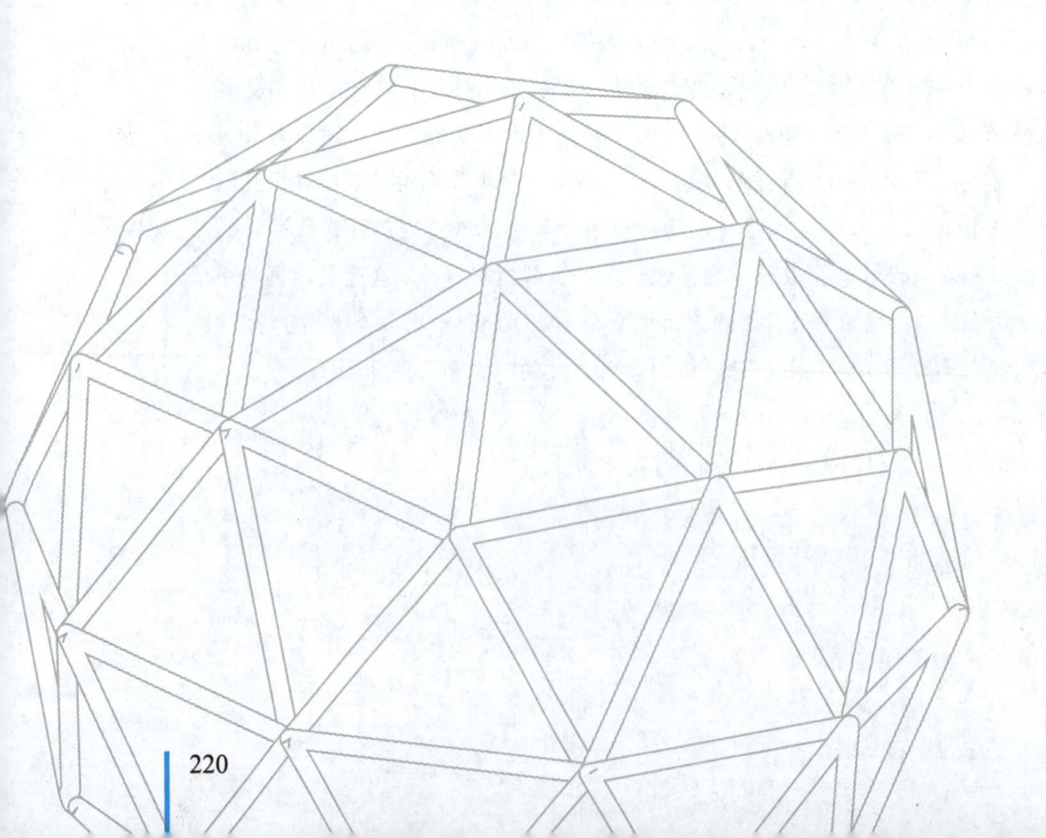